우주여행 무작정 따라하기

GUIDA TURISTICA DELL'UNIVERSO:
Alla scoperta dello spazio, tra mondi alieni e mostri del cielo by Emiliano Ricci

www.giunti.it
Graphic project: Studio Newt-Florence

우주여행 무작정 따라하기

에밀리아노 리치 지음 | 최보민 옮김

어쩌다 시작된
2주 동안의
우주여행 가이드북

더퀘스트

우주여행 무작정 따라하기

초판 발행 · 2024년 1월 18일

지은이 · 에밀리아노 리치
옮긴이 · 최보민
발행인 · 이종원
발행처 · (주)도서출판 길벗
브랜드 · 더퀘스트
출판사 등록일 · 1990년 12월 24일
주소 · 서울시 마포구 월드컵로 10길 56(서교동)
대표전화 · 02)332-0931 | **팩스** · 02)323-0586
홈페이지 · www.gilbut.co.kr | **이메일** · gilbut@gilbut.co.kr
대량구매 및 납품 문의 · 02) 330-9708

기획 및 책임편집 · 안아람(an_an3165@gilbut.co.kr) | **편집** · 박윤조, 이민주 | **제작** · 이준호, 손일순, 이진혁
마케팅 · 정경원, 김진영, 김선영, 최명주, 이지현, 류효정 | **유통혁신팀** · 한준희 | **영업관리** · 김명자, 심선숙 | **독자지원** · 윤정아

디자인 · 디스커버 | **교정교열 및 전산편집** · 상상벼리 | **인쇄 및 제본** · 예림인쇄

ISBN 979-11-407-0777-5 03440
(길벗 도서번호 040197)

정가 22,000원

독자의 1초까지 아껴주는 정성 길벗출판사
(주)도서출판 길벗 | IT교육서, IT단행본, 경제경영서, 어학&실용서, 인문교양서, 자녀교육서 **www.gilbut.co.kr**
길벗스쿨 | 국어학습, 수학학습, 어린이교양, 주니어 어학학습, 학습단행본 **www.gilbutschool.co.kr**

페이스북 **www.facebook.com/thequestzigy**
네이버 포스트 **post.naver.com/thequestbook**

이 책을 펼치기 전에

오해를 완전히 없애기 위해 말한다. 우리가 우주로 여행을 가는 것은 온전히 상상의 산물이다. 하지만 나머지는 모두 상상이 아니다. 우주버스를 제외하고 본문에 언급된 다른 정보는 모두 과학 출판물에 기록되어 찾아볼 수 있는 내용이다.

다시 말해 우주버스가 정말로 존재하게 될 때면, 여러분은 이 책을 우주여행 가이드처럼 사용할 수 있을 것이다. 여러분의 증손자들에게 유용해질지도 모르니 이 책을 잘 보관하시길.

참, 대부분의 천체 이름은 라틴어로 병기처리했다. 그 이유는 책에 나온다. 우주지도에서 해당 천체를 찾아볼 때 라틴어로 입력해야 한다는 사실을 잊지 말자.

은하계 너머
DAY13

은하수와 블랙홀
DAY12

화성
DAY2

지구
여행의 시작

달
DAY1

수성
DAY3

금성
DAY4

태양
DAY10

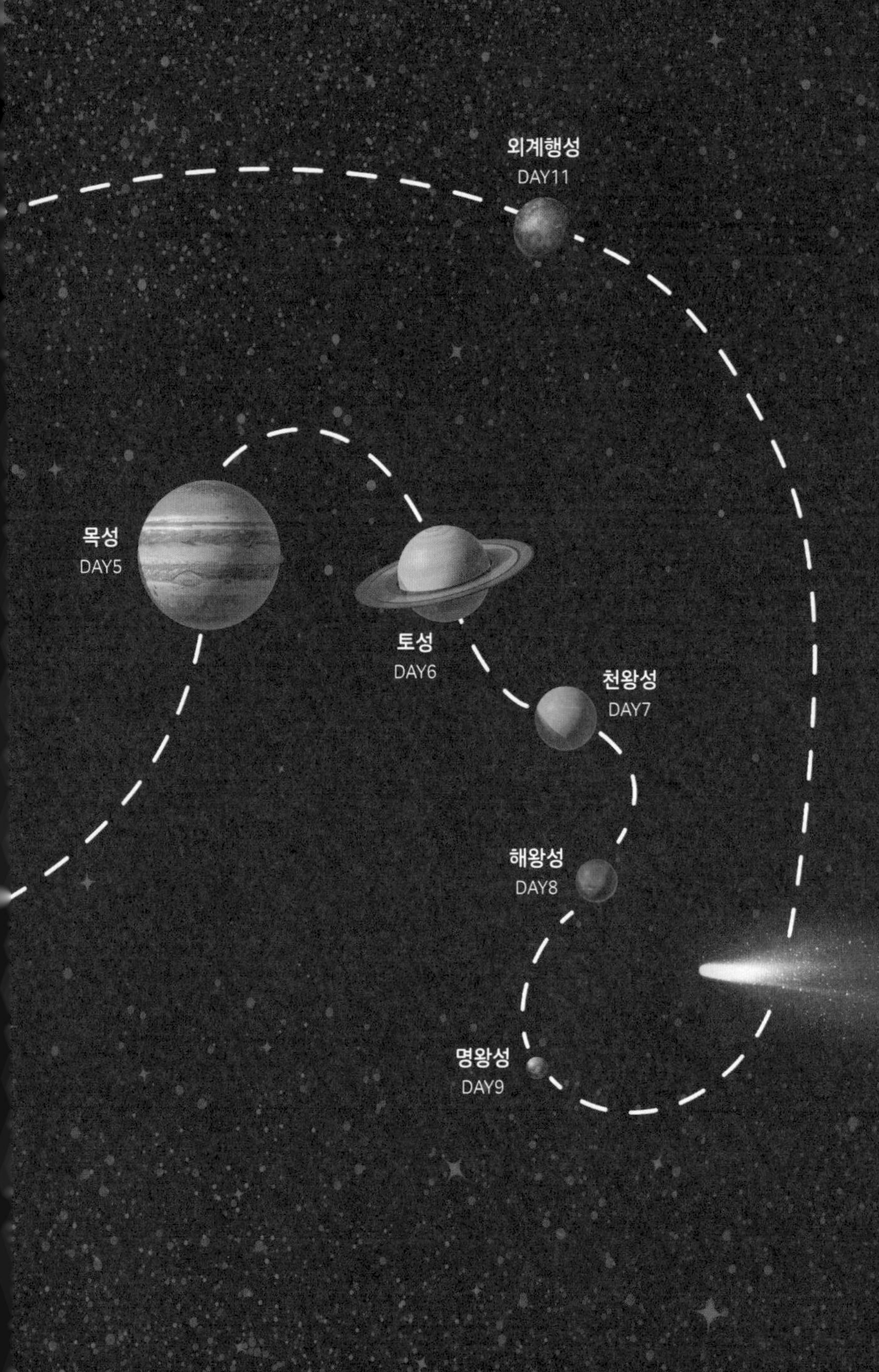
외계행성
DAY11
목성
DAY5
토성
DAY6
천왕성
DAY7
해왕성
DAY8
명왕성
DAY9

어떤 여행을 준비하든 우리는 항상 도착할 목적지에 대한 정보를 모은다. 예술도시든 자연공원이든 멋지고 놀라운 볼거리가 많은 어떤 행성이든 계획하고 있는 여행을 완전히 즐기려면 여행 전에 아는 것이 많을수록 좋다. 가볼 만한 궁전, 교회, 박물관부터 시장, 정원, 광장, 샛길, 식물, 동물, 풍경, 역사, 문화, 전통, 음식, 음악, 예술, 다시 말해 어떤 장소를 특별하게 만들고 이로써 다른 곳들과 다르게 하는 그 모든 것 말이다.

도서관에 가면 여행 안내서와 지도들이 책장을 가득 채우고 있다. 우리는 새로운 목적지를 찾기 위해서나 이미 가봤던 곳에 대한 기억을 되살리기 위해 이런 책들을 펴보곤 한다. 하지만 우주여행 안내서는 거의 없다. 행성 간 여행을 주관하는 여행사들이 생긴 지는 꽤 되었고, 여러 회사가 우리 태양계를 넘어선 목적지로 떠나는 상품을 합리적인 가격에 제공하고 있다. 게다가 행성 간 또는 항성 간 여행은 가까운 과거와 비교해도 승객에게 매우 안전한 여행이 되었다. 우주버스에는 경험 많은 조종사와 특별한 훈련을 받은 승무원이 동승하며 다양한 편의시설이 갖춰져 있다. 하지만 우주여행자는 대부분 우주로 떠나는 휴가를 혼자 준비하는 과정에서 놀라운 세상을 탐험할 기회를 제대로 누리지 못하고 오히려 생명의 위협을 느끼게 된다. 어떤 행성에 어떤 장비를 갖고 내려야 할지, 목적지에 도착하기 위해 어떤 궤도를 따라가는지, 어떤 '하늘의 괴물'을 피해야 하는지 등을 모르고 여행을 떠나는 것은 너무나도 위험한 일이다.

우주여행은 이제 겨우 무르익기 시작했고, 누구나 '우주 진공 체험'을 할 준비가 된 채로 목적지에 도착하기를 원할 것이다. 자, 여기서 이 안내서의 목적이 분명하게 드러난다. 이 책은 코팅된 종이에 무겁고 크며 그림과 도식이 많아 화려한 다른 안내서들과 다르다. 행성 표면과 성운, 은하를 찍은 화려한 컬러 사진으로 독자들에게 깊은 인상을 주고자 애쓰지 않는다. 대신 이 책에서는 행성별, 천체별로 반드시 알아야 할 정보를 제공한다. 어디를 방문할지, 어떤 여정을 계획할지, 우주여행을 잘 준비하려면 어떻게 해야 하는지 등 여행자가 모험을 즐기기 위해 필요한 것들을 전한다.

다시 말해 여러분은 태양계에서 가장 오르기 좋은 봉우리가 있는 산이나 가장 높은 화산은 어디에 있는지, 어떤 행성에서 아이스스케이트를 탈지, 쉴 만한 온천은 있는지, 거대한 화산 폭발을 구경할 수 있는지, 몸을 담글 만한 액체 메탄 바다가 있는지를 이 책에서 알아낼 수 있다. 그리고 지금 말한 것에서 훨씬 더 나아가 우리은하계와 은하계에 있는 여러 천체 그리고 아주 멀리 떨어져 있는 외계행성까지 탐험한다. 무한한 은하 간 공간으로 나가 다른 가까운 은하들부터 현기증이 날 정도로 먼 은하들까지 가보는 것이다.

혹시 새로운 《은하수를 여행하는 히치하이커를 위한 안내서The Hitchhiker's Guide to the Galaxy》를 만난다고 기대한다면 잘못 짚었다. 지금 여러분이 읽고 있는 이 책은 더글러스 애덤스Douglas Adams가 쓴 시리즈물 같은 SF소설이 아니다. 그러나 전형적인 천문학 책도 아니며 그걸 바라고 쓴 것도 아니다(차례만 훑어도 알 수 있다). 이 책은 오히려 이 멋진 우주과학에 대한 뭔가를 이야기해보려는 수단이다. 항상 새로운 목적지를 찾아다니며, 우주가 보여주는 경이로움 앞에서 놀라고 감탄하고 싶어하는 호기심 많은 여행자의 시선으로 말이다. 강렬하게 감동받고 싶다면 이 책이야말로 당신을 위한 것이다.

오해는 하지 마라. 이 책에서 섹스, 피, 돈에 관한 이야기는 찾을 수 없다. 독일의 저널리스트 악셀 슈프링어Axel Springer에 따르면 이 세 가지가 한때 인쇄물을 떠받치던 기둥이었다. 그는 일간지나 주간지에서 성적 스캔들이나 미해결 살인사건, 빨리 돈을 벌 수 있는 방법, 더 쉽고 빠르게 돈을 낭비하는 방법을 다루면 언제나 확실하게 성공한다고 했다. 그러나 이 책에서 느낄 수 있는 강렬한 감동은 완전히 다른 주제들에서 나온다.

사실 행동으로 옮기는 것보다 말하는 것이 쉽다. 그저 달까지 가는 것만 해도 산책이라고 말하는 사람은 없다. 더군다나 태양계의 주변부 가장자리에 있는 왜소행성에 가거나, 우리은하의 중심에 있는 초거대질량 블랙홀 주위 궤도에 올라보거나, 은하 간 공간의 한가운데에 도달한다고 상상해보라. 당연히 아무것도 예상할 수 없을 것이다! 그러니 우주를 여행할 때는 현기증으로 고생하지 않고 고독을 두려워하지 않으며 향수병을 심하게 앓지 않을 준비만이라도 제대로 하자.

그럼 배낭을 메고 탑승권을 준비해서 지구에 남아 있을 소중한 사람에게 인사하고 떠나자. 여러분의 첫 우주여행을 위한 마지막 탑승 안내 방송이 이제 막 나왔다. 평생 꿈꿔온 여행을 놓치고 싶지 않을 테니 어서 올라타자. 우주버스가 처음으로 정차할 곳은 지구와도 가깝고 우리가 눈으로 매일 보는 곳이다. 우주버스에는 여러분을 환영하는 잔이 준비되어 있다. 축배의 잔과 함께 즐거운 여행이 되기를!

차례

DAY1 달에서의 산책

DAY2 당신은 화성인을 만날 수 있을까?

DAY3 수성, 얼음과 불의 세상

DAY4 무섭도록 아름다운 사랑의 여신

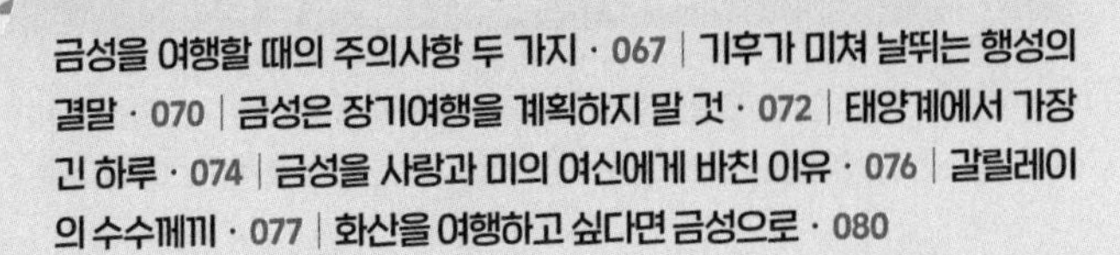

DAY5 태양계의 거인과 그의 행렬

DAY6 진정한 반지의 제왕, 토성

DAY7 누워 있는 행성, 천왕성

DAY12 우주의 우리 집, 은하수 횡단하기

DAY13 무엇을 상상하든 그 이상, 여행의 끝

달에서의 산책

달 Moon

위성

지구로부터의 평균 거리: 384,400km

질량: 지구의 0.012배

평균 반지름: 1,738km

표면 중력: 지구의 0.17배

최저/최고 온도: -233/123°C

자전주기(달의 축 주위): 지구의 27.32일

공전주기(지구의 주위): 지구의 27.32일

달이 가장 가까운 목적지라고 해서 덜 매력적인 것은 아니다. 여행자들에게 달은 비교적 저렴한 비용으로 갈 수 있는 유일한 여행지이기도 하다. 왕복으로 거의 일주일이 걸리는 비행 경비가 비용의 대부분을 차지하지만, 짐을 최소한으로 줄이고 운반용 로켓 뒤쪽에 타는 조건으로 저가 비행을 제공하는 회사도 있다. 우리의 유일한 자연위성에서 산책하고 싶지 않은 사람이 있을까? 1969년부터 1972년까지 그곳을 실제로 걸었던 운 좋은 우주비행사 열한 명의 업적을 따라 해보고 싶지 않은 사람이 정말로 있을까?

문워크

달의 중력은 우리 행성의 6분의 1 수준이기 때문에, 특별한 훈련을 받지 않아도 누구든지 달에서 기록적으로 높고 멀리 점프할 수 있다. 너무 높게 뛰어 땅으로 착지하지 못할 위험이 있을 정도다. 지구에서 태어나고 살아온 사람이라면 이는 정말로 짜릿한 경험일 것이다. 1970년대 런던에서 결성된 록 밴드 더 폴리스The Police가 〈워킹 온 더 문Walking on the Moon〉이라는 곡에서 '달에서 걷는 동안 내

다리가 부러지지 않기를I hope my legs don't break, walking on the Moon'이라고 노래한 것처럼 말이다. 그러니까 달을 여행하기 전에 높이 뛰는 것보다 높은 곳에서 다치지 않게 떨어지는 연습을 하는 것이 낫다. 다만 달에서 떨어질 때는 푹신한 매트리스가 없다는 것을 기억하라.

지구에서 90킬로그램인 사람이 달에서는 겨우 15킬로그램밖에 안 되기 때문에 자신의 몸이 깃털처럼 가볍게 느껴진다. 이 때문에 달 표면에 한번 발을 디디면 춤을 추는 것 같은 황홀감을 느낄 수 있다. 1983년 마이클 잭슨Michael Jackson의 〈빌리 진Billie Jean〉으로 유명해진 스텝에 문워크moonwalk, 곧 '달에서 걷기'라는 이름이 붙은 것은 우연이 아니다(잭슨은 1988년 발간된 자서전의 제목을 《문워크》라고 붙였다)! 문워크는 앞으로 움직이는 것 같아 보여도 뒤로 움직이는 아주 독특한 춤 동작이다. 물론 달에서는 우주의 다른 곳과 마찬가지로 앞으로 걸으면 앞으로 움직인다. 어쨌든 달에서 실제로 문워크를 해보면 얼마나 멋질지 생각해보라!

달 앞면의 볼거리

우주여행자가 달에서 꼭 가봐야 하는 장소는 어디일까? 우주여행에 관심이 많다면 1969년 7월 지구가 아닌 다른 천체에 최초로 발을 디딘 유인우주선 아폴로Apollo 11호의 무대를 빼놓을 수 없다.

정확한 지점은 고요의 바다Mare Tranquillitatis라는 용암평원의 남서쪽 이다. '달 내비게이션'이 있다면 좌표 00°41'15"N, 23°26'00"E을 찍고 움직여라. 그곳이 바로 고요의 기지Statio Tranquillitatis다. Statio Tranquillitatis는 국제천문연맹International Astronomical Union, IAU이 붙인 공식 이름으로, 닐 암스트롱Neil Armstrong과 버즈 올드린Buzz Aldrin이 제안한 Tranquility Base를 라틴어로 옮긴 것이다. 달 착륙선 이글Eagle이 달에서 보낸 역사적인 메시지 "휴스턴! 여기는 고요의 기지, 이글호는 착륙했다Houston, Tranquility Base here. The Eagle has landed"에서 처음 쓴 말이다.

대기가 없기 때문에 석유처럼 까만 하늘이 배경이기는 하지만, 여기서 그때 꽂아둔 성조기와 셀카를 찍지 않고는 못 배길 것이다. 달 표면을 덮고 있는 미세한 먼지층인 레골리스regolith에 암스트롱과 올드린이 남긴 발자국들이 지워지지 않도록 아주 조심하면서 산책하자. 달에는 바람이나 비 등 발자국을 지울 수 있는 어떠한 요인도 없기에 이들은 여전히 잘 남아 있다. 고요의 기지 산책이 끝날 무렵 주변을 둘러보며 올드린이 달의 풍경을 보면서 어떤 감정을 느꼈을지 생각해보라. 그는 이렇게 소리쳤다. "아름답다, 아름다워! 웅장한 황무지로군!"

만약 현무암질의 용암평원인 달의 바다나 문화적인 장소보다 산이나 자연에서 산책하기를 좋아한다면 아펜닌산맥Montes Apenninus으로 향하자. 그렇다, 바로 이탈리아반도에 뻗은 아펜니노산맥의 이름을 딴 이 산맥은 우리의 위성 달에서 가장 높은 산맥이다. 다만 물이 없으니 눈이 없고 눈이 없으니 스키는 탈 수 없다는 것을 명심하라.

이 산맥에서는 달에서 가장 높은 산을 찾을 수 있다(가장 높은 지점은 아니다). 올라가는 것은 지구보다 훨씬 덜 힘들기 때문에 모든 등산가에게는 식은 죽 먹기다. 산소가 부족할 걱정도 없다. 산소는 고지대에만 부족한 것이 아니라 평지에도 없으니까! 길이가 600킬로미터의 이 산맥에도 암벽등반가와 등산가들을 위한 등산 코스가 많지만, 위험을 무릅쓰고 모험다운 모험을 하고 싶다면 높이가 5,500미터인 하위헌스산Mons Huygens 등반을 추천한다. 이 산은 네덜란드의 수학자, 물리학자이자 천문학자인 크리스티안 하위헌스Christiaan Huygens에게 헌정되었다. 그는 직접 만든 굴절망원경으로 1655년에 토성의 가장 큰 위성인 타이탄Titan을 발견했다.

아펜닌산맥에서 내려왔다면 달에 있는 멋진 충돌 크레이터impact crater들을 볼 차례다. 그중에서도 코페르니쿠스 크레이터Copernicus Creater가 가장 볼 만하다. 지구에서도 작은 망원경만 있으면 충분히 알아볼 수 있는 크레이터다. 이 크레이터는 폴란드의 천문학자이자 성당 참사회원이었으며, 1500년대에 지구가 우주의 중심이라는 지구중심설에 맞서 태양이 우주의 중심이라는 태양중심설을 강하게 주장한 니콜라우스 코페르니쿠스Nicolaus Copernicus에게 헌정되었다. 주변을 둘러싸고 있는 바다와 강하게 대비되어 선

그림 1-1 코페르니쿠스 크레이터

명하고 밝게 보이는 이 크레이터는 지름이 90킬로미터가 넘고 깊이는 거의 4킬로미터에 이르며, 달에서 가장 넓은 바다인 폭풍의 대양Oceanus Procellarum 동쪽 구역에 있다. 폭풍의 대양은 대양이라는 이름에 걸맞게 면적이 400만 제곱킬로미터에 이른다. 코페르니쿠스 크레이터는 전형적인 방사형 크레이터다. 충돌하면서 부서진 파편들이 마치 크레이터의 중심에서 나온 광선처럼 그 가장자리 전체에 방사형으로 퍼져 있다. 크레이터의 원형 가장자리와 바깥 구역의 높이는 '겨우' 1킬로미터밖에 차이가 나지 않는다.

코페르니쿠스 크레이터를 보고 나서도 시간이 남아 폭풍의 대양 안에서 정처 없이 배회하고 있다면, 아리스타르코스Aristarchus라는 크레이터를 살펴봐도 좋다. 달 표면에서 가장 빛나는 구역으로 알려진 아리스타르코스의 경관은 잠시 둘러볼 만하다. 그러나 여러분이 빌린 달 탐사선의 항속거리가 그곳까지 가는 데 충분한지 확인해야 한다. 이 구역은 달의 다른 구역들에 비해 빛 반사력인 알베도albedo가 거의 2배 가까이 높아서 지구에서도 맨눈으로 보인다. 아리스타르코스 크레이터의 지름은 약 40킬로미터로, 코페르니쿠스 크레이터보다는 훨씬 작지만 깊이는 거의 같다. 이 크레이터는 태양계의 태양중심설을 최초로 주장한 기원전 3세기의 그리스 천문학자 사모스의 아리스타르코스Aristarchus of Samos에게 헌정되었다.

달에서 지구를 발견하다

달의 움직임을 관찰해보면 자전주기가 공전주기와 같다. 달이 자전축을 중심으로 완전히 한 바퀴 도는 데 걸리는 시간과 지구 주위 궤도를 한 바퀴 도는 데 걸리는 시간이 같다는 의미다. 이 때문에 지구에서는 항상 달의 같은 반구만 보인다. 지금까지는 언제나 지구를 향하고 있는 달의 앞면near side of the Moon에서 가볼 만한 장소들

그림 1-2 달에서 바라본 지구

을 소개했다. 그 앞면에서는 달의 바다와 산, 크레이터와 여러분의 머리 위 하늘에서 태양의 빛을 받아 예쁜 파란색으로 반짝이는 우리 행성을 언제든 볼 수 있다. 태양과 지구, 달의 위치 때문에 지구에서 달의 위상을 볼 수 있는 것처럼 달에서도 당연히 지구의 위상이 보인다. 다시 말해 여러분이 '만지구full Earth'* 때 달에 있는 것이 아니면, 달에서 표면 일부분이 그림자에 가려진 지구 표면을 볼 수 있다.

---

* 만월full Moon이라는 단어에 달 대신 지구로 바꿔 표현한 것.

아폴로 8호의 우주비행사들이 처음 본 지구도 그렇게 일부가 그림자로 덮여 있었다. 아폴로 8호는 1968년 12월에 최초로 달 궤도를 일주한 유인우주선으로, 지구로부터 거리가 약 40만 킬로미터 떨어진 곳에 도달했다. 달의 지평선 너머에서 솟아오르는 지구를 보는 감동이 얼마나 컸던지, 우주비행사 윌리엄 앤더스William Anders는 그 장면을 영원히 보존하기 위해 컬러 사진을 찍었다. 이 사진은 지구돋이Earthrise라고 불린다. 그 먼 거리에서 보이는 대양과 육지, 구름의 모습은 많은 사람에게 깊은 인상을 남겼다. 황량하고 칙칙한 달의 표면 위로 별도 없는 깜깜한 하늘에, 아무 연고도 방향감각도 없이 우주선처럼 보이는 지구가 쏘아 올려져 있었다. 인류가 자신의 행성이 독특하면서도 연약하다는 사실을 마침내 깨닫게 된 1968년의 크리스마스이브였다. 놀라우면서도 경외스러운 이 사진에 대해 앤더스도 이런 말을 남겼다. "우리는 달을 탐험하기 위해 이 먼 길을 왔는데, 가장 중요한 건 우리가 지구를 발견했다는 사실이다."

달의 뒷면을 모험할 때는 음악을 준비할 것

지구에서 보이는 달의 앞면에만 갈 만한 곳이 있는 것은 아니다. 지구에서 영구히 숨겨진 반구에도 가봐야 달을 제대로 모험했다고 말할 수 있다. 물론 여행 비용은 훨씬 많이 든다. 달의 뒷면far side of the Moon을 여행할 때는 지구와의 소통이 문제다. 눈에 보이지 않기 때문에 무선으로 연결해야 한다. 예를 들면 달에 있는 우주여행자와 지구가 동시에 보이는 고도에서 달의 공전 궤도에 있는 위성과 연결하는 것이다.

위급 상황에 지구로 구조신호를 보내려면 위성과 연결되어 있어야 한다. 하지만 행성여행사의 권유를 뿌리치고 무선 연결을 이용하지 않는 위험을 무릅쓰는 사람들이 항상 있다. 아무튼 이 문제를 해결하고 나면, 달에서 가장 높은 지점인 셀레네산맥의 정상Selenean summit에 반드시 가봐야 한다. 셀레네산맥의 정상은 달의 평균 표면으로부터 고도가 1만 786미터로, 해발고도가 '겨우' 8,848미터인 지구에서 가장 높은 봉우리 에베레스트산보다 20퍼센트 정도 더 높다. 그런데 앞서 언급한 하위헌스산은 진짜 산의 모습을 하고 있는 반면 셀레네산맥 정상의 경사는 아주 완만하다. 최대 경사가 3도밖에 되지 않아 주변 산들에 비해 올라가기가 훨씬 쉽다.

달의 뒷면은 땅의 기복이 심하기 때문에 제대로 움직일 수단이 없다면 탐험하기가 몹시 어렵다. 하지만 흥미로운 점이 있다. 바로 '마리아maria'('바다'를 의미하는 라틴어 복수로, 강세가 marìa가 아니라 mària다)가 거의 없고 크기가 다양한 크레이터들이 있다. 그중 하나가 미국항공우주국National Aeronautics and Space Administration, NASA의 아폴로프로젝트에 헌정된 지름 537킬로미터의 거대한 아폴로 크레

그림 1-3 남극 에이트켄분지

이터Apollo creater다. 달에는 이보다 더 큰 충돌 크레이터도 있다. 바로 남극 에이트켄분지South Pole-Aitken basin다. 남극 에이트켄분지는 지름이 약 2,500킬로미터로, 태양계 전체에서 가장 큰 크레이터에 속한다. 그런 흉터가 생길 때 달이 받아야 했던 타격이 얼마나 컸을지 상상해보라! 위치가 달의 남극과 가까우며, 미국의 천문학자 로버트 에이트켄Robert Aitken의 이름을 딴 에이트켄 크레이터Aitken creater가 이 분지에 있기 때문에 남극 에이트켄분지라는 이름이 붙었다. 에이트켄 크레이터는 이 분지의 북쪽 극단 경계이며, 에이트켄은 자신의 업적보다도 이 크레이터에 붙은 자신의 이름 덕분에 더 유명할 것이다. 남극 에이트켄분지는 지구에서 보이지 않는 달의 뒷면에서 남쪽 끝부분을 제외하고 반구면 거의 전체에 걸쳐 있다. 그래서 지구에서도 망원경으로 달의 남극 근처 가장자리를 보면 관찰할 수 있다.

평범한 여행자든 전문 암벽등반가든 남극 에이트켄분지를 흥미로운 장소로 생각하는 이유는 두 가지다. 첫째, 그 분지 안에 달에서 고도가 가장 낮은 지대가 있다. 바로 깊이 6킬로미터의 큰 함몰지다. 둘째, 남극 주위에 항상 그림자가 진 일부 지역에서 물 얼음 퇴적물이 발견된다. 이는 몇몇 혜성이 달의 궤도를 돌다가 달과 충돌하면서 유입되었을 것이다.

누구에게나 달의 빙하를 직접 보는 기회가 주어지는 것은 절대 아니다. 영원히 빛을 비추는 장치는 없기 때문에 달의 낮에 이러한 장소를 방문하는 것이 좋다. 계산을 잘해서 최적의 시기를 골라야 한다. 달의 표면 어떤 지점이라도 태양이 약 2주 동안은 지평선 위에 있고, 그다음 2주는 어둠과 추위가 지배하기 때문이다.

만약 여러분이 달의 앞면에 있을 때 밤이 만지구 때문에 밝아진다면 어쨌든 문제는 없다. 달에서 보면 태양 덕분에 완연히 빛나는 우리의 행성은 보름달보다 30배 이상 더 밝다. 그러니까 지구는 '태닝'만큼은 확실히 하는 것이다. 우리 행성으로부터 나온 파르스름한 빛으로 반짝이는 달의 풍경은 얼마나 장관일지 상상해보라! 지구가 태양과 달 사이에 위치하는 '신지구new Earth'* 기간에는 달에서 개기일식total solar eclipse을 직접 보는 행운을 얻을 수도 있다. 당연히 그 순간에 여러분은 지구의 그림자 속에 있을 것이다. 지구에서는 이 현상이 월식으로 보이기 때문이다.

마지막으로 하나 권하자면, 달의 뒷면을 경험하기 전에 여러분의 곁에 있어줄 적당한 음악을 준비하라. 삶에서 처음으로 우리의 행성이 보이지 않는 곳에서 느끼게 될 깊은 고독감을 달래줄 음악이면 더 좋다. 수록곡 모두를 이 반구에 바친 앨범인 핑크 플로이드Pink Floyd의 《더 다크 사이드 오브 더 문The Dark Side of the Moon》도 추천한다.

특히 이 앨범의 마지막 수록곡인 〈이클립스Eclipse〉에서는 앨범 제목인 '달의 어두운 면'의 의미를 설명한다. 그 의미는 이 유명 영국 밴드의 멤버가 아니라, 비틀스The Beatles로 유명해진 녹음실인 애비로드 스튜디오Abbey Road Studio 건물의 아일랜드인 수위였던 게리 오드리스콜Gerry O'Driscoll이 설명했다. 이 앨범은 심장박동 소리로 시작되고 끝나는데, 이 앨범의 끝부분에 심장박동 소리를 배경으로 오드리스콜의 목소리는 이렇게 말한다. "실제로 달에 어두운 면은 없다. 사실 달은 전체가 어둡다. 달을 빛나 보이게 하는 것은 태양뿐이다There is no dark side of the Moon, really. Matter of fact, it's all dark. The only thing that

* 신월new moon이라는 단어에 달 대신 지구로 바꿔 표현한 것.

makes it look alight is the Sun." 사실 달의 '어두운 면'이라고 부르는 그 면은 단순히 우리 시야에서 숨겨진 쪽이다. 하지만 우리가 볼 수 없다고 해서 어두운 것은 아니다. 지구에서 달이 보이지 않는 음력 초하루 때 그 숨겨진 부분은 태양 빛으로 완전히 덮여 전체가 빛난다. 이러한 광경은 여러분이 탄 우주버스가 착륙 절차를 시작하기 전 이 위성 주변 궤도를 한 바퀴 돌 때 볼 수 있다.

그럼 즐겁게 지내고 너무 울적해지지 않도록 조심하길!

당신은 화성인을 만날 수 있을까?

화성 Mars

행성
질량: 지구의 0.11배
평균 반지름: 3,390km
최저/최고 온도: −140/20℃
하루의 길이: 지구의 1.03일
1년의 길이: 지구의 1.88년
위성의 수: 2개
행성의 고리계: 없음

달에서 보내는 휴가는 매 순간이 좋다. 지구에서 출발하는 첫 번째 우주버스를 타기만 하면 되고 며칠이면 도착한다. 달은 우리 행성 주위를 공전하고 있으니 사실 우리로부터 멀리 떨어져 있는 것도 아니다. 하지만 화성은 그렇지 않다. '붉은 행성Red Planet'까지의 거리는 여행을 아주 비싸고 위험하게 만들 정도로 멀다. 우주여행사는 이 문제를 잘 알고 있고, 이 때문에 '화성여행' 상품은 2년이나 2년을 조금 넘는 기간, 좀 더 정확하게 말하자면 약 2년 2개월에 한 번씩 판매한다. 지구에서 화성을 여행하기에 가장 유리한 궤도 위치, 곧 붉은 행성이 태양 반대편에 있게 될 때다.

화성여행의 극성수기

정치인에게 반대opposition는 언제나 귀찮은 것이고, 반대를 해야 하는 사람도 큰 부담을 느낀다. 그와 다르게 천문학자와 우주여행자에게 충opposition은 우주에 있는 어떤 행성이 우리 행성을 기준으로 태양의 정반대 위치에 오는 것을 의미한다. 이 현상이 일어나면 태양과 지구 그리고 그 행성은 사실상 일렬로 놓이며 우리에게 다음 같은 두 가지 중요한 이점이 있다.

지구에서 보았을 때 그 행성은 태양 빛으로 전체가 밝아지며, 무엇보다도 지구에서 최단 거리에 있게 된다. 화성이 충에 있을 때 여행을 하면 여행 거리가 수천만 킬로미터까지 짧아지기 때문에 결과적으로 경비가 절약된다. 당연히 화성으로 가는 여행 수요는 대부분 화성이 충에 가까워질 때 있으며, 이 시기는 지구의 계절이나 화성의 계절과 상관없이 항상 화성여행의 극성수기다.

화성의 사계절

지구처럼 화성에도 계절이 있다. 물론 원인은 같다. 행성 궤도면에 대한 회전축의 기울기 때문이다. 특히 지구와 화성의 이 기울기는 아주 비슷하다. 화성의 계절 변화는 지구에서 망원경으로 관찰하는 사람도 구분할 수 있다. 화성 양극에서 볼 수 있는 2개의 아주 하얀 반점을 바라보기만 하면 된다. 이 두 지점은 태양 빛을 덜 반사하기 때문에, 색이 붉고 어두운 화성의 다른 부분과 비교해 훨씬 밝다.

그렇다, 이해했을 것이다. 이건 화성의 극관polar cap이며 지구의 극지방과 마찬가지로 계절에 따라 범위가 넓어지거나 좁아진다. 북쪽에 있는 건 북쪽 평지Planum Boreum, 남쪽에 있는 건 남쪽 평지

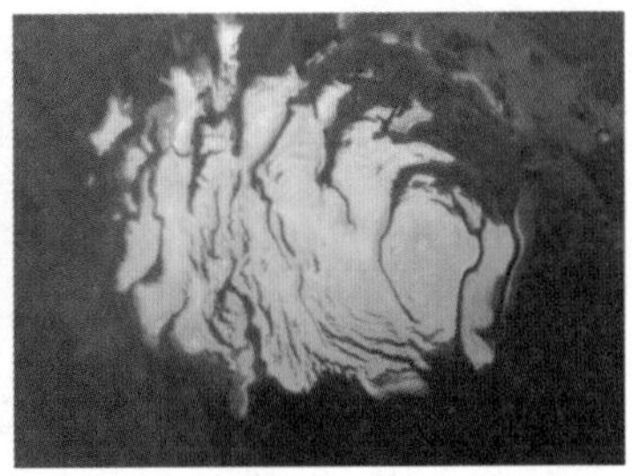

그림 2-1 만년설로 뒤덮여 있는 화성의 북쪽 평지(좌)와 남쪽 평지(우)

Planum Australe다. 하지만 무턱대고 만지지 마라. 지구의 극지방과는 다르게 화성 극관의 만년설은 얼음이기는 하지만 드라이아이스, 곧 고체 이산화탄소다. 그래서 태양열에 액체로 녹지 않고 바로 기체 상태로 바뀐다(승화sublimation). 물에 젖지 않고 건조한 특성 때문에 드라이아이스는 아이스크림을 보존하는 데 유용하다. 화성에도 물 얼음이 있지만 오랫동안 화성의 바람에 침적된 여러 층의 모래와 섞여 있다. 특히 겨울에는 두꺼운 드라이아이스로 덮여 있다. 두 반구 중 한쪽에 여름이 찾아오면, 태양에 노출된 극관의 드라이아이스가 승화해 물 얼음의 표면층이 드러난다. 이 때문에 극관 자체의 범위가 눈에 띄게 좁아지는데, 이는 지구에서도 관측할 수 있다.

드라이아이스가 승화되면 화성의 엷은 대기에 다량의 이산화탄소가 배출된다. 이런 변동은 일시적으로 일어나더라도 화성의 기후를 눈에 띄게 변화시킨다. 특히 더 넓게 퍼져 있는 남극 극관에서 이산화탄소가 다량 방출되면 화성의 대기순환 방식과 주요 바람의 세기에 현저하게 영향을 끼친다. 그 결과 이 붉은 행성에서는, 특히 남반구의 봄여름에 일어나는 거대한 모래폭풍을 주기적으로 관찰할 수 있다. 어떤 모래폭풍은 행성 표면 전체를 감싸고 몇 주 동안 지속될 만큼 정말 강하고 파괴적이다.

화성의 봄에 기온이 상승하고 날씨가 온화해지는 게 사실이지만, 화성의 사막을 모험하려는 시기는 주의해서 정해야 한다. 모래폭풍에 며칠 동안 갇혀서 못 나올 수도 있기 때문이다. 게다가 봄여름이 있다고 해도 화성의 기후는 의심할 여지 없이 항상 춥다. 화성 탐사선 바이킹Viking이 측정한 지면 온도는 태양이 남중할 때(화성의 정오) 섭씨 영하 30도에서 해가 뜨기 전 섭씨 영하 86도 사이를 오르내렸다.

이런 상황들을 알고도 화성으로 여행을 떠나겠다고 결정했다면 그곳의 대기가 어떤 상태인지도 알고 있어야 한다. 화성을 둘러싸는 가스와 기체들 말이다! 화성의 엷은 대기층은 95퍼센트 정도가 이산화탄소다. 나머지는 거의 질소이며, 아주 낮은 비율로 수증기가 있다. 지면에 가해지는 압력은 지구보다 훨씬 낮다. 구름이 만들어질 수는 있지만, 앞서 살펴본 무서운 모래폭풍이 지나가는 게 아니라면 대기는 대체로 투명하다.

그건 그렇고 화성은 왜 붉을까? 그 답은 생각보다 쉽다. 화성이 붉은 것은 '녹슬었기' 때문이다! 화성은 바위에 있는 철의 산화물인 '녹' 때문에 붉게 보인다. 화성의 표면 대부분은 불그스름한 산화철로 뒤덮여 있는데, 이 때문에 화성과 화성의 하늘이 붉게 보인다. 태양 빛을 덜 반사하는 부분은 어두워 보인다. 이런 지역에서는 붉은색 물질이 바람에 날려 태양 빛이 덜 반사되는 아래쪽 표면이 드러나 보이는 것이다.

무엇보다도 화성은 대기가 투명하기 때문에 지구에서 망원경으로도 표면을 연구할 수 있다. 금성과 비교하면 완전히 다른 상황이다. 금성은 짙은 대기가 표면을 완전히 가리고 있기 때문에 특징을 볼 수 없다.

화성에서 물 찾기

현재 행성 간 여행지를 수용할 수 있는 화성 기지는 마스Mars 1호뿐이다. 몇 달 동안 비행하고 나서 전염병 예방을 위한 격리 기간을 필수로 거친 다음 이 기지에 도착한다. 시간을 낭비하고 싶지 않다면 기지에 짐을 내려두자마자 서둘러 화성 탐사선을 빌리러 가보자. 화성에서는 길을 잃기 아주 쉽기 때문에 현지 가이드와 함께하는 것이 좋다.

행성 탐험가라면 누구나 머릿속에 두 가지 목표를 가지고 화성에 온다. 바로 액체 물 찾기 그리고 생명체 찾기다.

화성은 오래전부터 인류의 환상을 부추기고 자극해왔다. 인접한 행성일 뿐 아니라 특히 지구와 환경이 비슷하다고 추정되기 때문이다. 이와 관련해서는 계절 말고도 할 이야기가 많다. 화성에서 1년은 지구에서 거의 2년이다. 화성의 하루는 '솔sol'이라고 하며, 지구의 하루보다 아주 약간(30분) 길다. 화성의 지름은 지구 지름의 절반이며, 그리 오래되지 않은 과거에 화성의 개울과 강에는 물이 흘렀을 가능성이 있다. 지금까지 화성에서 이루어진 모든 탐사 활동은 화성의 지하에서 물을 찾기 위한 것이었다. 그와 함께 화석이라도 좋으니 생명체의 흔적도 찾으려 했다. 오늘날 화성에 오는 사람들은 예전에 극서부 지방에서 금광을 찾던 사람들과 똑같이 행동한다. 만약 금을 찾고 싶다면 있을 것 같기는 하다. 단지 여기에서는 금이나 귀금속이 아니라 우주에서 가장 흔한 분자 중 하나를 찾는 것이 더 중요하다. 바로 생물학적 물질과 연관된 물 분자 말이다.

사실 많은 우주여행자는 데이비드 보위David Bowie가 1971년 〈라이프 온 마스?Life on Mars?〉라는 노래에서 한 질문에 답하는 첫 번째 사람이 되고자 화성에 온다. 하지만 지금까지는 모두 꼬리를 내리고 지구로 돌아갔다. 많은 SF소설에서 상상한 것과 다르게 화성인은 정말로 존재하지 않는 것 같다. 화성인에 대한 이야기들은 라디오 드라마에서 나온 '농담'에서 시작했다. 1938년 10월 30일 미국의 젊은 배우이자 감독인 오슨 웰스Orson Welles는 1898년 출간된 허버트 웰스Herbert Wells의 소설 《우주 전쟁The War of the Worlds》을 원작으로 자신이 직접 연출한 라디오 드라마에서 화성인을 본 것처럼 연기했다. 그런데 청취자들은 이를 너무 진지하게 받아들였다.

환상 속의 붉은 행성 원주민에게 헌정된 책과 영화들이 매우 많지만, 다행히 화성 외계인의 침공 위험은 전혀 없다. 과학자들이 화성에 정말로 생명체가 표면에 생겼다가 사라졌을지도 모른다는 이야기나(비관적 이론), 행성의 환경적 상황이 달라져서 지하로 숨었을지도 모른다는 이야기(긍정적 이론)를 부정하지는 않지만 말이다. 이 외에도 강력한 가설이 몇 개 있지만, 어떤 연구원도 그걸 뒷받침할 확고하고 반박할 수 없는 증거를 아직 제시하지 못했다.

19세기 중엽부터 브레라천문대에서 망원경으로 화성을 관찰하기 시작했다. 이후 화성 생명체에 대한 환상에 처음으로 날개를 단 것은 바로 이탈리아의 천문학자 조반니 스키아파렐리Giovanni Schiaparelli다. 당시에는 아직 천문학 사진술이 없었기 때문에, 스키아파렐리는 화성 표면의 여러 부분을 이은 긴 직선 구조물들을 종이에 스케치했다. 그리고 '화성의 수로canali marziani'라고만 간단히 기록해두었다.

이 이탈리아인 천문학자는 기록으로 인해 생길 수 있는 문제에 대해 생각하지 못했다. 수로canali가 인공적으로 만들어졌을 수도 있다고 생각할 가능성 같은 것 말이다. 안타깝게도 그의 메모가 영어로 번역될 때 canali는 canals로 바뀌었다. 자연 수로가 아니라 인공 수로라는 의미를 내포하는 단어로 번역된 것이다(천연 물

길은 channel이라고 한다). 바로 이 번역 오류 때문에 미국 천문학자 퍼시벌 로웰Percival Lowell은 화성에 물이 흐르며 빽빽한 인공 운하망을 건설할 수 있는 수리공학 전문가들이 산다고 믿게 되었다. 그리고 이 전문가들이 만든 인공 운하망을 따라 물이 행성 한쪽에서 다른 쪽으로 빠르게 이동했을 뿐 아니라 메마른 구역에도 물을 댈 수 있었다고 생각했다. 극지방에서 건조한 지역으로 물을 끌어오고, 사람이 사는 중심지의 상수도에 물을 공급하는 지구처럼 말이다.

로웰은 외계 문명 가설을 굳게 믿었다. 애리조나주 플래그스태프에 있는 로웰천문대에서 스키아파렐리가 쓴 것보다 성능이 좋은 망원경으로 관측했지만, 스키아파렐리가 그린 수로들이 단순한 착시였다는 걸 깨닫지 못했다. 어쩌겠는가. 눈은 종종 보고 싶은 것만 본다. 로웰은 스스로가 가진 신념의 희생자였다. 이제 우리는 화성에 인공 수로가 없다는 것을 확실히 안다. 하지만 천문학자들은 고대든 근대든 한때 화성에 물이 풍부해서 강이 흐르고 호수와 바다가 땅을 적셨는지 아닌지 아직 알아내지 못하고 있다. 지금은 붉은 행성의 표면이 메말라 있지만 물 수색은 아직 끝나지 않았다.

화성여행 추천 코스

그래도 스키아파렐리는 좋은 일을 했다. 1877년에 화성이 충에

그림 2-2 태양계 전체에서 가장 높고 넓은 산인 올림포스산

있을 때, 그는 악명 높은 수로 외에도 화성의 표면에서 빛나는 흰색 지형에 올림포스의 눈[雪]Nix Olympica이라는 이름을 붙이고 싶어 했다.

우리는 이제 그게 눈이 아니라 드라이아이스, 곧 고체 이산화탄소라는 사실을 안다. 그 꼭대기는 눈으로 덮여 있지는 않지만 태양계 전체에서 가장 높고 넓은 산의 정상이다. 바로 고대에 신들의 집으로 여겨졌던 그리스의 산 이름을 딴 올림포스산Olympus Mons으로, 높이는 지형의 기준면 위로 22킬로미터 가까이 되며 방패 모양 구조에 지름은 600킬로미터가 넘는다.

올림포스산은 활화산이 아니다. 이 산은 북쪽으로 1,000킬로미터 떨어져 있는 평원에 비해 26킬로미터나 높이 솟아 있다. 꼭

대기의 칼데라*는 너비 60킬로미터, 길이 80킬로미터고 깊이는 최소 3킬로미터에 이른다. 가장자리 주위의 절벽 높이는 최대 8킬로미터로 추정된다. 높은 곳에서 화성을 내려다보고 싶다면 이곳에서 보는 것이 가장 좋다. 무엇보다도 중력이 지구의 3분의 1을 약간 넘는 정도라 산을 오르기가 훨씬 쉽다. 최대 경사가 5도일 정도로 이 화산의 벽면이 전혀 가파르지 않은 것조차 신경 쓰지 않아도 되기 때문이다. 특별한 등반 기술이 필요 없다는 뜻이다.

스키아파렐리가 화성의 다른 여러 지역에 붙인 이름들은 아직도 사용되고 있다. 다만 스키아파렐리가 묘사한 지역들의 경계와 형태는, 민간우주여행이 탄생하기 전 붉은 행성을 방문한 수많은 우주탐사선이 모은 자료를 토대로 수정되었다. 올림포스산에 다녀오고 나면 골짜기로 내려가 화성에서 가장 두드러지게 보이는 지형인 시르티스메이저고원Syrtis Major Planum을 답사해보면 좋다. 이곳은 V자 모양의 어두운 지역으로, 리비아해안에 있는 시르테만Gulf of Sirte을 닮아 그런 이름이 붙었다. 오랫동안 이곳은 함몰된 평야로 알려져 시르티스메이저평원Syrtis Major Planitia으로 불렸는데, 이제는 야트막한 순상화산인 넓은 고지로 밝혀졌다. 이 고원은 현무암질 화산암으로 이루어져 있으며 산화철을 포함한 먼지가 별로 없어서 어둡게 보인다. 이는 최초로 기록된 다른 행성의 표면적 특

* 화산 폭발 후 빈 마그마방이 함몰되면서 생긴 분지.

징이기도 하다. 앞에서도 살펴본 것처럼 화성 대기는 투명하기 때문에 이러한 관측이 가능했다. 실제로 1659년에 네덜란드 천문학자 하위헌스가 그린 그림에도 이 고원이 등장한다. 하위헌스는 화성의 하루 길이를 추정하기 위해 이 '얼룩' 같은 지점을 반복해서 관찰했다.

좀 더 북쪽으로는 아시달리아평원Acidalia Planitia이라는 쐐기 모양의 넓은 평원이 있다. 눈에 띄는 특징은 없는 것 같지만, 이곳은 작가 앤디 위어Andy Weir가 소설 《마션The Martian》에서 아레스Ares 3호 탐사대를 화성 표면에 착륙시킨 곳이다. 주인공은 여기서 일어난 모래폭풍 때문에 조난을 당한다. 영화 〈마션The Martian〉은 이 소설을 바탕으로 만들어졌으며, 이 영화 덕분에 화성에서 폭풍우에 휩싸일 때 맞서게 될 위험을 잘 이해할 수 있다.

가장 눈에 띄게 밝은 지역 중에는 헬라스평원Hellas Planitia을 빼놓을 수 없다. 이는 화성 남반구의 시르티스메이저고원 남쪽에 위치한 원형에 가까운 지역이다. 한때 이곳은 눈으로 덮인 고지라고 알려졌는데, 지금은 거대한 충돌 크레이터로 밝혀졌다. 깊이는 7킬로미터가 넘고 종종 구름에 덮이며, 동서로 약 2,300킬로미터 뻗어 있는 헬라스평원은 태양계에서 가장 넓은 충돌 크레이터 중 하나다.

우리 행성계에서 가장 큰 충돌 크레이터를 보고 싶다면 유토피아평원Utopia Planitia으로 향해야 한다. 이곳은 지름이 3,300킬로미터로 추정되는 큰 평원이다. 이 지역은 1976년 9월 바이킹 2호가 착륙한 곳으로 인기 있는 관광지다. 바이킹 2호는 1976년 7월 크리세평원Chryse Planitia에 착륙한 쌍둥이 바이킹 1호와 함께 생명체를 찾기 위해 붉은 행성에 무사히 착륙한 우주선이다.

충돌 크레이터는 이제 지겨운가? 정말로 독특한 풍경을 보고 싶은가? 그렇다면 여러분의 가이드에게 타르시스Tharsis로 가자고 해보자. 이 지역은 넓은 용암대지로 태양계에서 가장 큰 순상화산들을 거느리고 있다(올림포스산은 이 고지의 서쪽 가장자리에서 멀리 떨어져 있다). 여기에서는 3개의 장엄한 화산이 일렬로 있다. 바로 아르시아산Arsia Mons, 파보니스산Pavonis Mons 아스크라에우스산Ascraeus Mons으로, 이들을 타르시스산맥Tharsis Montes이라고 부른다.

평원도 충돌 크레이터도 화산도 지겹다면 이제 협곡으로 갈 시간이다. 지금쯤이면 여러분은 화성이 작고 가깝지만 볼거리가 많은 행성이라고 생각할 것이다. 그리고 화성의 협곡은 어느 행성 못지 않게 크다. 타르시스산맥에서 동쪽으로 이동하면 광대한 협곡이 보인다. 바로 길이는 3,000킬로미터가 넘으며 너비는 600킬로미터에 달하고 깊이는 최대 8킬로미터나 파여 있는 매리너협곡Valles Marineris이다. 길이 800킬로미터, 너비 30킬로미터, 깊이는 '겨우' 1.8킬로미터인 미국 애리조나주 콜로라도강의 그랜드캐니언이 보잘것없어 보인다. 1971년 최초로 화성 주위 궤도에 진입해서 이 구조를 발견한 화성탐사선 매리너Mariner 9호에 헌정된 이 광활

한 협곡 구조의 기원은 아직 불가사의다. 가장 공인되는 가설에 따르면 이 협곡은 수십억 년 전 화성이 식는 동안 표면에 형성된 균열이다.

라퓨타의 천문학자

화성을 산책하다가 머리 위를 올려다보면 이따금 2개의 큰 암석이 지나가는 걸 볼 수 있다. 이들은 포보스Phobos와 데이모스Deimos라는 화성의 위성이다. 둘 다 화성의 궤도를 공전하고 있는데, 정확하게는 위성이라기보다 포획된 소행성asteroid일 가능성이 높다. 실제로 미래에는 화성 표면에 충돌할 가능성이 있다.*

운석이 충돌해 표면이 울퉁불퉁한 이 커다란 암석들의 실상은 1971년에야 확인되었다. 바로 매리너 9호가 찍은 사진 몇 장 덕분이었다. 이 커다란 암석들은 1877년, 그 유명한 충의 시기에 발견되었다. 이들을 찾아낸 것은 미국의 천문학자 아사프 홀Asaph Hall이었으며, 그 당시 세계에서 가장 컸던 워싱턴 DC 미국해군천문대의 지름 66센티미터였던 굴절 망원경으로 발견했다.

그런데 1726년에 간행된 《걸리버 여행기Gulliver's Travels》에는 하

* 포보스는 점점 화성과 가까워지고 있어 화성에 충돌하겠지만, 데이모스는 화성에서 점점 멀어지고 있다고 한다.

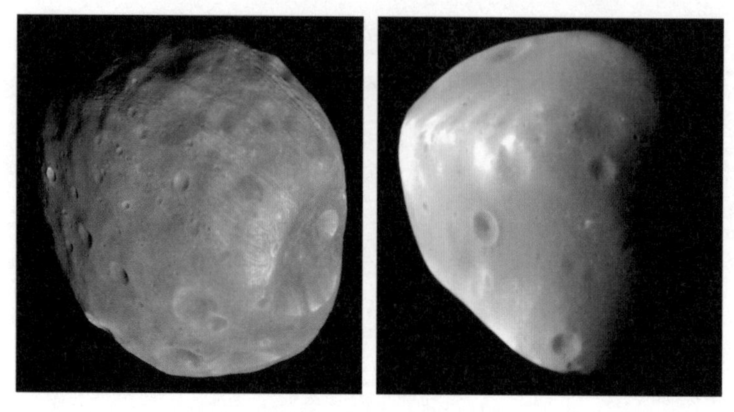

그림 2-3 화성의 위성 포보스(좌)와 데이모스(우)

늘을 나는 섬 라퓨타의 천문학자들이 "화성 주위를 돌고 있는 2개의 별을 발견했다"라는 문구가 적혀 있다. 포보스와 데이모스가 발견되기 한 세기 반 전에 영국 작가 조너선 스위프트Jonathan Swift는 어떻게 이런 문장을 쓸 수 있었을까? 화성인이 그를 만나러 온 것도 아니었을 텐데 말이다.

수성,
얼음과 불의 세상

수성Mercury

행성

질량: 지구의 0.06배

평균 반지름: 2,440km

최저/최고 온도: -173/427℃

하루의 길이: 지구의 58.65일

1년의 길이: 지구의 87.97일

위성의 수: 0개

행성의 고리계: 없음

조지 R. R. 마틴George R. R. Martin은 자신이 쓴 소설의 제목을 《얼음과 불의 노래A Song of Ice and Fire》라고 지으며 적어도 한 번은 수성을 생각했을 것이다.

태양계 가장 안쪽에 있는 이 행성에는 부러워할 만한 특성이 있다. 태양을 바라보는 낮인 반구와 밤인 반구 사이의 온도차가 다른 모든 행성과 비교해 가장 크다는 점이다. 실제로 낮인 반구는 700켈빈(약 섭씨 400도 이상), 밤인 반구는 80켈빈(약 섭씨 영하 200도)이 된다. 지구 사막에서 기록되는 하루에 몇십 도 안팎의 온도 변화는 아무것도 아니다.

수성여행의 필수품

여러분이 햇볕을 쬐기 위한 선베드나 덱체어를 이 세상 무엇과도 바꾸지 않을 사람이기를 바란다. 수성은 바로 그런 사람을 위한 행성이다. 승무원과 탑승객을 보호하기 위한 가능한 모든 장치를 갖추고 태양에 가까이 갈 수 있지만 극도로 비싼 '태양 우주버스'를 제외하면, 수성은 사실 우리가 태양에 가장 가깝게 발을 디딜 수 있는 장소다. 수성이 태양과 가장 가까운 수성의 낮에는 지구에서 볼 때보다 태양을 3배 더 크게, 11배 더 밝게 볼 수 있다. 물론 태양 아래에서 검게 타고 싶지 않다면 자외선 차단 지수가 아주 높은 특별한 선크림을 잊지 말고 챙겨야 할 것이다. 자외선뿐 아니라 특히 태양에서 나오는 X선과 감마선까지 차단할 수 있어야 한다. 태양의 X선과 감마선에 노출되면 화상을 입는 정도가 아니라 빠르게 죽을 수도 있다.

수성에는 대기가 전혀 없다. 그래서 수성 표면에는 태양 복사열이 직접 도달한다. 이 때문에 수성에서는 별들이 가득한 매우 검은 하늘을 배경으로 한 태양을 볼 수 있다. 물론 태양을 한번 보자마자 눈이 부시거나 멀어버리지 않아야 하니 수성을 여행할 때는 좋은 선글라스와 편하게 입고 벗을 수 있는 방한복도 챙겨야 한다. 대기는 행성이 흡수하는 열을 적절하게 분배해서 기후를 진정시키는 기능도 한다. 수성에서 측정되는 온도차가 기록적으로 높은 이유는 바로 대기가 없기 때문이다.

태양이 날마다 뜨지 않는 행성

수성은 맨눈으로 볼 수 있기 때문에 그 존재가 고대부터 알려져 있었다. 기원전 14세기에 아시리아인들이 그 기록을 최초로 남겼다.

태양에 가장 가까운 이 행성은 우리 행성의 안쪽 궤도를 돌며, 태양으로부터 멀리 벗어나지 않는다. 그래서 수성은 지구에서 일출이나 일몰 때 엷게 빛나는 작은 점으로나마 볼 수 있다. 수성의 최대이각 greatest elongation, 곧 지구에서 볼 때 수성이 태양으로부터 가장 많이 떨어진 각거리는 30도 미만이다. 일출이나 일몰 등 희미하게 밝을 때만 나타나기 때문에 수성을 알아보기는 어렵지만, 고대 천문학자들은 태양과 다른 별들에 비해 아주 빨리 움직이는 수성을 보고 행성이라는 걸 알아차렸다. 하지만 아침의 그 별과 저녁의 그 별이 같은 천체라는 걸 깨닫기까지는 1,000년이 걸렸다. 아마도 피타고라스Pythagoras였거나 아니면 기원전 4세기의 그리스 천문학자들이 알아냈을 것이다.

금성도 마찬가지다. 고대 로마 문화권에서는 오전과 오후에 보이는 금성을 각각 다른 이름으로 불렀다. 해가 뜨기 전 동쪽에서 빛나 보일 때는 루시퍼Lucifer라고 불렀고, 해가 진 후 서쪽에서 빛나 보일 때는 베스퍼Vesper라고 불렀다.

수성은 관찰하기가 어려웠기 때문에 오랫동안 거의 연구가 되지 않았다. 수성 표면을 처음 지도로 만들려고 한 사람은 19세기 말경의 스키아파렐리다. 그렇다, 화성의 수로 이야기에 나왔던 바로 그 사람이다. 이 이탈리아 천문학자는 지구의 88일보다 약간 짧은 수성의 공전주기와 자전주기가 같다고 처음으로 발표하기도 했다. 수성의 표면적 특징을 지도로 만드는 후속 작업은 이후 그리스 천문학자이자 우연히도 처음에 화성의 수로 가설을 지지한 사람 중 하나였던 유진 안토니아디Eugène Antoniadi가 이어갔다. 1934년에 안토니아디는 수성 표면을 상세하게 그린 지도를 최초로 발간했다. 하지만 이 행성 내부의 형태와 구조에 대한 보다 심층적인 지식은 20세기 후반이 되어서야 얻을 수 있었다. 지구에서 관측한 결과와 이후 특히 우주탐사들을 통해 얻은 정보를 종합한 것이다.

스키아파렐리가 처음 가설을 세웠던 것과 달리, 수성의 자전주기는 공전주기와 1:1 비율로 일치하지 않는다. 두 주기의 비율은 3:2다. 수성이 자전축을 중심으로 세 번 회전할 때마다 태양 주위 궤도를 두 번 돈다는 것이다. 이 현상은 자전주기와 공전주기 간의 비율에 따라 작은 정수의 비로 표현할 수 있으며, 전문 용어로는 '스핀-궤도 공명spin-orbit resonance'이라고 한다(spin은 행성이 자전축을 중심으로 회전하는 자전을 가리킨다). 다시 말해 수성의 스핀-궤도 공명은 3:2다.

처음으로 이렇게 해석한 사람은 이탈리아 파도바의 수학자, 물리학자, 천문학자이자 엔지니어인 주세페 베피 콜롬보Giuseppe 'Bepi' Colombo다. 그는 1960년대 초 소련과 미국의 천문학자들이 시행한 전파 관측을 바탕으로 수성의 스핀-궤도 공명이 다르다고 주장했다. 이에 1:1 공명(달에서 관측되는 것처럼 두 주기가 거의 같은 것)이 가장 유력하다고 믿고 있던 천문학계 학자 대부분은 크게 놀랐지만, 확인 결과 콜롬보의 주장이 맞았다. 태양계에서 천체 간의 궤도 공명은 드문 일이 아니다. 예를 들면 목성의 몇몇 위성이나, 달과 수성처럼 천체 하나의 자전과 공전 사이에 궤도 공명이 일어날 수 있다.

이런 현상이 일어나는 이유는 중력 때문이다! 천체들 사이에서 작용하는 인력, 정확히 말해 천체 하나의 여러 부분에서 다른 방식으로 작용하는 조석력tidal force 때문이다. 수성에서 공명을 일으키는 것은 태양 쪽을 향하고 있는 반구에 태양이 가하는 강한 인력이다. 반대쪽 반구는 태양에서 더 멀리 있기 때문에 상대적으로 그 인력이 약하다. 이 작용 때문에 항상 에너지가 흩어지고 평형 상태에 이를 때까지 자전운동의 속도가 느려진다. 예를 들면 달은 지구에 대해 1:1 공명일 때, 수성은 태양에 대해 3:2 공명일 때 에너지가 평형점에 있는 것이다.

그런데 수성여행을 계획하고 있는 사람들에게 스핀-궤도 공명에 대한 이 모든 설명이 의미가 있을까? 분명히 있다. 이 특정 현상이 행성의 낮과 밤의 길이에 크나큰 영향을 끼치기 때문이다! 생각해보라. 수성의 하루(자전주기)는 지구의 약 2달 동안 지속될 정도로 아주 길다. 하지만 공전주기가 짧기 때문에 수성의 태양일solar day*은 지구의 시간으로 장장 176일이 된다. 다시 말해 지구처럼 태양이 날마다 뜨지 않는다. 그러니까 수성에 언제 갈지, 어디

* 태양이 자오선을 통과한 뒤 다시 그 자오선을 통과할 때까지 걸리는 시간.

에서 묵을지, 무엇보다도 햇볕이 정점일 때 며칠이나 머물지 계산을 잘해야 한다! 대신 계절별 옷차림에는 신경을 안 써도 된다. 수성에는 사계절이 아예 없기 때문이다. 수성은 자전축이 실질적으로 공전 궤도면과 수직을 이루고 있어 언제, 어디에서나 계절이 같다.

수성 횡단하기

수성에 처음 오는 탐험가에게는 수성 표면의 모습이 달 표면의 모습과 크게 다르지 않아 보일 수 있다. 수성에도 크레이터가 많은 지역과 평평한 지역이 번갈아 있어, 달의 '바다'를 만들어낸 것 같은 화산활동이 있었을 것으로 추측한다. 수성에도 대기가 없으므로 침식작용이 일어나지 않아 표면적 특성이 수십억 년 동안 보존된다. 다만 수성의 표면에는 태양계 전체에서 유일한 특징들이 있다.

수성에는 행성의 크기에 비해 태양계에서 가장 큰 크레이터 중 하나가 있다. 이 크레이터는 바로 그 유명한 칼로리스분지Caloris basin로, 공식 명칭은 칼로리스평원Caloris Planitia이다. 수성의 지름은 5킬로미터가 채 안되는데, 이 크레이터의 지름은 거의 1,600킬로미터에 이른다. 아마 달의 바다를 만들어낸 충돌이 있던 약 38억 년 전에 적어도 지름이 100킬로미터 정도인 거대한 암석이 충돌해서 생겼을 것으로 추정된다. 크레이터의 벽을 보아도 알 수 있듯, 너무 세게 충돌해서 그 영향이 행성 전체로 퍼졌을 것이다. 크레이터의 벽은 주변 땅에 비해 거의 2킬로미터 위로 솟아 있으며 칼로리스산맥Caloris Montes이라고 불린다.

칼로리스분지로 대표되는 넓은 평원은 일반적인 무한궤도 차량으로도 비교적 안정적으로 횡단할 수 있지만, 이 거대한 크레이터 너머 반대편까지 횡단하기는 어렵다. 그곳은 수성 표면에서 가장 기복이 심한 지역이며, 이런 이유로 '혼돈 지형chaotic terrain' 또는 '이상한 지형weird terrain'이라는 별명이 붙었다. 수성의 다른 지역과도 확연하게 구분되는 불규칙한 언덕과 작은 크레이터들이 모여 있는 이곳의 기원은 아직 밝혀지지 않았다. 칼로리스분지를 만들어낸 충돌 이후 수성에 발생한 지진파 때문에 형성되었다는 가설이 가장 신빙성 있다. 지진파가 행성 반대편에 있는 지형을 쪼개고 들어올리기까지 했다는 것이다. 충돌할 때 부서져 흩어졌다가 행성 표면으로 떨어진 물질들이 혼돈 지형을 이루고 있다고 추측하는 의견도 있다. 이곳이 어떻게 만들어졌든 이 지역을 여행한다면 여행 수단에 특히 유의하라. 모험심이 강한 여행자가 사륜구동으로 이 지역을 횡단하면 괜찮다고 말해도 말이다.

행성 횡단에 열광하는 사람들에게는 신의 선물과도 같은 이 울퉁불퉁한 지형을 횡단하고 나서도 여러분의 허리가 아직 괜찮

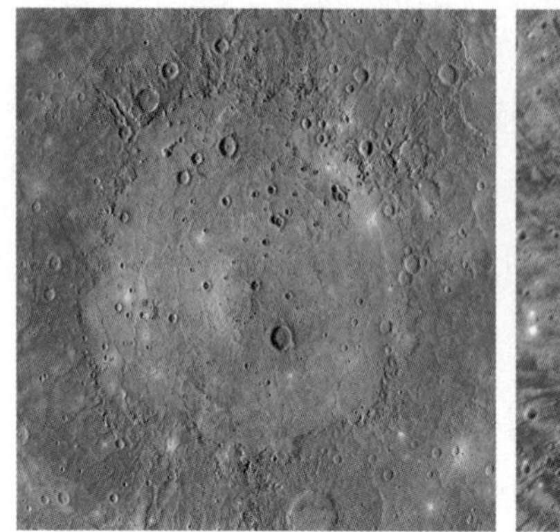
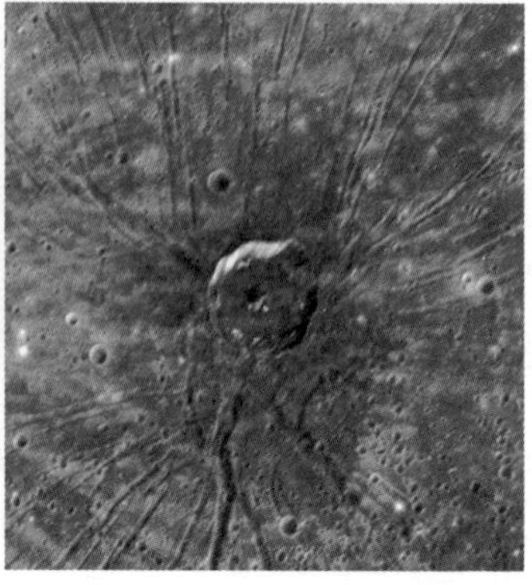

그림 3-1 NASA의 메신저호가 찍은 칼로리스분지와 분지 중앙에 있는 판테온 포새

다면, 칼로리스분지로 돌아가기를 권한다. 칼로리스분지 중간에는 지질학적으로 아주 멋진 지형이 하나 더 있다. 이름은 더더욱 멋지다. 바로 판테온 포새Pantheon Fossae다. 분지의 거의 정중앙에 있는 지름 40킬로미터의 크레이터에서 방사형 균열이 길고 얇게 퍼져 나온다. 그렇다, 여러분 생각이 맞다. 이 지질학적 도랑의 이름은 로마의 판테온에서 따왔다. 로마의 판테온에는 돔 형태의 건물 중간에 원형 구멍이 있는데, 판테온 포새에는 그 구멍 대신 아폴로도로스Apollodorus라는 이름의 크레이터가 있다. 판테온을 설계했다고 추정되는 그리스 건축가 다마스커스의 아폴로도로스Apollodoros of Damascus를 기린 것이다.

IAU가 수성 표면에 있는 이 구조에 공식 명칭을 붙이기 전에 판테온 포새와 아폴로도로스 크레이터는 전체적인 외형 때문에

'거미The Spider'라고 불렸다. 실제로 오가는 길에 비행하다가 이 지역을 내려다 보면 아주 큰 거미가 있는 것 같다. 하지만 거미는 몸통과 다리가 당연히 같이 만들어졌지만, 판테온 포새와 아폴로도로스 크레이터가 어떻게 만들어졌는지는 천문학자들도 아직 확실히 알지 못한다. 다시 말해 아폴로도로스가 판테온 포새의 형성을 촉발했는지 아니면 판테온 포새 때문에 아폴로도로스가 우연히 만들어졌는지는 아직 확실하지 않다.

수성으로 가는 가장 안전한 우주버스

수성에 도착하기 위해 바보 같은 일을 하고 싶을 수도 있다. 우주버스를 타고 태양 방향으로 비행하다가 수성의 궤도에 가까워지면 그 궤도로 들어가기 위해 급하게 방향을 바꾸는 것이다. 자, 만약 이런 여정을 생각하고 있다면 포기하라. 아주 빠른 속도로 태양을 향해 직진하다가 수성 궤도 높이에서 방향을 전환하면 일반적인 여행용 우주버스로는 너무 많은 양의 에너지를 써야 하기 때문에 태양 한가운데로 바로 떨어질 것이다. 게다가 이렇게 비행할 수 있는 엔진이나 연료 탱크가 있는 우주버스는 없다.

또한 수성으로 여행하려면 궤도비행 기술이 있어야 하는데, 이는 아무나 할 수 있는 기술이 아니다. 출발 전에, 우주버스의 성능이 적절한지와 함께 수성으로 여러분을 데려다줄 선장이 중력도움gravitational assist*을 수행하는 데 필요한 '베피Bepi' 면허증이 있는지 확인하라. 말도 안 된다고 생각하겠지만, 수성에 도착하는 가장 빠르고 안전한 방법은 '비스듬하게' 가는 것이다. 이 방식은 1973년, 태양과 가장 가까운 이 행성을 탐험하기 위해 발사된 매리너 10호를 포함해 여러 우주선이 이미 써왔다. 매리너 10호는 어떤 행성(금성)의 중력도움을 활용해 다른 행성(수성) 방향으로 나아간 최초의 프로젝트다. 우주비행 역사에 따르면 중력도움 기술은 소련이 1959년 우리에게 우리 위성의 뒷면을 최초로 보여준 루나Luna 3호를 발사했을 때 최초로 활용했다.

중력도움을 이용해 수성에 도착하고 수성 위를 여러 번 비행하려는 아이디어는 스핀-궤도 공명을 해석한 주세페 베피 콜롬보가 제안했다. 행성여행 면허증에도 그의 이름을 붙였다. 1970년대 초에 천체물리 전문가로서 그가 NASA와 협력해 중요한 우주프로젝트들의 궤도를 설계한 후부터 통상적으로 중력도움을 이용해 비행하게 되었다.

특히 보이저Voyager 2호는 목성에서 중력도움을 활용해 토성으로 직진한 다음, 또다시 중력도움을 여러 번 이용해 천왕성과 해왕

* 행성의 중력장을 이용해 가속도를 얻거나 진로나 궤도를 제어하는 우주선의 비행 방식으로, 중력도움, 중력 슬링샷gravitational slingshot, 스윙바이swingby, 플라이바이fly-by라고도 한다.

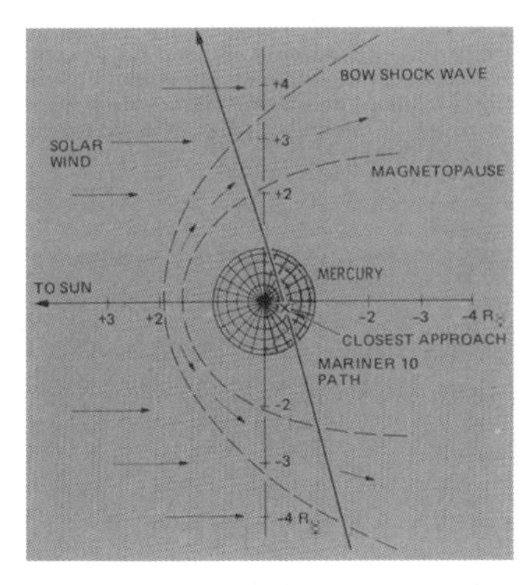

그림 3-2 중력도움을 활용해 수성에 세 번이나 가까이 간 매리너 10호

성에 접근하는 쾌거를 이뤘다. 안타깝게도 콜롬보는 보이저 2호가 천왕성에 도착하는 걸 보지 못하고 세상을 떠났다. 우주선이 행성 가까이 지나갈 때 행성의 중력을 활용하면 속도뿐 아니라 궤도 역시 조절할 수 있다. 다시 말해 궤도들의 상대적 위치와 속도에 따라 우주선은 자체 엔진을 사용하지 않고, 곧 연료를 소비하지 않고도 자신의 궤도를 수정한다. 결과적으로 비용이나 시간적 이유 때문에 갈 수 없었던 곳에 도달할 수 있는 것이다. 수성 역시 마찬가지다. 중력도움을 활용하면 시간은 더 걸리지만 비행 계획에 따라 금성에 가까운 경로를 이용할 수 있으며, 때로는 지구의 숨 막히는 절경을 즐길 수도 있다. 다만 '중력도움 멀미'를 진정시킬 약을 잊지 말고 챙겨라. 갑작스러운 가속과 급제동으로 후유증을 겪는 사

람들이 적지 않다.

수성과 아인슈타인

만약 여러분이 일반상대성이론general theory of relativity에 관심이 많고 블랙홀black hole 주변을 여행하기에 충분한 돈이 없다면, 수성에 가는 것만으로도 만족스러운 우주여행을 할 수 있다. 수성은 궤도를 빠른 속도로 돌기 때문에 신의 전령 이름으로 불렸다. 메르쿠리우스Mercurius*는 모든 신 중 가장 빠른 신으로, 날개가 달린 장화를 신고 이곳저곳으로 날아다녔다. 수성은 물리학자 알베르트 아인슈타인Albert Einstein이 제안한 이론을 훌륭하게 뒷받침한다. 행성이 태양 주변을 공전할 때 태양에 가장 가까워지는 지점을 근일점perihelion이라고 하는데, 관측 결과 수성의 근일점이 마치 이동하는 것처럼 보이는 것이 아닌가. 수성은 태양 주위를 한 바퀴 돌 때마다 원래의 출발점이 아니라 조금씩 어긋난 지점으로 돌아갔다. 정리하자면 수성의 타원형 궤도는 근일점을 시간에 앞서(선행precede) 회전한다. 이러한 현상을 '근일점 세차운동precession of the perihelion'이라고 하는데, 이 천문학적 난제를 아인슈타인의 일반상대성이론

---

* 로마신화에 나오는 상업의 신. 그리스신화의 헤르메스에 해당한다.

이라는 새로운 중력 이론이 해결했다.

대기가 없기 때문에 투명하고 난기류 없이 별이 떠 있는 수성의 예쁜 밤하늘에서는 금성과 지구가 빛나며 선사하는 멋진 광경을 감상할 수 있다. 시기가 맞으면 이 행성들이 수성에 대해 태양의 충에 있을 때 수성 하늘에서 두 번째, 세 번째로 밝게 빛나는 별로 보일 수도 있다. 가장 밝게 빛나는 별은 당연히 태양이다! 게다가 수성과 함께 여러분이 궤도의 어디에 있는지 측정해볼 수도 있다. 만약 근일점에 가까이 있고 이전의 근일점에 대한 정보가 있다면 영국 물리학자 아이작 뉴턴Isaac Newton이 17세기 말에 세운 만유인력의 법칙으로는 이 현상을 완벽히 설명해내지 못한다는 걸 쉽게 알 수 있다. 아, 천체역학을 조금 잘하기는 해야 하지만 이 계산이 그렇게 어려운 건 아니다.

천체역학에 정통한 사람으로는 19세기 중반 프랑스의 수학자이자 천문학자 위르뱅 르베리에Urbain Le Verrier가 꼽힌다. 그는 천왕성 운동을 관찰하다가 그 궤도에 섭동perturbation*을 일으키는 행성이 있다고 가정하고 1846년에 해왕성을 발견한 것으로 유명하다. 르베리에는 수성을 관측할 때도 새로운 행성을 도입해 문제를 해결하고자 했다. 르베리에가 관찰을 통해 확인한 수성의 수치들은 이론적으로 계산된 수치보다 항상 약간 더 컸다. 계산 능력이 뛰어

* 행성의 궤도가 다른 천체에 의해 정상적인 타원을 벗어나는 현상을 말한다.

났던 르베리에는 1859년에 뉴턴의 법칙이 맞다는 것을 전제로 하고 새로운 행성이 존재한다는 가설을 세웠다. 이 행성은 수성 궤도 안쪽에 있으며, 수성 궤도에서 관찰된 근일점 세차운동을 일으키는 방식으로 수성 궤도를 교란한다는 것이었다.

르베리에가 불칸Vulcan이라고 이름 붙인 이 행성은 몇십 년 동안 그 누구도 찾아내지 못했다. 바로 그 행성이 존재하지 않았기 때문이다. 태양계에 새로운 행성이 있기를 바라던 그의 꿈을 끝내 좌절시킨 것은 아인슈타인이었다. 아인슈타인은 일반상대성이론으로 수성의 근일점 세차운동을 완벽하게 설명해냈다. 그렇게 수성의 근일점 세차운동은 아인슈타인이 세운 새로운 중력이론을 검증하기 위한 실험대가 되었으며, 이 이론은 그때 이후 시행된 실험도 모두 성공적으로 설명했다.

무섭도록 아름다운 사랑의 여신

금성Venus

행성

질량: 지구의 0.82배

평균 반지름: 6,052km

표면 온도: 462℃

하루의 길이: 지구의 243일(역행자전)

1년의 길이: 지구의 224.7일

위성의 수: 0개

행성의 고리계: 없음

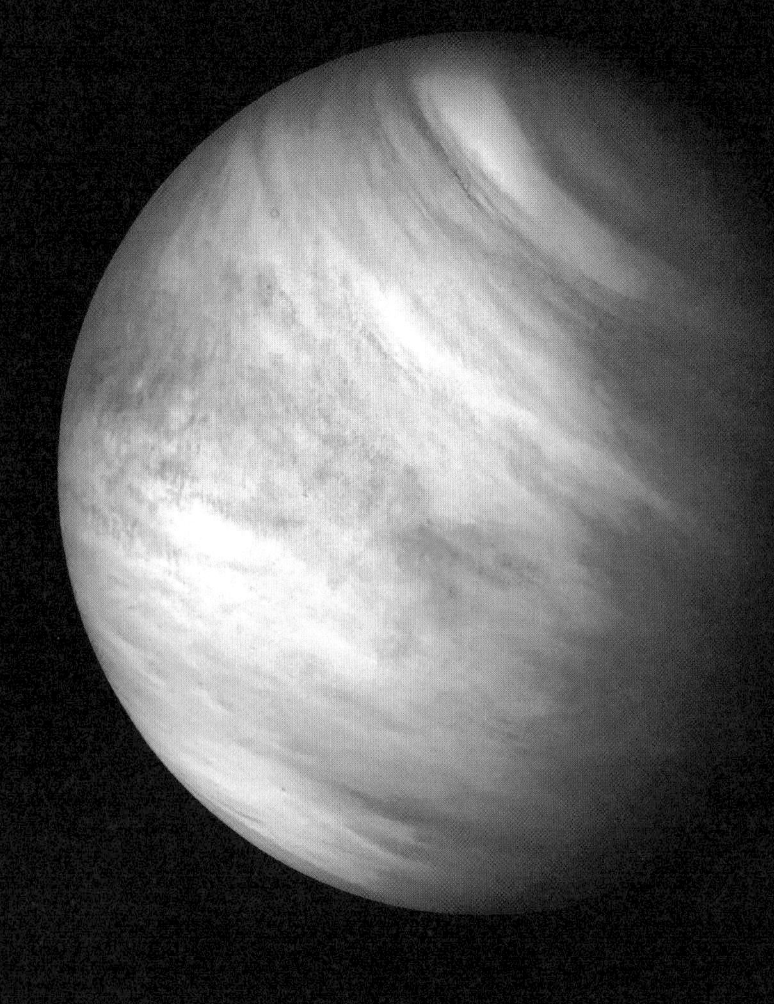

만약 수성에 다녀와 태양계에서 가장 뜨거운 행성 표면을 보고 왔다고 자신한다면 글쎄, 틀렸다. 태양 빛에 바로 노출되는 수성의 주간인 반구 온도가 섭씨 400도 이상이기는 하지만, 가장 뜨거운 행성은 금성이기 때문이다. 행성으로서 자랑할 만한 기록은 아니지만 호기심이 생길 만하다.

금성을 여행할 때의 주의사항 두 가지

금성은 태양으로부터 수성보다 거의 2배 떨어져 있다. 그래서 수성이 받는 복사열의 약 4분의 1을 받는다. 역제곱법칙에서 설명하는 것처럼, 광원으로부터 발산된 복사의 세기는 광원에서 떨어져 있는 거리의 제곱에 반비례한다. 하지만 로마신화에 나오는 사랑의 여신의 이름을 딴 이 행성의 표면 온도는 태양과 굉장히 떨어져 있는데도 섭씨 500도에까지 이른다. 행성 표면의 평균 온도는 섭씨 460도에 가깝다. 게다가 이 행성에는 온도차가 거의 없다. 다시 말해 행성 전체의 온도가 같다. 금성이야말로 진정한 지옥이며 몸을 피할 곳이 없어 보인다.

보호 장비를 갖추지 않은 여행자는 절대 금성에 접근할 수 없다. 금성의 온도가 이렇게 높은 원인은 두 가지다. 첫 번째 원인은 금성 자전축의 기울기다. 자전축이 궤도면에 대해 23.5도 정도 기울어져 있는 지구와는 다르게 금성은 겨우 3도 기울어져 있다(사실 177도라고 써야 하지만 나중에 그 이유를 더 자세히 살펴보겠다). 이는 지구나 화성에 있는 계절이 금성에는 없다는 뜻이다. 실제로 금성의 극지방과 적도의 기후 차이는 그리 크지 않다.

두 번째 원인은 금성을 둘러싼 두껍고 무거운 대기다. 금성의 대기는 우리가 그 위에 엎드려 글을 쓸 수 있을 정도로 '빽빽'하다. 금성의 평균 압력은 90기압 이상이다. 이는 지구의 바닷속 1킬로미터 깊이의 압력과 비슷하다. 지구 해수면 근처에서 측정되는 압력의 90배 이상이다. 하지만 온도가 높은 이유는 대기의 무게가 아니라 조성 때문이다. 금성 대기에 가장 풍부한 기체는 이산화탄소로, 금성 대기 혼합물의 95퍼센트 이상을 차지한다.

지구에서 이산화탄소는 지구 온난화를 막거나 적어도 늦추기 위해 배출을 줄여야 하는 대기 물질이다. 이산화탄소가 지구 대기에 존재하는 주요 온실가스 중 하나이기 때문이다. 온실가스란 '온실효과greenhouse effect'를 일으키는 가스이며, 현재 지구 기후변화의 주원인이고 금성 대기의 주성분이기도 하다.

온실효과란 무엇인가? 그리고 왜 그렇게 불리는가? 여러분은 우주여행자가 되기 전에 분명히 지구를 여행해보았을 것이다. 아마 런던에 가본 사람도 있을 것이다. 대영박물관과 런던내셔널갤러리가 소장한 아름다운 작품들, 버킹엄궁전의 근위병 교대식, 빅벤의 종소리 또는 포토벨로마켓이나 캠든마켓의 가게들 사이에서 산책하는 것 외에도, 영국의 수도에서 놓치면 안 되는 목적지 중 하나로는 큐왕립식물원을 꼽을 수 있다. 큐가든으로 더 잘 알려진 이곳에는 세상에서 가장 큰 온실들이 있다. 이 중 가장 오래된 것은 팜하우스Palm House인데, 이곳에서는 열대기후를 대표하는 식물 표본을 여럿 보유하고 있다. 런던의 기후는 이런 종류의 식물군에 절대 적합하지 않지만, 팜하우스에 들어가보면 진짜 열대 숲속에 있다고 느껴질 것이다.

그 원리는 다음과 같다. 태양의 복사열 대부분이 온실의 유리벽을 통과한다(일부는 반사되지만 창문을 통해 물체를 알아볼 수 있듯이 가시광선은 유리를 잘 통과한다). 태양 에너지를 받은 식물과 땅은 다시 에너지를 방출하는데, 이때 공기 중에 있는 여러 기체 분자가 복사열에서 파장이 긴 적외선을 흡수해 그 에너지를 붙들어놓는다. 대기 중에 붙잡혀 있는 에너지는 자연히 기체 분자의 운동량을 늘리고, 온실 내의 공기는 따뜻하게 유지된다. 온실 공기에 존재하는 분자 중 이 과정에서 가장 중요한 역할을 하는 것은 바로 수증기와 이산화탄소다. 자, 이 정도면 왜 '온실효과'라고 부르는지 이해했을 것이다.

기후가 미쳐 날뛰는 행성의 결말

지구의 대기는 온실처럼 커다란 유리창으로 둘러싸여 있지는 않다. 하지만 지구 대기에 존재하는 기체들, 특히 수증기와 이산화탄소는 확실히 온실효과를 일으킨다. 다만 한 가지는 분명히 짚어야 한다. 지구에서 온실효과가 일어난 것은 행운이었고 지금까지도 행운이라는 것이다. 이 난방 기제가 없었다면 지구의 평균 온도가 섭씨 약 20도가 아니라 섭씨 영하 20도에 이르렀을 것이다. 다시 말해 온실효과가 없었다면 훨씬 더 춥고 기온이 훨씬 더 크게 바뀌었을 것이다.

달과 수성만 생각해봐도 알 수 있다. 둘 다 대기가 없다. 그러니까 문제는 온실효과 그 자체가 아니라 지구 대기 온도의 자율조절 기제가 통제할 수 없을 정도로 변할 수 있다는 위험이다. 그런데 이것은 우리의 책임이다. 인간의 활동 때문에 대기로 방출된 온실가스 과잉이 지구 온난화의 원인인 것이다. 지구에서는 대기의 이산화탄소 비율이 금성보다 훨씬 낮아도 자율조절 기제가 무너질 수 있다. 안타깝게도 우리는 그걸 이제야 깨달았다.

금성에 가보면 온실효과 때문에 미쳐 날뛰는 행성의 결말을 알 수 있다. 따뜻한 기후에서 자라는 열대식물은 하나도 없고 어디에나 지옥 같은 열기만 있다. 바로 통제 불가능한 온실효과, 곧 탈주온실효과runaway greenhouse effect 때문이다. 행성학자들은 금성 역시 오래전 과거에는 기후가 좀 더 온화했고 표면에 액체 상태의 물로 된 바다가 있었을 것이라고 생각한다. 하지만 다량의 태양 복사열 때문에 바다는 증발해버렸고 짧은 시간에 탈주온실효과를 겪어 현재 상황으로 이어졌다고 본다. 그렇게 해서 납으로 만든 옷을 입고 가더라도 살 수 없는 환경이 만들어진 것이다(납도 겨우 섭씨 327.5도만 되면 녹는다!). 다시 말해 금성의 통제 불가능한 온실효과는 행성 표면에 있는 액체 물이 증발해서 수증기가 과다하게 방출되며 일어난다.

온실효과에 대한 여담이 길었지만 주의 깊은 독자라면 알아차렸을 것이다. 화성의 대기도 본질적으로 이산화탄소로 이루어져 있지만 춥다. 화성의 대기가 지구와 금성의 대기보다 훨씬 투명하고 덜 빽빽하기 때문이다. 특히 금성의 대기와 비교하면 크게 차이가 난다. 화성의 대기는 어떤 식으로든 태양광을 덜 붙든다. 또한 화성은 금성보다 태양으로부터 더 멀리 떨어져 있기 때문에 표면에 도달하는 에너지가 훨씬 적다.

행성학자들에 따르면 화성에도 온실효과가 아주 중요한 영향을 끼친 시기가 있었다. 지금보다는 훨씬 더 더운 화성이 있었다는 뜻이다. 그때는 화성의 대기에 수증기가 많았고 바다와 대양까지는 아니더라도 화성 표면에 강줄기와 호수가 있었을 것이다. 지금은 우리 행성에만 있는 것들이다.

금성은 장기여행을 계획하지 말 것

금성의 대기에는 가볍게 즐기는 여행자뿐 아니라 극한 모험을 좋아하는 사람도 머물기가 어렵게 만드는 특징이 있다. 첫 번째 특징은 바로 바람이다. 금성의 지상풍은 시속 몇 킬로미터 정도로 표면에서 바람이 특별히 세게 불지 않는다. 하지만 그 한가운데에 있으면 공기의 밀도 때문에 가벼운 산들바람이 아니라 사나운 파도에 휩쓸리는 것 같은 느낌을 받는다. 바람이 부는 금성에서 서 있기란 분명 쉽지 않으며, 간신히 서 있다고 해도 이런 지상풍에 휩쓸려 날아온 돌이나 먼지에 맞을 위험이 있다.

게다가 비가 온다. 우산이 없어도 맞을 수 있는 가벼운 부슬비가 아니다. 금성에는 순황산pure sulfuric acid 비가 내린다. 우리가 망원경으로 표면을 자세히 보지 못하게 금성을 둘러싼 두꺼운 구름 이불은 사실 소량의 물과 이산화황의 혼합물에서 만들어진 황산으로 이루어져 있다. 이는 폭풍우와 번개로 의심되는 현상까지 일어나게 만든다. 흥미롭게도 이 비가 행성 표면에 닿지는 않는다. 높은 온도 때문에 땅에 닿기 전에 증발해서 다시 황산으로 내릴 비구름을 만들기 위해 대기로 끊임없이 되돌아간다. 그렇다고 해서 우산이 없어도 괜찮다고 생각하면 안 된다. 지구에서도 잘 알려져 있듯이 황산은 부식성이 대단히 강한 물질이다. 황산을 머금고 있는 대기에서 피부에 화상 입을 위험을 감수하지는 말자.

그림 2-2 베네라 13호가 촬영한 금성 표면 사진

빽빽하고 무거운 대기, 황산비, 번개, 바람 그리고 높은 온도를 생각하면 금성 표면에 착륙한 소련과 미국의 많은 우주선이 왜 그곳에서 버티는 데 어려움을 겪는지 그리고 왜 짧은 기간만 머무는지 이해할 수 있다. 설계자들이 아직 우주의 환경을 잘 알지 못하고 만든 최초의 우주선들 이후로 거의 모든 우주선은 잠수함처럼 아주 높은 압력을 견딜 수 있도록 설계되었다. 하지만 1981년에 발사된 소련의 우주선 베네라Venera 13호를 제외하고는 어떤 우주선도 몇십 분 이상을 버텨내지 못했다. 1982년 3월 1일에 분리된 베네라 13호의 착륙선은 금성 대기의 악조건 속에서도 자그마치 127분이나 생존했다. 이 착륙선은 금성 풍경 사진 여러 장을 보내왔을 뿐 아니라, 바람 때문에 발생하는 소리를 녹음하고 그 속도를 추정하기 위해 달아두었던 마이크로 다른 행성의 소리를 최초로 녹음하기까지 했다.

태양계에서 가장 긴 하루

1959년, 아일랜드의 기자이자 소설가인 코넬리어스 라이언Cornelius Ryan은 《디데이: 1944년 6월 6일, 세상에서 가장 긴 하루The longest day: 6 June 1944 D-day》라는 에세이를 발간했다. 몇 년 후인 1962년에는 이 책의 이야기를 바탕으로 하고 할리우드의 스타들이 대거 출연한 영화가 개봉했다. 바로 〈지상 최대의 작전The Longest Day〉이다. 라이언의 책은 제2차 세계대전 중 역사상 최대 규모의 해상 침공이었던 연합군의 노르망디상륙작전에 대한 이야기다. 이 작전이 시작된 날짜인 1944년 6월 6일 화요일은 디데이D-Day라는 암호명으로도 알려져 있다. 라이언은 사막의 여우라고도 불리는 독일 장군 에르빈 로멜Erwin Rommel이 현장의 보좌관에게 다음과 같이 한 말에서 영감을 얻어 이 책의 제목을 지었다. "침공의 첫 24시간이 결정적일 것이다 …… 독일의 운명은 이 승부에 달려 있다 …… 독일에게도 연합군에게도 가장 긴 하루가 될 것이다."

라이언도 로멜도 분명히 금성을 떠올리지는 않았겠지만 금성 역시 태양계에서 하루가 가장 긴 행성이다. 사랑의 여신 이름이 붙은 이 행성은 실제로 지구 시간 기준으로 243일에 한 번 자전한다. 이 사실은 1963년에야 지구에서 관측 레이더를 통해 확인되었다.

지상풍은 매우 느리게 불지만, 고도가 높은 구름은 시속 350킬로미터로 움직이며 금성 주위를 약 4일 만에 한 바퀴 회전한다. 이 때문에 오랫동안 금성의 자전속도를 계산하는 것이 어려웠다. 게다가 금성은 서쪽에서 동쪽으로의 반시계방향이 아니라 동쪽에서 서쪽, 시계방향으로 자전한다. 태양계의 거의 모든 행성은 궤도면 위에서 관찰하면 반시계방향으로 자전하는데, 그 반대로 움직이는 것은 금성과 천왕성뿐이다. 천문학자들은 이 특징을 '역행자전retrograde rotation'이라고 하는데, 그 원리는 정확하게 밝혀지지 않았다. 금성의 역행자전은 처음에 소행성과 충돌한 결과라고 생각되었지만, 이제는 태양과 근접해 있어서 행성과 그 대기가 겪는 조석 현상 때문인 것으로 본다. 몇몇 천문학자는 이 역행자전 때문에 금성 자전축의 기울기를 3도(반시계방향 자전에 바로 선 축)가 아니라 177도(시계방향 자전에 뒤집어진 축)로 정의하기도 한다.

금성의 하루는 금성의 1년(지구의 225일)보다 길다. 역행자전에 243일, 공전에 225일이 걸리면서, 금성에서 낮과 밤의 길이는 각각 지구의 시간으로 117일이 걸린다(117×2=234로, 금성의 1년에 해당하는 공전주기인 225보다 조금 큰 값이다). 하지만 지구처럼 '빛이 있는 시간'을 의미하는 낮이든 밤이든 금성의 대기로는 빛이 많이 통과하지 않고 태양은 두꺼운 구름층 뒤에 있어서 시간을 구분하기가 어렵다. 지구에서 대낮에 폭풍우를 예고하는 위협적인 먹구름이 드리우는 것처럼 금성의 대낮은 어두운 것이다.

어쨌거나 해돋이를 보고 싶다면 서쪽을 바라보는 걸 잊지 마라. 역행자전 때문에 금성에서 태양은 지구에서 볼 때 떠오르는 쪽의 반대편에서 올라온다!

금성을 사랑과 미의 여신에게 바친 이유

여기까지 읽었다면 다음과 같은 궁금한 점이 생길 수 있다. 고대 로마인과 그리스인은 금성이 얼마나 아름답다고 생각했으면 가장 아름답고 매력적인 여신에게 바쳤을까? 무엇보다도 여러분이 이 책에서 읽은 많은 정보가 그들에게는 없었다. 그렇다, 그들은 금성이 태양 주위(거의 완벽한 원형의 궤도)를 공전하는 데 시간이 얼마나 걸리는지는 알았지만, 그 외에는 아는 게 별로 없었다. 그들이 알던 몇 안 되는 사실 중 하나는 태양과 달 다음으로 금성이 하늘에서 가장 밝은 별이라는 점이었다. 금성은 태양이 아직 동쪽 지평선 아래에 있을 때 어스름한 하늘을 자신의 빛으로 밝힐 정도로 반짝이고, 태양이 막 서쪽 지평선 뒤로 사라진 다음 땅거미가 져도 여전히 하늘을 자신의 색으로 태운다.

금성도 수성처럼 태양으로부터 각도상 너무 멀리 떨어지지 않고(금성의 최대이각은 47도다), 태양의 서쪽에 있는 일출 몇 시간 전이나 태양의 동쪽에 있는 일몰 몇 시간 후에만 모습을 드러낸다. 이것이 바로 고대에 금성이 '새벽의 별'을 뜻하는 루시퍼와 '저녁의 별'을 뜻하는 베스퍼로 불린 이유다. 하지만 수성과는 다르게 금성은 매우 밝고 하늘에서 쉽게 알아볼 수 있다. 금성을 미의 여신에게 바치기로 한 것을 보면 밤하늘에 박힌 다이아몬드 같은 모습이 고대 하늘 관찰자들의 상상력을 강하게 자극한 것이 틀림없다. 하늘을 맨눈으로 보면 누구도 부정할 수 없다. 달을 제외하면 금성은 정말이지 천공에서 가장 아름다운 천체다. 이제 우리는 금성이 이렇게 믿기 어려울 정도로 밝은 이유가, 높은 고도에서 태양 빛을 아주 효율적으로 반사하는 구름 덕분이라는 것을 안다. 하지만 대기를 관통하는 태양 빛은 어쨌든 이 행성을 지옥으로 만들기에 충분하다!

갈릴레이의 수수께끼

만약 여러분이 금성을 여행하기로 마음먹고 지구에서 한번 관찰해보았다면, 금성도 달과 마찬가지로 위상이 변한다는 걸 알아차렸을 것이다. 바로 태양과 지구 사이에서 금성이 취하는 위치에 따라 금성이 빛을 받는 각도가 달라지기 때문에 일어나는 현상이다. 금성이 지구에서 최소 거리(근지점perigee)에 있으면, 표면상의 크기는 최대지만 실제로는 태양과 지구 가운데에 위치하는 내합inferior conjunction에 있기 때문에 보이지 않는다. 지구를 향하고 있는 반구는 완전히 그림자 속에 있어 신월과 위상이 같다. 반대로 금성이 지구에 대해 태양 반대편에 위치하는 외합superior conjunction에 있을 때는 우리를 향하고 있는 면이 태양 빛을 받아 완전히 빛나고 있지만(만월과 같은 위상), 지구에서 최대 거리(원지점apogee)에 있기 때문에 행성의 표면상 크기가 작아 보인다. 궤도의 다른 위치에서는 낫 모양의 위상(초승달이나 그믐달), 반달 위상(상현달이나 하현달) 그리고 철월gibbous moon 위상(만월 전후의 달)을 관찰할 수 있다.

사랑의 행성이 달처럼 위상 변화를 보이는 걸 최초로 관찰한 사람은 피사의 천문학자 갈릴레오 갈릴레이Galileo Galilei다. 그는 하늘을 향해 망원경을 겨눈 최초의 인물이기도 하다. 갈릴레이는 이 발견을, 1610년 12월 11일 자로 줄리아노 데 메디치Giuliano de' Medici* 에게 보낸 편지 한 통에서 라틴어 수수께끼로 전했다. 이는 당시 유행하던 계책이었다. 소식을 전하는 것이 아직 어려웠던 시절, 누군가 발견한 것을 그대로 편지에 써서 알리면 그 공로를 빼앗길 위

* 당시 신성로마제국 합스부르크왕가 루돌프 2세의 궁정에 있던 토스카나대공국의 대사.

험이 아주 컸기 때문이다.

금성의 위상 변화는 갈릴레이에게 매우 중요하다. 금성의 위상 변화를 발견하기 몇 달 전에 발간된 '별의 전령'을 뜻하는 그의 저작 《시데레우스 눈치우스Sidereus Nuncius》에서 쓴 것보다 더 놀라운 발견이었다. 행성의 위상이 변한다는 것은 그 행성이 태양 주위를 공전한다는 증거였기 때문이다. 이는 1543년에 발간된 《천구의 회전에 관하여De revolutionibus orbium coelestium》에서 폴란드 천문학자 코페르니쿠스가 주장한 내용과 같았다.

갈릴레이는 자신의 공적을 뺏기지 않으면서 그 발견을 알리기 위해 뭐라고 적었을까? 편지의 본문에는 적당한 때에 그 의미를 밝히겠다는 약속과 함께 다음과 같이 쓰여 있었다. "Haec immatura a me iam frustra leguntur o.y." 번역하자면 "이것들은 아직 쓸모없이 너무 젊어서 난 이들을 이해할 수 없다"라는 수수께끼 같은 문장이다(o.y. 부분은 결정적인 문장 해석에는 포함이 안 되기에 생략한다).

갈릴레이의 수수께끼를 해석하려 시도한 사람으로는 요하네스 케플러Johannes Kepler가 있다. 그렇다, 행성의 운동법칙을 발견한 그 케플러다. 그 또한 신성로마제국 황제 루돌프 2세Rudolf II의 손님으로 있었는데, 수수께끼를 풀어내지 못했다. 1611년 1월 1일이 되어서야 피사 출신의 과학자 갈릴레이는 메디치에게 새로운 편지를 쓰면서 이 수수께끼의 베일을 벗기기로 결심한다. "Cynthiae figuras aemulatur mater amorum." 상징적인 의미로 가득하기는 하지만 그전의 문장보다는 뜻이 더 분명하다. 번역하면 '사랑의 어머니가 킨티아의 형상을 모방한다The Mother of Love imitates Cynthia's shapes'라는 뜻인데, 금성mater amorum(사랑의 어머니)이 달Cynthiae(그리스에서 킨티아는 달을 가리키는 이름 중 하나였다) 같은 위상을 보인다는 의미다. 자, 이렇게 해서 수수께끼가 풀렸다!

화산을 여행하고 싶다면 금성으로

두껍고 빽빽한 구름 이불에 영원히 둘러싸여 있는 금성은 오랫동안 행성학자들이 연구하기 어려운 대상이었다. 지구와 가장 가깝고 물리적인 특성 측면에서 가장 비슷해 보이는 행성인데도 말이다. 사실 금성은 지구보다 크기가 약간 작고 무게도 약간 덜 나가며, 표면의 중력 가속도는 지구의 88퍼센트 정도다.

소련의 베네라와 미국의 매리너 등 다른 행성을 향한 최초의 로봇탐사 프로젝트, 금성 대기에 뛰어들거나 표면에 착륙하며 희생된 여러 우주탐사선, 특히 금성 탐사에 전념한 NASA의 파이어니어 비너스Pioneer Venus와 마젤란Magellan, 유럽우주기구European Space Agency, ESA의 비너스 익스프레스Venus Express 프로젝트가 수행한 레이더 관측 덕분에 지구와 금성이 쌍둥이라고 생각할 정도로 비슷했다는 걸 이제는 알고 있다. 다만 어떤 행성학자가 주장했듯, 만약 이들이 쌍둥이라면 태어날 때부터 분리되었을 것이다. 지금은 차이점이 많기 때문이다.

소련의 우주탐사선 베네라 13호가 금성 표면에서 보내온 사진들에는 상상력을 발휘할 여지가 많지 않다. 바위와 먼지로 이루어져 있으며, 태양 빛이 힘겹게 들어와 비추는 어둡고 두꺼운 구름으로 덮인 황량한 경관이 찍혀 있다. 이 탐사선의 시선은 아주 멀리까지 나아가지 못했다. 금성 표면에 관한 자세한 자료는 행성 주위 궤도에 들어선 이후 레이더로 지도를 그려낸 탐사선 마젤란이 처음으로 모았다. 이 관측 결과를 통해 금성 표면에 큰 크레이터가 많지 않고(예상했던 수의 겨우 10분의 1만 있다!), 표면의 약 85퍼센트는 화산암으로 덮여 있다는 것을 알게 되었다.

이 두 가지 관측 결과를 토대로 예측하면 금성에는 격렬한 화산활동이 있었고 어쩌면 여전히 진행 중일 수도 있다. 금성의 표면을 연구하는 행성학자들에 따르면 주요 화산은 1,600개 이상 확인되었는데, 실제로는 훨씬 더 많을 것이다. 다만 이 중 활화산의 개수를 확신할 수 없는 이유는 지구의 화산에서 일어나는 폭발이 한 번도 관찰된 적 없기 때문이다. 어쩌면 금성에는 '폭발성 물질' 역할을 수행할 수증기가 없기 때문일 수도 있다. 하지만 수집된 자료를 보면, 맨틀 깊이에서 표면을 향해 솟아오르는 용암 기둥magma column 때문에 몇몇 지역은 표면 지각 바로 아래에 여전히 뜨거운 열점hot spot이 나타난다. 이 지역 바로 근처에서는 용암류도 관찰되었으며, 천문학자들은 이를 꽤 최근에 있었던 화산 분출의 결과라고 추측한다.

다시 말해 화산에 관심이 많다면 금성에서 목적지 없이 돌아다녀도 이상적인 풍경을 발견할 수 있다. 조금만 움직여도 아름다운 용암의 혀를 마주하게 될 것이다. 금성에서 가장 중요한 화산은 마트산Ma'at Mons으로, 이집트의 정의와 조화의 여신의 이름에서 따왔다. 마트Ma'at는 태양신 라Ra의 딸이며, 라는 혼돈을 영원히 물리치고 우주의 질서를 전파하도록 마트를 세상에 보냈다. 마트는 별자리에 있는 별들을 배치했다. 그녀의 이름을 딴 이 야트막한 산은 행성의 평균 반지름보다 8킬로미터 이상 솟아 있는 가장 높은 화산이기도 한데, 이름이 뜻하는 것처럼 정돈되어 보이지는 않는다. 마트산은 거대한 순상화산이며 아직 활화산일 가능성이 높다. 이 화산 꼭대기에 있는 가장 넓은 칼데라의 반지름은 30킬로미터가 넘는다.

마트산이 금성에서 가장 높은 산은 아니다. 금성의 가장 높은 봉우리는 행성의 평균 반지름보다 11킬로미터까지 솟아 있는 맥스웰산맥Maxwell Montes으로, 마트산의 꼭대기보다 3킬로미터나 더 높다. 또한 이 거대한 산은 금성에서 가장 서늘한 장소다. 평균 온도가 '겨우' 섭씨 380도로, 이 행성에서 아주 약간 시원한 곳이다. 하지만 압력은 항상 45기압이다!

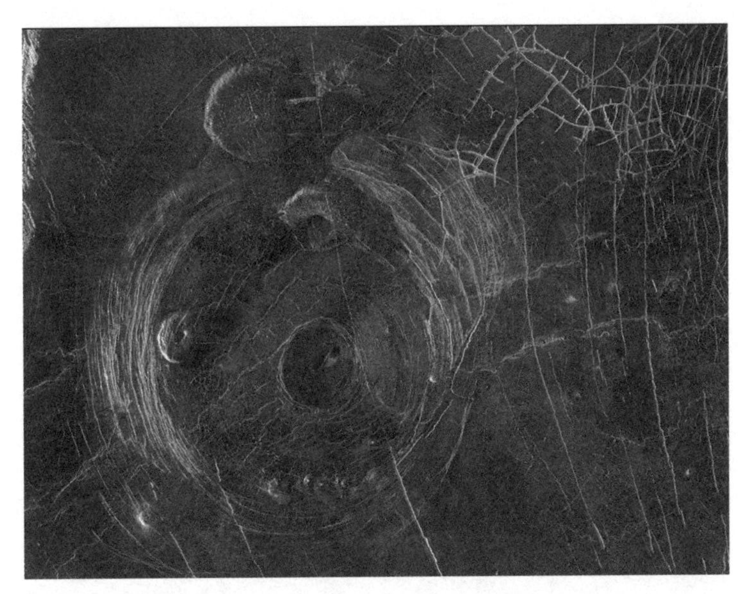

그림 4-2 마젤란 탐사선이 촬영한 화산 활동의 흔적으로 추정되는 지역

맥스웰산맥은 전자기학의 기초를 확립한 스코틀랜드의 물리학자 제임스 맥스웰James Maxwell에게 헌정된 것이며, 이슈타르 테라Ishtar Terra라는 거의 호주만큼이나 큰 현무암 고원에 위치한다. 이 고원은 넓은 면적 때문에 금성의 두 '대륙' 중 하나로 간주된다. 이슈타르의 대지라는 뜻으로, 바빌로니아신화에 나오는 사랑의 여신이자 전쟁의 여신 이름을 딴 이슈타르 테라는 행성의 평균 지면 높이에서 약 4킬로미터 위로 솟아 있다. 또한 이곳에는 천체에서 등산을 즐겨 하는 사람이라면 자신의 운동 능력을 제대로 시험해볼 수 있는 화산 지역이 많다. 또 다른 거대한 고원은 아프로디

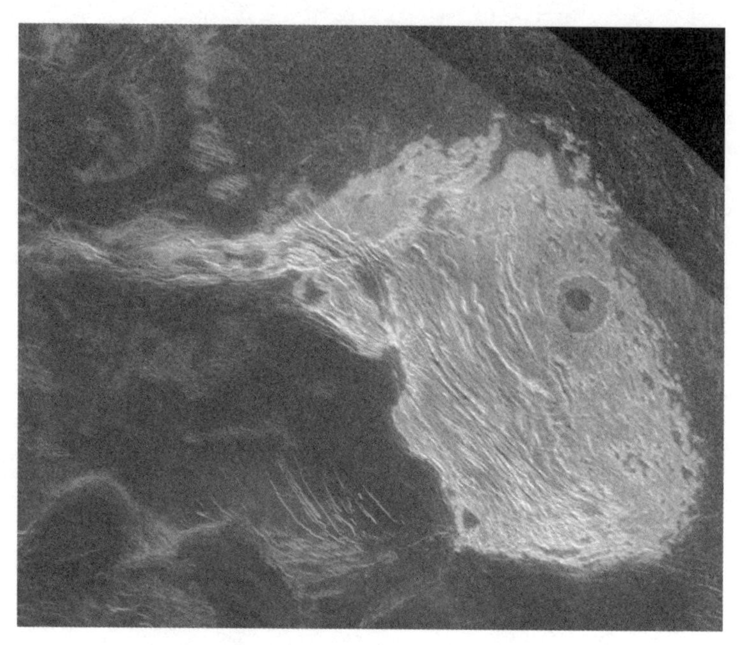

그림 4-3 금성에서 가장 높은 산맥인 맥스웰산맥의 레이더 이미지

테 테라Aphrodite Terra다. 아프로디테의 대지라는 뜻으로, 그리스신화에 나오는 사랑의 여신 이름을 딴 것이다. 이후 로마인들이 비너스Venus로 부른 바로 그 신이다. 아프리카만큼 넓은 이 대지도 높이가 거의 4킬로미터에 달하며 화산 지형의 전형적인 지질학적 특성을 많이 지니고 있다. 용암류, 파열 단구, 단층 들이 이 고원을 가로질러 넓게 퍼져 있다.

금성에는 태양계에서 가장 긴 '용암 강'의 바닥이었을 것으로 추측되는 곳이 있다. 바로 발티스계곡Baltis Vallis이라는 수로인데, 현재는 길이가 6,800킬로미터(나일강의 길이)지만 과거에는 더 길었다고 한다. 평균 깊이는 100미터고 폭은 1~3킬로미터 정도다. 이 구불구불한 수로의 이름은 시리아어와 페니키아어로 금성을 뜻한다. 맥스웰을 제외한 대부분의 지점이 사랑의 여신이나 다른 여신들의 이름 또는 과거 문명에서 금성에 붙였던 이름에서 따왔다. 맥스웰이 남성임에도 이름을 남길 수 있었던 이유는, 그의 연구 덕분에 전파를 발견하고 레이더를 사용하는 길이 열렸으며 그 기술로 금성의 베일을 벗겨냈기 때문이다.

우리가 위성에 대한 이야기는 안 했던가? 그렇다, 금성에는 위성이 없다. 위성이 있다고 한들 구름으로 덮여, 금성의 하늘 아래에서는 밤에 보름달이 빛나더라도 알아보기가 정말 힘들다.

태양계의 거인과 그의 행렬

목성Jupiter

행성

질량: 지구의 317.82배

평균 반지름: 69,911km

표면 온도: -148℃

하루의 길이: 9.92시간

1년의 길이: 지구의 11.86년

위성의 수: 71개(확인된 것)

행성의 고리계: 있음

극지방의 오로라를 좋아한다면 목성이 바로 여러분을 위한 행성이다. 오해는 하지 마라. 지구의 오로라가 별 볼 일 없다는 건 아니다. 하지만 태양계의 거인, 목성의 오로라는 단연 장관이다. 목성의 오로라는 우리 행성의 극지방에서 관찰할 수 있는 오로라보다 훨씬 넓고 밝으며 오래 지속된다. 어떤 여행자라도 목성의 오로라 영상을 한 편이라도 찍지 않고서는 집에 돌아갈 수 없을 것이다.

다만 이 장관을 보기 위해서는 조금 위험을 감수해야 한다. 로마신화에서 주피터Jupiter가 다른 모든 신의 우두머리인 최고신인 것처럼 목성Jupiter 역시 그 이름값을 한다. 그렇기 때문에 무엇보다도 여행가방에 넣을 장비와 항공편을 선택할 때 특히 주의해야 하는 곳이 바로 이 목성이다.

시간과 돈이 많이 드는 여행지

하늘에서 매우 밝게 빛나기 때문에 쉽게 맨눈으로 알아볼 수 있는 목성은 당연하게도 고대부터 그 존재가 알려져 있었다. 목성은 하늘에서 태양, 달, 금성 다음으로 밝은 행성이다(궤도 배열위치에 따라 화성이 목성보다 더 밝게 빛날 때가 있기는 하다). 그래서 달과 화성처럼 가장 가까운 천체들 다음으로 탐사 우주선이 나아간 행성 중 하나였다. 그리고 당연히 많은 사람이 꿈꾸는 인기 있는 관광지가 되었다.

하지만 목성으로 가는 여행 경비를 감당할 수 있는 사람은 별로 없다. 목성계Jupiter System로 가는 저가항공 편은 별로 추천하지 않는다. 어떤 여행사에서는 연료를 아끼기 위해 목성에 도착하는데 몇 년이 걸리는 여행상품을 판매한다. 그 거대한 행성으로 방향을 돌리기 전에 금성과 지구 등 다른 행성의 중력도움을 이용하는 경로다. 이런 경유지가 없는 직항편은 어마어마하게 비용이 드는데, 여행 시간도 몇 달에서 1년 정도 걸린다. 저가항공사도 긴 여정 동안 여행자가 지루하지 않도록 모든 노력을 한다. 중력도움을 얻으려는 행성으로 횡단비행을 하는 것은 오래 비행하는 여행자들에게 놓칠 수 없는 부가 가치 중 하나다. 하지만 목성계를 방문하려는 사람은 그곳에 최대한 빨리 도착하고 싶어할 것이다. 왜냐하면 목성에는 볼 것과 할 것이 너무도 많아 낭비할 시간이 정말로 없기 때문이다.

편할 뿐 아니라 객실 보호 기능의 수준이 높다는 점에서도 직항 우주버스를 권한다. 앞서 저가항공을 이용해 목성여행을 다녀온 여행자들이 아주 강한 방사선을 다량 흡수한 것으로 확인되었다. 긴 여정 동안 태양풍과 우주선뿐 아니라 목성계와 가까워지면서 강렬한 자기장과 관련된 현상의 영향을 받았기 때문이기도 하다. 이때부터 업체들은 적절한 '행성 간 여행복'을 갖추지 않은 승객의 탑승을 막았다. 목성의 방사선대radiation belt 내에 '포획된' 유해하고 때로는 치명적인 양성자와 전자 같은 전리방사선ionized radiation으로부터 몸을 보호할 수 있게 특별히 제작된 옷을 입어야 하는 것이다.

밴앨런대Van Allen belt라고도 불리는 지구 주위의 방사선대는 자기장을 활용해 태양과 우주에서 나온 이온과 전자 같은 고에너지의 하전입자charged particle를 가둔다. 1958년에 미국 물리학자 제임스 밴 앨런James Van Allen이 발견했다. 이후로 자기장이 있는 행성을 둘러싼 방사선대 내부에 너무 오래 머물러 있으면 매우 위험하다는 사실이 알려졌다. 고에너지 입자들은 우주탐사선과 비행계기를 손상시킬 뿐 아니라 생물학 조직, 곧 모든 생명체에 극도로 유해하다. 그 영향은 우주에 갈 필요도 없이 체르노빌과 후쿠시마 원전 사고를 겪은 몇몇 증인의 이야기를 들어보기만 해도 충분히 이해할 수 있다.

웅장하고 아름다운 외양과 악취

목성으로 휴가를 다녀온 여행자들은 우주버스가 목적지에 가까워질수록 점차 그 작은 창문으로 가까워지는 목성을 보는 것이 굉장히 감동적이었다고 한다. 모든 것이 '큰' 이 천체를 마주하면 당연하게도 경외감이 든다. 목성의 적도에 평행으로 배열된 색색의 줄무늬는 일반 망원경으로도 볼 수 있다. 진로를 조정했거나(파이어니어Pioneer 10호와 11호, 보이저 1호와 2호) 행성 주위 궤도에 들어간(갈릴레이Galilei 호와 주노Juno 호) 여러 탐사선은 목성의 놀라운 아름다움을 사진으로 찍어 지구로 보내왔다. 실물로 보는 그 광경은 얼마나 아름답겠는가.

이 행성에서는 넓은 대기의 상층부를 가장 먼저 볼 수 있다. 이는 시속 수백 킬로미터의 바람에 흔들리면서 고도가 높은 구름층이다. 태양으로부터 흡수되는 열과 행성 내부에서 나온 열이 이동하면서 이처럼 빠르게 바람이 분다. 목성은 태양으로부터 흡수하는 것보다 더 많은 복사열을 방출한다. 지구의 무역풍이나 계절풍처럼 목성에서도 인접한 지대와 반대 방향으로 빠르게 움직이는 바람과 소용돌이를 관찰할 수 있다. 이러한 현상이 일어나는 이유 중 하나는 놀라운 자전속도다. 목성의 하루는 10시간이 채 안 된다. 태양계의 행성 중 하루가 가장 짧다. 목성은 지구가 자전하는 시간의 절반도 안 되는 시간에 한 번 자전한다. 우리는 거대하고 아주 빠른 팽이를 마주하고 있는 것이다!

오래전부터 목성의 밝은 줄무늬는 대zone, 어두운 줄무늬는 띠belt라고 했다. 목성 지도를 보면, 적도 부근에는 행성 전체를 넓게 둘러싸는 밝은 줄무늬인 적도대Equatorial Zone와 적도대에 비해 좀 더 얇은 줄무늬인 온대띠Temperate Belt가 있다. 북반구온대띠South Temperate Belt와 남반구온대띠North Temperate Belt는 중위도에서 행성을 둘러싸고 있다. 지역region이라는 것은 오직 두 극지에만 있다. 바로 북극 지역과 남극 지역이다. 목성에서는 약간의 화학적 조성 차이, 온도 변화, 깊이 등 여러 요인 때문에 다양한 색깔이 나타난다. 자세히 살펴보면 어두운 띠들은 압력이 낮고 온도가 높아 아래쪽으로 움직이는 공기로 이루어져 있다. 반면에 밝은 대는 압력이 높고 보다 차가워 위쪽으로 움직이는 공기로 이루어져 있다.

목성의 대기, 아니 목성 전체는 수소와 헬륨으로 이루어져 있다. 하지만 화려한 여러 색을 만들어내는 데 중요한 역할을 하는 것은 적은 양의 황화합물과 암모니아 결정체다. 암모니아는 물 얼음과 섞여 알갱이를 형성하는데, 과학자들은 이를 '머시볼mushball'이라고 부른다. 야구공보다 더 크고 부드러우며 소프트볼에서 쓰는 공의 이름을 딴 것이다. 황화합물은 갈색 구름을, 암모니아 결정체는 희끄무레한 구름을 구성한다. 고도가 가장 높은 층에는 붉은색, 좀 더 낮은 높이에는 갈색, 그다음에는 흰색 그리고 마지막으로 가장 낮은 층에는 푸르스름한 구름이 있다. 푸르스름한 구름은 가끔 위에 있는 구름층이 걷힐 때 볼 수 있다.

좀 더 가까이에서 보면 이 구름층은 대와 띠가 만날 때 서로 겹치는 크고 작은 소용돌이들과 함께 수많은 무늬를 형성한다. 다만 이 모습이 시각적으로는 정말 황홀하지만 후각적으로는 덜 유쾌하리라. 유감이지만 황화합물 때문에 목성에서는 정말로 불쾌한 냄새가 난다. 그 냄새와 비교하면 캄피 플레그레이Campi Flegrei*의 유기공solfatara**이 향기로울 정도다.

금속성 수소 바다로 다이빙하기

지금까지 구름, 바람, 대기에 대해 살펴보았다. 이제는 우주선이 부드럽게 착륙할 단단한 표면층에 대해 이야기하겠다. 사실 목성에는 착륙할 수 없다. 멋지고 거친 바위로 된 표면층이 있어 바위행성rocky planet 또는 지구형 행성terrestrial planet으로 분류하는 수성, 금성, 화성과 달리, 목성은 거대 가스행성gas giant이라서 바위 표면층이 없다. 아마 정말 깊은 곳, 행성의 중앙에는 철과 규산염으로 이루어진 단단한 핵이 있을 것이다. 하지만 로봇탐사선 등 어떤 우주탐사선으로도 그곳에는 도달할 수 없다. 그곳의 온도와 압력이라면 어떤 기계도 파괴한다. 목성의 이런 놀라운 내부 구조는 바로 여러 층으로 분포된 온도와 압력 때문에 만들어졌다. 물론 그걸 직접 관찰할 수는 없으며, 목성에서 관측하거나 측정할 수 있는 다른 자료를 바

* 이탈리아 나폴리 서쪽에 위치한 화산 지역.

** 화산활동으로 수증기, 황화수소, 아황산가스 등을 내뿜는 구멍.

탕으로 추측하고 수학적 모델을 통해 그려볼 뿐이다.

행성학자들은 바람에 흔들리는 두꺼운 구름 이불 아래에 조금 이상한 몇 개의 층이 있다고 생각했다. 철과 규산염으로 이루어진 아주 작은 바위 같은 핵이 있다면, 액체금속수소로 된 깊은 바다가 그걸 감싸고 있어야 한다고 생각했기 때문이다. 액체금속수소는 지구에 자연적으로 존재하지 않고 실험실에서도 만들어내기가 매우 어려운 물질이다! 그렇다, 여러분이 제대로 읽었다. 여기 지구에서 익숙한 기체 상태의 수소가 아니고, 아주 높은 압력을 가하면 생성되는 특이한 상태의 수소다. 여러분도 분명 액체금속이 무엇인지는 알고 있다. 바로 수은이 실온에서 액체 상태로 있는 금속이다. 행성학자들의 추론에 따르면 대기층과 액체금속수소 대양 사이에는 또 하나의 대양이 있다. 일반적인 액체수소로 이루어져 다소 평범해 보이지만, 이 대양 역시 행성 내부의 높은 압력 때문에 만들어졌다. 안타깝게도 직접 관찰할 수 없기 때문에 이 두 수소층 사이, 곧 단순히 액체인 층과 금속성 액체인 층 사이가 확실한 경계로 구분되는지는 알 수 없다.

결국 행성 속으로 잠수하기 위한 장비를 갖추더라도 진짜 단단한 표면은 절대 찾지 못한 채 계속 깊은 곳으로 내려갈 수도 있다. 발을 디딜 곳은커녕 "마침내 난 액체금속수소에서 수영하고 있다!"라고 말할 수 있는 곳까지라도 갈 수 있을까. 언젠가 도달하더라도 아마 늪처럼 점점 더 밀도가 빽빽해지는 액체에서 수영은

꿈도 꿀 수 없을 것이다.

지구보다 10배 큰 오로라

목성은 태양계에서 비교할 대상이 없을 정도로 모든 면에서 가장 크다. 태양계에서 가장 큰 행성이고 질량은 다른 모든 행성을 합친 무게의 2.5배에 달한다. 게다가 강력한 자기장이 있다. 그 세기가 지구 자기장의 10배 이상이다! 목성의 핵을 감싸는 액체금속수소 대양이 순환하면서 그렇게 강한 자기장을 만들어낼 것이다. 그리고 그 강력함 때문에 우주버스 조종사들은 상당한 어려움을 겪는다. 나침반이 고장 날 위험이 있기 때문이다! 강력한 자기장은 태양에서 나오는 하전입자들이 끊임없이 이동하면서 만들어내는 태양풍으로부터 행성을 보호한다. 지구의 자기장도 비슷한 효과를 내는데, 훨씬 더 넓고 견고한 보호 방패 같은 자기권을 만들어낼 수 있는 목성의 자기장은 어떨지 상상해보자!

목성의 자기장은 화려한 오로라를 만들어낸다. 목성에 있는 주요 위성 4개 덕분이다. 이 위성들은 지나가는 자기장과 상호작용하며 목성의 오로라를 유일무이한 장관으로 만든다. 특히 화산 활동이 격렬하게 일어나는 위성 이오[10]는 계속 분출물을 내보내며 오로라가 끊임없이 일어나도록 연료를 공급하고, 그 분출물들은 목성의 자기력선을 따라 흘러간다. 이오가 목성 자기권에 공급하는 주요 물질들이 오로라 형성에 크게 기여하는 것이다.

목성의 오로라는 굉장히 넓고 밝게 빛나며 오래 지속되지만, 안타깝게도 우리 행성에서는 보이지 않는다. 그래서 오로라를 쫓는 사람들이 목성여행권을 얻기 위해서라면 뭐든지 하려는 것이다. 극지방의 오로라를 직접 본 사람이라면 알 것이다. 오로라에도 마약처럼 중독성이 있다. 다행히도 덜 해로운 마약이다. 오로라를 한번 보면 곧장 다른 오로라를 보고 싶고 그다음 또 다른 오로라를 보고 싶다. 이를 대신할 수 있는 현상은 없다.

극지방의 오로라, 특히 북극 오로라는 고대부터 알려졌다. 하지만 오로라의 발생 기제는 노르웨이 물리학자 크리스티안 비르셸란Kristian Birkeland이 비교적 최근인 1900년대 초에 설명했다. 비르셸란은 북극 오로라를 몇 년 동안 연구했다. 이 현상에 완전히 매료된 그는 일련의 실험들 덕분에, 태양으로부터 나오는 입자와 우리 행성의 자기장이 상호작용하면서 오로라가 발생한다는 결론에 이르렀다. 그리고 그 말이 맞았다!

태양은 우리 행성으로 빛과 열만 보내는 것이 아니다. 태양이라는 항성은 지구와 여러 방식으로 상호작용한다. 앞서 언급된 태양풍으로도 상호작용하는데, 바로 이 태양풍은 태양으로부터 끊임없이 방출되는 하전입자의 흐름이다. 이 하전입자들은 행성 간 우주를 통과하면서 다른 행성들도 만날 수 있다. 자기장이 있는 행

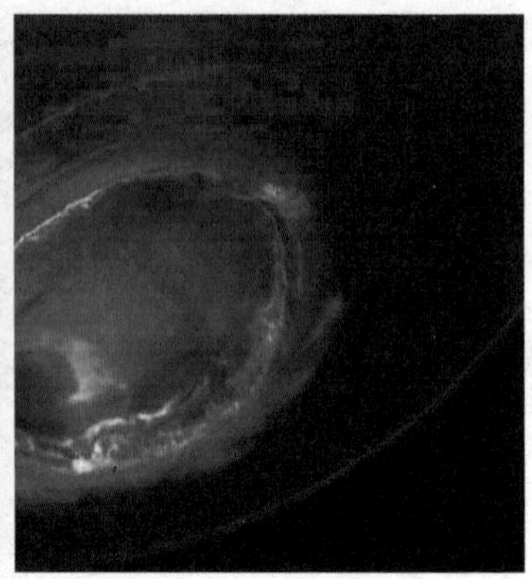

그림 5-1 허블우주망원경이 촬영한 오로라(좌)와 탐사선 주노호가 촬영한 오로라(우)

성이라면 하전입자가 그 자기장을 변화시키며 때로는 행성의 대기를 관통하기도 한다. 자, 지구의 자기장은 이런 입자들을 만날 때 보호 방패로 작용한다. 그 결과 입자 대부분은 자기권 바깥쪽 가장자리를 따라 빗겨가고, 에너지가 좀 더 많은 입자는 곧장 날아오다가 자성 갑옷을 관통한다. 이 중 훨씬 더 적은 일부만이 자기극magnetic pole의 '구멍'을 통해 대기에 들어오는 데 성공한다. 여기서 구멍은 모든 자기권의 아킬레스건이다. 하전입자는 자기장을 통과하면서 가속이 붙은 다음 두 극지 방향의 지구 자기력선을 따라 나선형으로 회전하면서 오로라에 생명을 불어넣는 데 필요한 에너지를 얻는다. 그리고 여기서 이들은 대기의 상층을 이루는 원자, 분자들과 상호작용하며 오로라를 만들어낸다.

극지방 오로라의 형형색색으로 빛나는 커튼 같은 외형적 특성은 장막(또는 휘장)이라고 한다. 때로는 멈춰 있고 때로는 움직이는 오로라는 태양풍 입자와 충돌하면서 자극을 받은 대기 분자가 방출한 빛으로 이루어지며, 모든 원자와 분자는 각각 특정한 색깔의 빛을 낸다.

지구에서 오로라를 찾아다니는 사람이라면 누구나 잘 알고 있듯이, 우리 행성에서 북극 오로라는 지리적으로 주로 북극권 위의 고위도 지대에서 나타난다. 마찬가지로 남극의 오로라는 남극권에서 볼 수 있다. 두 자기극 위에 집중되어 있는 가시영역은 애매한 원 모양이어서 오로라 타원체auroral oval라고 한다. 목성의 오로라도 비슷하다. 두 자기극에 각각 집중되어 있는 목성의 오로라 타원체가 당연히 지구의 것보다 10배 더 크다는 점을 제외하면 말이다. 목성에서 일어나는 오로라는 지구에서 볼 수 있는 것과는 완전히 다르다. 이 때문에 오로라를 좋아한다면 한 번은 목성으로 여행을 떠나야 한다.

놓치지 마라, 완벽한 폭풍우를!

목성을 연구해온 우주프로젝트들을 통해 목성의 대기가 계속 역동적으로 변화한다는 점이 입증되었다. 암모니아 결정체인 우박과 번개를 동반하는 아주 맹렬한 폭풍우가 관찰되기 때문이다. 목성의 빠른 자전속도로 말미암아 일어나는 강한 바람, 격렬한 대기 기류가 엄청난 소용돌이를 일으킨다. 바로 지구 대기에서 관찰되는 사이클론cyclone(저기압)과 안티사이클론anticyclone(고기압) 같은 것이다. 하지만 대기의 범위와 물리적인 특성 때문에, 목성의 소용돌이들은 수천 킬로미터까지 커지며 몇 년 동안이나 소멸되지 않고 지속될 수도 있다.

이 중에는 특히 두드러지는 것이 하나 있다. 바로 대적점Great Red Spot, GRS이다. 이름에서도 알 수 있듯 대적점은 붉은색의 넓은 점이다. 앞서 설명한 대와 띠 구조 위에 겹쳐진 반점처럼 보인다. 대적점은 정말로 크고 그 색이 배경과 대비되어 눈에 아주 잘 띄기 때문에 작은 일반 망원경으로도 보인다. 실제로 대적점의 면적은 엄청나다. 타원형인 대적점의 장축*은 최근 몇 년간 천천히 줄어드는 것처럼 보이지만 지구 표면의 3배에 달하는 크기로 늘어날 수도 있다. 여러분이 우주버스 창문으로 대적점을 보게 된다면 태양계에 있는 가장 큰 소용돌이를 보는 셈이다. 대적점은 행성 기상학에 관심이 없는 사람이라도 절대 놓쳐서는 안 되는 장관이다.

여행을 예약할 때 대적점 가까이로 횡단비행해달라고 여행사에 분명하게 요청하라. 모든 우주여행사 여행상품에 포함된 것은 아니다! 소비자보호협회가 계속 항의해도 몇몇 업체는 다른 위성

* 타원의 중심을 지나는 직선과 타원의 교점을 양 끝점으로 하는 선분 중에서 가장 긴 선분을 말한다.

그림 5-2 주노호가 촬영한 목성의 대적점

여행처럼 대적점 횡단비행을 별개의 여행상품으로 분리해서 비행 비용에 따라 추가 금액을 받는다. 이 경이로운 곳을 완전히 즐기려면 적어도 1만 킬로미터 고도 아래로 내려가야 한다. 바로 2017년 7월 NASA의 주노호가 했던 것처럼 말이다. 대적점의 가장 멋진 사진을 모두 주노호가 찍은 건 우연이 아니다.

목성의 남반구에 있는 대적점은 고기압 지역이다. 주변 지역들보다 고도가 높고 온도가 훨씬 낮으며, 약 6일마다 반시계방향으로 회전한다. 이 거대한 고기압이 적어도 3세기 반 동안 존재해왔다는 것을 생각하면 경외감이 더욱더 커진다. 그 존재를 최초로 보고한 것은 1665년에 대적점을 관찰한 이탈리아 태생의 프랑스 천문학자 장 카시니Jean Cassini다. 대적점은 크기가 계속 변했고 색깔도 때때로 바뀌었다. 한때는 색이 너무 옅어져서 금방 사라질 것이라고 예측했지만 여전히 그곳에 있다. 아주 노련한 기상학자도 경외감에 빠지게 할 만큼 정말 위풍당당하며, 이런 소용돌이가 어떻게 그처럼 오랜 세월을 견뎌냈는지 궁금할 수밖에 없다.

천문학자들은 목성의 환경 조건이 균일하기 때문에 대적점이 오랫동안 지속되었다고 추측한다. 우리 행성과는 달리 목성에는 폭풍우를 빠르게 잦아들도록 하는 장애물이 없다. 몇몇 연구자는 이 대적점이 목성 대기의 나머지 부분과 독립되어 있기 때문에 영구적으로 지속된다고 생각한다. 언젠가는 대적점이 없어질 것이라고 생각하는 연구자도 있다. 그것이 얼마나 오랫동안 존재했는지는 안타깝게도 아무도 모르지만 말이다. 또한 대적점이 왜 그 색인지, 왜 주기적으로 색이 변하는지는 아직 밝혀지지 않았다. 다만 탄화수소 분자와 황이나 인 같은 원소들이 결합하는 화학반응 때문인 것으로 추측할 뿐이다.

대적점에 대해 아직 풀리지 않은 많은 불가사의 중에서 천문학자들이 해결하려고 특히 애쓰는 한 가지 문제가 있다. 바로 시속 600킬로미터를 넘는 바람을 동반한 이 소용돌이를 일으키는 원동력이다. 지구에서 폭풍우에 에너지를 제공하는 것은 해양의 열인데, 목성에는 이와 비슷한 기제가 없다. 좀 더 낮은 층에서 위로 상승하며 나오는 물질로 운반되는 열이 원인일 수 있다고는 예상한다. 하지만 이 폭풍우가 계속 회전하는 데 필요한 에너지의 일부는 셀 수 없이 많은 다른 소용돌이가 공급하는 것으로 보인다. 작고 큰 소용돌이들이 대적점 근처를 지나가다가 말 그대로 폭풍우에 집어삼켜지는 것이다. 대적점은 이러한 상황을 끊임없이 반복하며 진정 '완벽한 폭풍우'의 힘을 보여준다.

갈릴레이의 대단한 발견, 메디치 별들

1609년 가을, 갈릴레이는 당시 그가 수학과 교수를 맡고 있던 파도바대학교 근처에 있는 자신의 집 정원에서 직접 만든 망원경의 방향을 하늘로 맞췄다. 현대 천문학은 갈릴레이가 보낸 그 추운 밤들에서 탄생했다고 단언할 수 있다. 오늘날 우리의 도시를 괴롭히는 빛공해가 없는 어둡고 깨끗한 하늘을 즐기며 갈릴레이는 모든 관측을 체계적으로 기록했다. 이 피사의 과학자는 렌즈를 통해 본 우주가 그때까지 알려진 것과 아주 다르다는 것을 곧 깨달았다. 특히 한 가지 발견이 그를 가장 동요시켰다. 갈릴레이는 이것이 상상했던 "모든 것을 훨씬 넘어선다"라고 기록했고, 그 말에는 이유가 있었다.

목성 주위에는 '4개의 떠도는 별들'이 있다. 이 별들은 목성을 기준으로 위치가 바뀌기는 하지만 절대 목성을 떠나지 않는다. 갈릴레이는 목성이 가운데에 있고 위성 4개가 그 주위를 도는 모습이 작은 태양계 같다고 생각했다. 안타깝게도 이 가설은 아리스토텔레스Aristoteles가 제안하고 알레산드리아의 천문학자 클라우디오스 프톨레마이오스Claudios Ptolemaeos가 완성한 지구중심적 우주 모델과 충돌했다. 프톨레마이오스는 지구가 우주의 중심에 있고 다른 모든 천체는 지구 주위에서 움직인다고 주장했다. 갈릴레이의 발견 몇 년 전인 1600년에 철학자 조르다노 브루노Giordano Bruno는 바로 이 지구중심설을 비판한 것 때문에 이단으로 선고받고 산 채로 로마의 캄포데피오리광장에서 화형당했다. 오늘날 활기 넘치는 시장이 열리는 이 광장은 당시 종교재판 법정이 사형대로 고른 장소였다.

하지만 그 발견은 숨겨두기에 너무나 중요했다. 지구 주위가 아니라 다른 천체를 관찰한 것은, 코페르니쿠스가 우리 행성이 아니라 태양이 우주의 중심이라고 주장한 태양중심설의 중요한 근거였다. 결국 갈릴레이는 1609년 말부터 1610년 1월 사이에 망원경으로 관측해서 발견한 결과들을 공개하기로 결정한다. 갈릴레이는 달이 완벽한 구가 아니라 크레이터와 산 때문에 울퉁불퉁하다는 관측 결과도 발표했다.

1610년 3월 12일, 갈릴레이는 베네치아에서 《시데레우스 눈치우스》의 사본 550부를 발간했다. 토스카나의 대공 코시모 2세 데 메디치Cosimo II de' Medici에게 바친 책이다. 갈릴레이는 목성의 위성 4개도 메디치 별Medici Stars이라고 이름 붙이며 코시모 2세 데 메디치에게 헌정했다. 오늘날 우리는 갈릴레이를 기리며 그 위성들을 갈릴레이 위성Galilean moons이라고 한다. 라틴어로 쓰인 두껍지 않은 그 책에는 갈릴레이가 관측 중에 그린 스케치와 아주 멋진 수채화들 그리고 도식이 실려 있다. 이 책은 지금 보아도 과학적일 뿐 아니라 예술적이기까지 하다. 당연하게도 《시데레우스 눈치우스》는 과학 지식 발전에 대한 공헌을 인정받아 인류 역사상 가장 영향력 있는 책으로 선정되었다.

이오, 유로파Europa, 가니메데Ganymede, 칼리스토Callisto. 바로 이들이 갈릴레이가 발견한 위성 4개의 이름이다. 사실 갈릴레이는 이 위성들을 자신의 그림에 로마 숫자 I, II, III, IV로 각각 표시했다. 토스카나의 대공 자리에 오르기 전, 갈릴레이의 제자였던 코시모 2세 데 메디치는 이 발견과 그것을 자신에게 헌정했다는 사실에 아주 깊은 인상을 받았다. 그래서 거센 반대가 있었지만 갈릴레이를 피사대학교와 대공 자신의 '최고 수학자'로 칭하며 피렌체에 있는 자신의 궁정으로 불러들였다. 갈릴레이의 위신과 명예는 정말로 어마무시했다. 그는 '대공 철학자'로서 대공에게 무엇이든 요청하고, 강의는 하지 않으며 흥미 있는 연구에만 전념할 수 있었다. 높은 수준의 봉급도 보장받았다.

이러한 갈릴레이의 삶은 브루노처럼 나빠지지는 않았지만, 아주 좋지도 않았다. 그는 결국 말년에 기소되어 피렌체 남부 아르체트리언덕에 있는 '일 조이엘로Il Gioiello'라는 별장에서 가택연금 생

그림 5-3 갈릴레이의 위성들. 왼쪽부터 이오, 유로파, 가니메데, 칼리스토

활을 했다. 아르체트리언덕은 몇 세기 후 같은 이름의 천문대(아르체트리천체물리학천문대)가 세워질 자리로 선정되었다. 행성여행에서 돌아오는 길에 피렌체에 들르면, 여러분의 가이드가 갈릴레이의 마지막 거주지를 방문해보라고 권유할 수도 있다.

다시 갈릴레이 위성들로 돌아가보자. 직감하겠지만 하나하나 모두 꼭 가봐야 한다. 거대 가스행성 주위를 도는 그들의 춤은 지구에서 관찰해도 아주 멋지다. 갈릴레이의 발견이 증명하는 것처럼 작은 망원경으로도 쉽게 볼 수 있는 이 위성 4개가 이따금 밤에 목성을 기준으로 위치를 바꾸는 걸 보면 그들의 궤도 움직임을 아주 잘 이해할 수 있다. 목성에 가장 가까이 있는 이오(약 40만 킬로미터)는 공전하는 데 이틀이 걸리지 않는 반면, 위성 4개 중 가장 멀리 떨어져 있는 칼리스토(약 190만 킬로미터)는 공전하는 데 거의 17일이 걸린다. 중간에 있는 유로파와 가니메데는 공전하는 데 각각 3.5일과 일주일 정도 걸린다. 무엇보다도 이 움직임들은 자연의 기본상수fundamental constant를 최초로 측정하는 데도 영감을 주었다. 바로 빛의 속도다.

빛의 속도를 측정하기까지

빛의 속도를 측정하는 방법을 최초로 제안한 사람 역시 갈릴레이다. 1638년 네덜란드 레이던에서 발간된 저서 《새로운 두 과학에 대한 논의와 수학적 논증Discorsi e dimostrazioni matematiche intorno a due nuove scienze attenenti alla meccanica e i movimenti locali》(이하 새로운 두 과학)에서, 그는 많은 작가가 좋아한 대중적인 대화 형식으로 빛의 속도를 소개했다. 이 책에서 갈릴레이는 1632년 출간된 유명한 책 《두 가지 주요 세계관에 관한 대화Dialogo sopra i due massimi sistemi del mondo》(이하 대화)에서 이미 소개된 주인공들을 다시 데려온다. 독자를 학자들로 제한하며 근대 라틴어로 썼던 《시데레우스 눈치우스》와는 다르게, 《대화》는 독자의 범위를 대중으로 넓히기 위해 이탈리아어로 썼다. 《대화》는 지구중심설을 주장하는 프톨레마이오스체계와 태양중심설을 주장하는 코페르니쿠스체계를 비교하며 논의하고, 특히 전자의 심각한 결점과 후자의 강점을 강조한다. 대화를 하는 등장인물은 과학에 열정이 있으며 서로 다른 관점을 대표하는 세 명의 베네치아인이다. 갈릴레이는 살비아토라는 인물의 입을 빌려 자신이 사물을 해석하는 방식을 드러내며, 그 당시 '공식적인' 과학인 아리스토텔레스학파를 상징하는 심플리치오와 똑똑한 일반인 사그레도와 대화한다. 사그레도는 사실 중재자인 자신의 역할을 아주 잘 지키지는 않고, 살비아티의 의견을 노골적으로 응원하며 그다지 총명하지 않다고 생각하는 심플리치오를 자주 당황시킨다. 한편 갈릴레이의 목표는 분명했다. 바로 아리스토텔레스학파의 물리학과 천문학 전반을 밑바닥까지 해체하는 것이었다. 그리고 이 책에서 증명한 사실들은 실제로 설득력이 있었다.

《새로운 두 과학》에서 갈릴레이의 분신 살비아티가 설명하는, 빛의 속도를 측정하기 위한 갈릴레이의 구상은 아주 간단하다. 두 명의 실험가를 서로 몇 마일 떨어진 곳에 배치하고 등불을 하나씩 준다. 첫 번째 사람이 등불 덮개를 벗기면 빛이 두 번째 사람에게 가고, 그 빛을 본 두 번째 사람은 자신의 등불 덮개를 벗겨서 바로 응답한다. 두 사람은 아주 빠르게 반응하도록 훈련받아야 한다고 살비아티는 설명한다. 그렇게 두 번째 등불의 빛이 첫 번째 등불에 도달하고, 빛이 왔다 갔다 두 번 이동하는 데 걸리는 시간을 이상적으로 측정해서 빛의 속도를 계산할 수 있다. 이 논제를 다룬 대화는 다음과 같이 끝이 난다.

> 사그레도: 난 이 실험이 기발한 것 못지않게 정확하게 만들어졌다고 생각하오. 당신은 이 실험을 하면서 어떤 결론을 내렸는지 말해주시오.

살비아티: 사실 제대로 실험을 해보지는 못했소. 1마일이 안 되는 짧은 거리에서만 해본 것이오. 그래서 반대편 등불의 빛이 나타나는 게 정말로 순간적인지 확신할 수 없었지요.

갈릴레이는 자신의 측정 작업이 섬세하지 않다는 걸 잘 알았고, 1638년에는 빛이 퍼지는 속도를 알아낼 수 없다고 밝혔다. 우리의 위대한 과학자 갈릴레이로부터 시작해 많은 사람이 여러 해 동안 빛의 속도를 측정하기 위해 노력했다. 빛의 성질은 여러 세기 동안 철학자, 과학자들을 매료시켰다.

얼마 지나지 않아 1675년에 덴마크의 천문학자 올레 뢰머Ole Rømer가 c(라틴어로 속도를 뜻하는 celeritas의 첫 글자)의 값을 구해냈다. 그에게 실마리를 제공한 것은 갈릴레이다. 뢰머는 빛의 속도를 측정하기 위해 갈릴레이가 65년 전 발견한 메디치의 별 관측자료를 이용했다. 이 덴마크 과학자는 위성 이오가 나타난 다음 행성 뒤로 사라지는 시간이 항상 같은 건 아니며, 측정하는 해의 계절에 따라 그 시간이 다르다는 점에 주목했다. 그리고 이 결과를 태양 주위를 공전하는 지구의 운동에 적용했다. 뢰머의 측정 방식은 개념적으로 간단하면서도 지구와 목성 사이의 평균 거리가 약 8억 킬로미터라는 점을 감안한다면 갈릴레오의 측정보다 더 먼 거리를 계산할 수 있다는 이점이 있었다(두 행성의 궤도 운동으로 인해 지구와 목성 사이의 평균 거리는 최소 약 6억 킬로미터에서 최대 약 10억 킬로미터까지 변화한다).

1년 중 우리 행성이 목성을 향해 움직이는 기간을 생각해보자. 만약 위성 중 하나가 나타났는데 그 위성과 지구의 거리가 D라면, 이후 그 위성이 목성 원반 뒤로 사라질 때 지구와 위성의 거리는 지구가 그동안 이동한 d라는 거리만큼 줄어들 것이다. 그러니까 빛은 이제 좀 더 짧은 거리, 정확하게는 D-d의 거리를 이동해야 한다. 지구가 궤도의 반대편에 있을 때는 정반대다. 위성이 뒤로 사라질 때 지구는 위성이 등장할 때와는 반대로 d만큼 멀어질 것이다(여기서 우리는 다시 지구와 위성의 거리를 D라고 가정한다). 그리고 빛은 이제 D+d의 거리를 이동해야 한다.

만약 빛이 무한대의 속도로 이동했다면, 뢰머는 이 두 상황에서 시간적 차이를 전혀 관찰하지 못했을 것이다. 반면 지구가 목성과 가까워졌을 때에 비해 목성에서 멀어진 상황에서 위성이 더 오래 보인다는 것은 명확했다. 이 덴마크 천문학자는 지구와 목성, 메디치 별들의 궤도 특성을 바탕으로 행성과 위성들의 위치에 따라 지연되는 빛의 도달 속도를 측정했다. 이 결과를 통해 빛의 속도를 초속 약 22만 킬로미터로 추론했다. 이 값의 오차는 오늘날 측정된 값과 비교해 25퍼센트가 넘는다. 하지만 그 당시에는 뢰머의 발견을 완전히 받아들이지 않았다. 1675년 11월 22일 프랑스 과학아카데미에서 뢰머가 이러한 측정 결과를 발표했고, 이 발표가 호평을 받고 나서야 시대가 바뀌기 시작했다. 뢰머의 발견은 이후 천문학이 물리학의 발전에 기여한 여러 중요한 공로 중 하나로 기억된다.

'지구에서' 빛의 속도를 최초로 측정한 결과가 나오기까지는 거의 두 세기를 더 기다려야 한다. 정확하게는 1849년, 파리의 물리학자 아르망 이폴리트 피조Armand Hippolyte Fizeau가 등장한 때다. 역사학자들에 따르면 그는 "호화스러운 삶의 불확실한 쾌락보다 연구로 얻는 만족감을 선호하는 몇 안 되는 부유한 신사들의 훌륭한 본보기"였다. 그는 연구를 통해 8,633미터의 제한된 거리에서 충분히 정확한 c의 측정값을 얻었다. 그 거리는 파리 외곽에 있는 쉬렌 지역과 멋진 몽마르트르언덕 사이의 간격으로 지금도 같다. 관심 있는 사람들만 찾아 읽는 소수의 글에서만 찾아볼 수 있는 뢰머의 방법과는 다르게, 피조가 사용한 방법은 어떤 물리학책에도 설명이 되어 있을 정도로 유명하다. 빠르게 움직이는 톱니바퀴를 통해 약 8.5킬로미터의 떨어진 거리에 있는 한줄기 빛이 보일 때와 안 보일 때를 기록해서 빛의 속도를 계산한다. 이 방식은 본질적으로 갈릴레이의 실험을 따라한 것이다. 앞에서 인용한 대화에서 갈릴레이가 분신 살비아티의 입을 통해 설명한 실험 말이다(대신 실험자들의 불분명한 반응시간은 빠졌다). 피조는 이 방법으로 오늘날 측정한 속도와 놀라울 정도로 가까운 c의 값, 초속 31만 3,000킬로미터를 계산해냈다. 움베르토 에코Umberto Eco의 소설 《푸코의 진자Foucault's Pendulum》 덕분에 일반 대중에게 알려진 피조의 친구 장 푸코Jean Foucault는 이후 톱니바퀴를 회전하는 거울로 바꿔서 빛의 속도의 절대 측정을 가능하게 만들었다.

그후로 몇 세기 동안 물리학자들은 자연의 여러 기본상수 중 하나로 입증된 빛의 속도 측정법을 개선하려는 시도를 이어갔다. 유명한 물리학 입문서의 저자들이 단언하듯, 갈릴레이 시대에 빛의 속도 측정법을 제안한 것은 오늘날 "인류의 인내와 재주의 기념비"라고 할 수 있다.

빛의 속도는 상수이며, 정확히 초속 2억 9,979만 2,458미터다. 그 유명한 약 '초속 30만 킬로미터'에 가깝다. 미터meter, m라는 측정 단위는 여기서 파생되었다. 1미터는 빛이 진공에서 299,792,458분의 1초 동안 이동한 거리로 정의된다. 다시 말해 앞에서 설명한 모든 실험은 빛의 속도가 아니라 빛이 시간당 이동한 거리를 측정한 것이다!

목성의 연인들을 여행하는 방법

이 책을 집필하는 시점에 확인된 목성의 위성은 79개다. 현재 위성이 82개인 토성 다음으로 많다. 목성 위성 중 거의 절반에는 그리스·로마 신화 속 여러 인물의 이름이 붙었다. 대부분 제우스Zeus의 연인, 딸, 조카 등이다. 신화에 따르면 제우스는 성적 충동을 억 제하는 데 문제가 있어 보인다. 신과 인간을 가리지 않고 수많은 여자와 관계를 맺었으며 심지어는 술 시중을 들던 가니메데 같은 동성 연인도 있었다.

갈릴레이가 발견한 위성 4개에 이름을 붙인 것은 라틴어 이름 시몬 마리우스Simon Marius로 더 잘 알려진 독일 천문학자 시몬 마이어Simon Mayr다. 1614년에 마리우스는 케플러의 조언을 따라 저서 《문두스 이오비알리스Mundus Iovialis》에서, 제우스의 연인 중 유명한 4명을 골라 위성에 이름을 붙였다. 바로 여사제 이오, 공주 에우로페(유로파), 술 시중을 드는 가니메데, 님프 칼리스토였다. 그런데 마리우스는 자신이 목성의 위성들을 발견했다고 주장했다. 갈릴레이와 격하게 대립한 것이다. 역사학자들에 따르면 마리우스는 그 위성들을 독립적으로 관찰했을 가능성이 높다. 하지만 갈릴레이가 1610년 1월 7일에 첫 그림을 남겼고, 마리우스는 갈릴레이가 관측한 후 적어도 하루는 지나서 자신의 발견을 기록했을 것이다.

흥미롭게도 거의 3세기가 지나서야 다섯 번째 위성이 발견되었다. 미국 천문학자 에드워드 바너드Edward Barnard가 관측한 것으로, 1892년에 갈릴레이 위성들에 아말테아Amalthea가 추가되었다. 바너드는 1916년에 하늘에서 가장 빠르게 움직이는 별을 발견하기도 했다. 그리고 이 별은 '바너드별Barnard's star'이라고 불린다.

목성 위성 중 특히 중요한 것은 4개의 갈릴레이 위성이다. 이들의 표면은 여러 우주프로젝트 덕분에 심도 있게 연구되었다. 그 덕분에 행성학자들의 호기심이 세세하게 풀렸고, 이 위성 모두가 각각 여행해볼 독특한 가치가 있다는 것을 알게 되었다. 이 위성들을 여행할 때도 어떤 경험을 하고 싶은지 주의해서 결정해야 한다. 간단한 근접비행만 할지, 위성 표면의 모든 것을 관찰하기 위해 궤도에 들어갈지, 착륙해서 지면과 주변 풍경을 직접 탐사할지에 따라 여행지가 달라지기 때문이다.

활화산을 좋아한다면 목성과 가장 가까운 이오에 꼭 착륙해봐야 한다. 이 위성에서는 우리 행성계 전체에서 가장 격렬한 화산활동이 관찰된다. 몇백 개의 활화산과 활성 칼데라들이 끊임없이 용암을 분출해내며, 수백 킬로미터까지 흘러나간 용암이 위성 표면 지각의 넓은 면적을 뒤덮어 장관을 연출하는 경우도 있다. 이 때문에 이오 위성에는 크레이터가 거의 없다. 아주 오래된 크레이터들은 이미 용암으로 다시 채워지고 덮였다.

수집된 여러 사진에 따르면 이오의 암석은 지구의 화산 지역에도 있는 돌의 전형적인 검은색뿐 아니라 빨강, 주황, 노랑 등 여러 가지 색을 띤다. 이는 여러 지역별로 황의 많고 적음을 반영하는 것이다. 다른 위성과 마찬가지로 이오에는 우주버스가 착륙할 수 없다. 이 위성의 높은 온도와 부식성 물질을 견딜 전용 부속선이 필요한데, 용암류를 관찰하는 밤 산책 상품을 전문으로 판매하는 현지 여행사를 통해 이용할 수 있다.

이오는 우리의 달보다 약간 더 크지만, 지구에 있는 어떤 산보다 더 높은 보사울레산맥Boösaule Montes이 있다. 이 산맥은 높이가 1만 7,500미터에 이르며, 에베레스트산보다 2배 이상 높다. 이오가 목성에 너무 가까이 있기 때문에 형성된 산맥으로 보인다. 목성의 중력은 이오의 견고한 몸체도 흔들 수 있다. 사실 이오의 몸체가 완전히 단단하지는 않다. 이 위성을 계속해서 누르거나 늘리는 강한 조석력 때문이다(다른 위성들도 이 현상에 부분적으로 영향을 준다). 이런 과정은 결과적으로 위성 내부를 가열해서 내부가 완전히 굳지 않도록 한다. 뜨겁게 녹은 암석은 표면으로 밀려 올라오며 화산을 만들어낸 다음 용암을 분출시킨다. 어떤 경우에는 격렬하게 폭발해서 화산의 자갈과 용암이 수백 킬로미터까지 치솟기도 한다. 그리고 이런 물질 중 일부는 목성의 자기장에 붙잡혀 목성 극지방 오로라를 만드는 연료가 된다.

이런 용암 기둥 덕분에 이오에서 일어나는 화산활동을 발견했다. 1979년, 우주탐사선 보이저 1호가 이오의 표면에서 300킬로미터 이상 솟아오르는 용암 기둥 하나를 관찰했다. 하와이 화산의 여신 이름을 딴 펠레Pele라는 거대한 활화산에서 분출된 기둥이었다. 펠레는 화성의 올림포스산 다음으로 큰 화산이다. 펠레 역시 하와이의 화산들처럼 순상화산인데, 바닥면의 지름이 1,400킬로미터고 분화구의 크기는 30×20킬로미터다. 관측 결과에 따르면 화산활동은 분화구 전체가 아니라 가장자리를 따라 있는 몇몇 열점에서만 제한적으로 일어난다. 그래서 분화구는 용암이 굳어서 만들어진 거대한 호수이며, 열점들이야말로 표면으로 새로운 용암을 분출하는 곳이라는 추측도 있다. 열점에서 새로 나온 용암이 전에 있던 층을 덮어버리는 과정에서 용암 분수 같은 장관이 펼쳐진다는 것이다.

펠레 화산을 방문한 후에도 피곤하지 않다면 또는 너무 덥거나 이오 표면을 걸을 때 흡수하는 많은 양의 방사선 때문에 녹초가 되지 않았다면, 가이드에게 태양계에서 가장 큰 칼데라로 데려가 달라고 해라. 바로 로키 파테라Loki Patera 말이다. 이곳은 열기가 가득한 지름 200킬로미터의 용암 호수이며 중앙에는 섬 하나가 있다. 다만 이 섬은 보호구역이라서 이오 당국의 특별 허가를 받아야만 갈 수 있다. 이 화산의 이름은 이오 표면의 다른 지형들과 마찬가지로 북유럽신화의 영감을 받았다. 마블 영화를 좋아하는 사람들은 잘 알 것이다. 로키Loki는 오딘Odin의 아들이자 천둥 신 토르Thor의 이복형제이며 슈퍼히어로 만화를 창조한 스탠 리Stan Lee가 만들어낸 무시무시한 슈퍼악당이다. 신화에서 로키는 속임수와 불의 신이다. 멀리서 보면 호수 같아 보이지만 호수가 아닌 이오의 칼데라에 아주 잘 어울린다. 다만 물을 찾지 마라. 이오에는 물이 없다. 아마 화산 폭발로 발생한 열이 물을 증발시켰을 것이다. 일부 비싼 부속선에는 공짜로 물이 나오는 기계가 있기는 하지만, 만약 목이 마르다면 유일한 생명줄은 여러분이 가지고 왔을 대용량 물병뿐이다.

이오에서 목성이 보이는 반구에 있다면 하늘을 올려다보라. 이오의 하늘 대부분을 차지하고 있는 목성은 거대하고 우람한 원반처럼 보인다. 지구에서 보는 보름달보다 지름이 약 40배 더 커 보인다. 우리의 달처럼 이오와 다른 갈릴레이 위성들도 자전주기가 공전주기와 일치한다. 다시 말해 이오의 반구 한쪽은 항상 목성을 향해 있고 다른 한쪽은 항상 반대쪽을 향해 있다. 만약 목성을 향한 면에 있다면 목성 표면에서 까만 점 한두 개가 움직이는 것을 볼 수 있다. 목성의 구름 위로 태양에 가려진 위성들의 그림자가 비친 것이다. 목성 원반의 시야에서 위성들이 완전히 숨겨지는 순간 전후로 일어나는 식eclipse은 우리 행성에서도 관찰된다. 하지만 목성 주위 궤도에서 메디치 별이 만들어내는 일식solar eclipse을 보는 일은 색다른 경험이 될 것이다.

목성 위성계의 가장 안쪽에 있는 메티스Metis에서 보는 목성의 모습은 훨씬 놀랍다. 메티스의 표면에서 보면 이 거대 가스행성은 보름달보다 지름이 130배 더 커 보이며 이 위성 하늘의 20퍼센트 정도를 차지한다. 만목성full Jupiter 시기에 메티스 표면을 밝게 비추는 행성의 빛은 보름달이 떴을 때 지구에 비치는 빛보다 수천 배는 더 밝다. 실제로 메티스에서 만목성의 밤에는 인공적으로 빛을 비추지 않아도 편하게 돌아다닐 수 있다. 하지만 밤에 이런 빛이 비춘다면 수면장애를 겪는 사람에게는 문제가 될 수도 있다!

우리의 구대륙 유럽과 이름이 같은 위성 유로파는 완전히 다른 세계다. 화산이 많은 이오와는 달리 유로파의 표면은 두꺼운 얼음판이며, 최근 생긴 몇몇 운석 크레이터의 흔적을 제외하면 희고 매끄러우며 요철이나 함몰지가 없다. 얼음 썰매를 좋아한다면 이상적인 휴가 장소다. 이 위성에서 썰매를 타고 긴 거리를 내려온다면 얼마나 멋지겠는가. 수십 또는 수백 킬로미터를 썰매 타는 동안 어떤 장애물도 만나지 않는다. 하지만 조심해야 한다. 북극해의 빙하처럼 조각난 얼음판들 사이로 밑에 있는 물이 때때로 솟아올라 위험할 수 있다. 그 물이 증발할 때 진적갈색의 잔여물을 남기는 걸 보면 화학물질을 풍부하게 포함하고 있을 것이다. 판들은 충돌하면서 얼음을 들어 올리기도 하고 작은 요철들을 만들어내는데, 이런 요철의 높이는 절대 몇백 미터를 넘어가지 않는다. 정리하자면 유로파는 가까이에서 관찰하면 우리의 달보다 약간 작고 얼음으로 된 거대한 구면체로 보인다. 판들 사이 균열에서 뿜어져 나오는 물속 미네랄이 표면으로 올라오면서 착색된 흔적이 마치 수많은 줄무늬처럼 보인다.

이 위성의 깊은 곳에서 솟아오르는 물을 보면 유로파의 두꺼운 표면 얼음층 아래에 물로 이루어진 깊은 대양이 있지 않을까 추측된다. 이 대양은 무기염과 다른 여러 화학물질이 풍부하며, 유로파 표면의 얼음층을 깨트리는 목성의 조석력과 바다 아래의 화산 또는 열수 분출공 때문에 뜨거울 것이다. 이 때문에 많은 연구자가 이 위성에 관심을 갖고 있다. 유로파의 대양은 태양계에서 생명체가 있을 만한 장소 중 하나로 생각된다. 적어도 우리가 아는 형태의 생명체 말이다. 유로파의 대양에는 생명체가 살기 위한 기본 원소, 물, 화학물질, 에너지원이 모두 풍부해 보인다. 심지어 유로파에는 지구보다 물이 훨씬 많을 것으로 추측된다. 그러니 걱정하지 마라. 얼음 위에서 순례하다가 어떤 균열에서 이상하게 생긴 바다 생물이 나오는 걸 본다면, 어쩌면 알려진 적 없는 외계 생명체를 여러분이 최초로 목격하는 걸지도 모른다. 그러면 여러분이 최초 발견자가 되는 것이다.

만약 적극적으로 탐사하고 싶다면, 아래에 있는 대양에 다다를 때까지 얼음 표면을 뚫고 나서 짙고 어두운 물속으로 들어가야 한다. 하지만 조심하라. 전문 스쿠버다이버도 감당할 수 없을 만큼 깊고 압력이 높다. 유일한 방법은 잠수함을 타고 내려가는 것이다. 다만 이 책을 쓰고 있는 시점에 유로파에서 해양 탐험을 할 수 있도록 잠수함을 빌려주겠다는 여행사는 아무 데도 없다. 여러분이 직접 잠수함 회사를 하나 만드는 건 어떤가. 몇 년 안에 유로파의 대양에 놀라운 심해생물이 살고 있다는 사실이 확인되면, 너도나도 그 외계 물고기들을 보고 싶어할 것이다. 그러면 당신은 블루오션을 개척한 사람이 된다. 물론 우리는 아직 유로파에 대양이 실제로 있는지 모르고, 그렇기 때문에 지금으로서는 상상력으로만 그려볼 수 있다.

메디치 별 중 세 번째로 가볼 곳은 4개의 갈릴레이 위성 중 가장 클 뿐 아니라 태양계 전체에서 가장 큰 위성인 가니메데다. 가니메데는 수성보다 크지만, 케플러의 제3법칙을 적용하면 훨씬 덜 '무겁다'. 가니메데의 질량은 사실 태양에 가장 가까이 있는 수성 질량의 절반이다. 가니메데가 수성처럼 지구형 행성에 풍부한 철 같은 금속보다 가벼운 물질들로 이루어져 있다는 뜻이다. 그렇다면 가니메데는 무엇으로 이루어졌을까? 신들의 술 시중을 들던 소년에게 헌정된 이 위성의 표면은 바위와 얼음이 섞여 단단해 보이지만, 유로파와 마찬가지로 지반 아래에 물로 된 대양이 있을 수도 있다!

바위가 많은 가니메데의 표면은 크레이터, 융기, 산지 그리고 골짜기나 골의 형태로 나타나는 긴 협곡 때문에 울퉁불퉁하다. 어두운 몇몇 구역에는 오래된 크레이터가 많다. 좀 더 밝고 협곡이 넓게 뻗어 있는 다른 구역들에는 크레이터가 좀 더 적고 비교적 최근에 형성되었다. 달의 바다와 비슷하게 생긴 이 밝은 구역은 지각 활동이나 운석과의 격렬한 충돌로 생겼다. 그때 이 분지들은 달처럼 녹은 용암으로 채워진 것이 아니라, 충돌하면서 녹은 물로 채워졌고 그 물은 위성 표면의 극도로 낮은 온도 때문에 다시 고체화되었다.

여기까지만 설명하면 지하 바다를 제외하고는 가니메데가 여행자들의 흥미를 끌 요소가 없다고 생각할 수도 있다. 하지만 틀렸다. 지구와 목성의 오로라 다음으로 자연의 멋진 장관을 볼 수 있는 곳이 바로 여기다. 가니메데의 중심핵에는 철이 조금 포함되어 있어 외부에 자기장을 형성한다. 바로 이 자기장과 산소가 포함된 엷은 대기 덕분에 갈릴레이 위성 중 가장 큰 가니메데가 목성 자기장과 상호작용해서 오로라를 만들어낸다.

칼리스토는 목성으로부터 떨어진 거리순으로는 네 번째지만, 태양계 전체에서 가니메데와 토성의 가장 큰 위성인 타이탄 다음으로 크다. 칼리스토는 표면상 태양계에서 가장 오래되었고 크레이터가 가장 많다. 우주버스의 창문으로 보면 지각이 바위투성이고 크레이터로 완전히 덮여 있다. 그런데 목성 '위성 무리'의 나머지 세 위성에서 보이는 화산활동이나 지각 활동의 흔적은 없다. 칼리스토 역시 수성과 크기는 비슷하지만 질량은 수성의 3분의 1이며, 바위뿐 아니라 많은 양의 물로 이루어져 있다. 물은 표면에서는 얼음 상태지만 지면 아래에는 액체 상태일 수도 있다. 유로파, 가니메데와 완전히 같은 형태다. 하지만 칼리스토에 있다고 추측되는 지하 대양은 훨씬 더 깊지만 물은 적을 것이며, 아예 대양이 없을 수도 있다.

어쨌거나 칼리스토에도 꼭 가봐야 한다. 비용 면에서도 구미가 당길 것이다. 많은 여행사가 갈릴레이 위성 4개에 모두 가보는 상품을, 각각 한 곳씩 가는 상품과 비교해 대폭 할인된 가격으로 제공한다. 몇몇 여행사들은 심지어 30퍼센트 할인 상품을 내놓으면서 공격적으로 목성계여행 시장에 들어오기도 했다. 사실상 한

곳은 공짜로 가는 셈이다! 게다가 칼리스토에 착륙한다면 40억 년이 넘은 바위를 만져볼 수 있고, 오랫동안 유성이나 소행성과 충돌하면서 생긴 크레이터 안에서 산책할 수 있다. 파도 때문에 생긴 잔물결이 얼어붙은 모습도 가까이에서 볼 수 있다. 또한 목성 자기장에서 나온 입자 방사선이 가장 낮은 수준(지구에서 측정한 것보다 낮은 수준)이라 지질학적으로 안정된 표면에서 지낼 수 있다. 칼리스토는 목성 방사선대의 바깥에 위치해 있기 때문에 목성 자기권과의 상호작용은 제한적으로만 일어난다.

이런 모든 이유 때문에 칼리스토는 다른 갈릴레이 위성들보다 생명체가 거주 가능한 곳으로 고려된다. 많은 전문가가 인간이 우주에서 식민지화하고 목성계를 근접 연구할 수 있는 전초기지 중 한 곳으로 칼리스토를 꼽는다. 칼리스토는 우주여행의 목적지가 될 뿐 아니라 연구를 위한 실험실, 휴식 공간, 연료 보급소로도 고려된다. 목성의 중력도움을 이용하면 태양계에서 좀 더 멀리 있는 다른 목적지로 향할 수 있기 때문에 탐사선 발사기지가 될 수도 있다. 칼리스토를 방문한 다음에는 칼리스토에 식민지를 세우는 프로젝트에 자원하고 싶어질지도 모른다!

칼리스토를 마지막으로 목성계여행이 끝나고 다시 다른 행성으로 여행을 이어나가기 전에 마지막 볼거리가 있다. 다른 행성으로 우주버스가 출발할 때 우주선 뒤에 있는 창문 밖을 보라. 탄성이 나올 것이다. 고리가 보인다! 토성이 아니라 목성 가까이에 있는데, 환영일까? 사실 목성에도 고리가 있다. 신들의 우두머리가 이걸 빠뜨렸을까! 다른 여행 안내서들에서는 목성의 고리 이야기를 거의 하지 않는다. 아주 어둡고 특별히 크지도 않아, 토성의 고리들보다 밝기가 훨씬 약하고 흐릿하게 보이기 때문이다. 보이저 1호 탐사선도 이 고리를 우연히 발견했다. 연구자들은 거의 얼음으로 이루어져 태양 빛을 아주 잘 반사할 수 있는 토성의 고리들과는 달리, 목성의 고리는 사실상 빛을 거의 반사하지 않는 작은 암석 조각들로 이루어졌을 것으로 추측한다.

목성의 고리는 대단한 장관은 아니지만, 이 행성이 여행자에게 마지막 남은 광경을 보여주면서 우아하고 놀라운 방식으로 잘 가라고 인사하는 방식이다. 실제로 목성에서 볼 만한 것은 더 있다. 하지만 다른 목적지들이 우리를 기다리고 있다. 기대해도 된다. 어떤 곳에 가더라도 적어도 지금껏 가본 곳들만큼, 어쩌면 그보다 더욱 놀라울 것이다.

진정한 반지의 제왕,
토성

토성Saturn

행성

질량: 지구의 95.16배

평균 반지름: 58,232km

유효 온도: -178℃

하루의 길이: 10.66시간

1년의 길이: 지구의 29.48년

위성의 수: 82개(확인된 것)

행성의 고리계: 있음

고리 또는 반지는 항상 약속과 관련되어 있다. 그리고 독특하고 무엇과도 비교할 수 없는 토성의 고리는 지구에서 작은 일반 망원경으로 보아도 장관이다. 그런 고리들을 가까이서 본다면 어떨지 상상해보라! 다만 토성까지 가는 여정은 오래 걸린다. J. R. R. 톨킨John Ronald Reuel Tolkien의 소설 《반지의 제왕The Lord of the Rings》 시리즈 전체를 한 번 이상 읽을 시간이다. 그런데 목적지에 도착하면 진정한 '반지의 제왕'을 마주할 것이다. 태양계에서는 비교 대상이 없는 거대 가스행성의 고리 말이다.

전세항공사 또는 저가항공사를 이용해도 토성에 가는 비행 경비는 많이 든다. 하지만 토성으로 향하는 여행을 시작한 우주여행자는 적어도 우리 행성계에서 할 수 있는 가장 멋진 경험 중 하나를 하게 되면 충분히 보답받을 것이다. 그리고 잊지 마라. 토성은 고리가 있을 뿐 아니라 모든 면에서 목성 다음가는 거대 가스행성이며, 태양계 전체에서 가장 장대한 위성들이 따른다. 토성의 위성은 목성보다도 많다. 바로 82대 79! 마치 농구 경기 점수 같지만 각각 토성과 목성의 위성 수다. 다시 말해 지구 대 금성의 1:0이나 화성 대 지구의 2:1처럼 축구 경기 점수 수준과는 많이 다르다. 그리고 토성에는 꼭 가봐야 할 몇몇 위성이 있다.

시간의 지배자

크로노스Kronos는 그리스어로 시간을 의미하는데, 원래 신화에서는 이 크로노스와 '진정한' 시간의 신인 크로노스(로마신화의 사투르누스Saturnus)를 두 명의 다른 신으로 구분한다.

크로노스는 신화에서 시간의 흐름을 상징하며 갓 태어난 자식들을 잡아먹는 등 아주 나쁜 신이다. 그 누구 앞에서도 멈추지 않고 모든 걸 게걸스럽게 집어삼킨다. 크로노스는 자식 중 한 명이 자신의 권좌를 빼앗을 것이라는 신탁 때문에 자식들을 잡아먹었다. 배 아파 낳은 자식들이 죽는 것을 더 이상 볼 수 없었던 그의 아내 레아Rhea는 막내아들 제우스가 태어난 것을 숨긴다. 그리고 제우스는 자라서 정말로 크로노스를 쫓아버리고 올림포스의 신이자 모든 신의 우두머리가 된다.

토성은 고대에 알려졌던 행성 중 공전속도가 가장 느리다. 공전속도가 느리지만 다른 행성들보다 냉혹한 시간의 흐름을 상징하기에 적합하다고 생각되어 그런 이름이 붙었는지도 모른다. 하지만 망원경 덕분에 이제는 토성보다 공전속도가 훨씬 더 느린 행성과 왜소행성dwarf planet, 소행성이 존재한다는 사실이 알려졌다. 안타깝게도 이 중에 맨눈으로 볼 수 있는 건 없다! 혜성은 천체가 아니라고 생각했기 때문에 '시간 측정' 도구로도 고려되지 않았다.

삼중성과 수수께끼들

토성의 모양이 이상하다는 것을 처음으로 발견한 사람은 갈릴레이다. 그는 1610년에 자신의 망원경으로 토성을 관찰했다. 지구에서 맨눈으로 보면 토성은 사실 깜깜한 하늘에 있는 밝은 점이다. 특정한 형태는 없고 목성보다는 조금 덜 밝은 노란빛을 띠고 있다. 그런데 갈릴레이는 이 행성의 원반 측면에서 무언가를 발견했다. 양쪽 측면에 각각 돌출부가 있었던 것이다. 갈릴레이는 이들을 위성이라고 판단했다. 얼마 전 발견한 목성 주위를 도는 위성들에 비해 훨씬 더 크고 행성에 아주 가까이 있는 위성이라고 말이다. 피사의 과학자는 이 발견을 "매우 이상하고 놀라운 것"이라고 정의했고, 그가 금성 위상의 발견을 알린 방식과 마찬가지로 전혀 이해할 수 없는 수수께끼, "smaismrmilmepoetaleumibunenugttauiras"에 그 사실을 숨기며 즐거워했다.

1610년 여름, 피렌체 정치인에게 보낸 편지에 처음으로 기록한 이 소식은 줄리아노 데 메디치와 연락하던 케플러에게까지 전해졌다. 케플러는 이 수수께끼도 풀려고 했다. 라틴어에 능하지 않던 이 폴란드 천문학자가 해독한 문장은 "Salve umbistineum geminatum Martia proles"였다. 번역하면 "안녕하시오, 화성의 자손, 분노한 쌍둥이여"라는 뜻이다. 케플러는 갈릴레이가 화성에 2개의 위성이 있음을 발견했다고 해석했다! 흥미롭게도 화성에는 실제로 2개의 위성이 있지만, 갈릴레이의 망원경으로는 그 위성들을 절대 발견할 수 없었을 것이다. 너무 빛이 약해서 당시의 도구로는 볼 수 없었기 때문이다.

이 이야기를 보면 케플러는 갈릴레이의 수수께끼에서 미래에 무언가를 발견할 조짐을 찾아내는 데 특별한 재능이 있었던 것 같다. 갈릴레이가 금성 발견을 알렸을 때도, 케플러는 이 피사의 과학자가 숨겨놓은 메시지를 "목성에는 수학적으로 회전하는 빨간 점이 있다Macula rufa in love est giratur mathem ecc"라고 해독했다. 이 당시에도 대적점이라는 거대한 소용돌이는 눈으로 관찰할 수는 있었지만 그걸 처음으로 관찰해낸 건 반세기 후인 1665년, 장 카시니였다는 걸 우린 알고 있다.

그렇다면 갈릴레이가 숨겨놓은 메시지는 무엇을 의미했을까? 아마도 이런 뜻이었을 것이다. "Altissimum planetam tergeminum observavi." 이 문장은 '나는 삼중으로 된 가장 높은 행성을 관찰했다'라고 직역할 수 있다. 바로 토성이다. 이 문장에 따르면 가장 높이 있는 행성인 토성은 몸체가 하나가 아니라 3개로 이루어져 있다. 갈릴레이에게는 다행스럽게도 이 관찰이 프톨레마이오스의 이론과 코페르니쿠스의 이론에서 모두 성립한다. 갈릴레이가 초반에 그린 토성에는 중앙에 있는 몸체의 측면에 작은 몸체 2개가 붙어 있다. 갈릴레이는 이를 관측하고 놀랐다. 그리고 1610년 11월 13일 줄리아노 데 메디치에게 보낸 편지에서 이

암호화된 메시지의 의미를 다음과 같이 밝힌다. "이건 내가 토성이 홀로 있는 별이 아니라, 서로 거의 붙어 있는 3개의 별이 함께 있는 것임을 관찰했다는 말이다. 나는 이에 대단히 감탄했다."

갈릴레이는 자신의 발견을 완전히 이해할 수 없으면서도 몇 달, 몇 년 동안 계속해서 토성을 관찰했다. 그리고 1612년, 그는 토성이 더 이상 이상하게 보이지 않고 다른 행성들과 마찬가지로 원반 하나로 보이는 모습에 아주 놀란다. 소양이 깊은 갈릴레이는 당연히 신화에 나오는 크로노스를 알고 있었고, 약간의 걱정과 함께 다음과 같이 썼다. "어쩌면 토성이 자식들을 잡아먹은 것은 아닐까?" 또 몇 년이 지나고 토성은 다시 이상한 모습으로 보이는데, 처음 관측했던 삼중 형태와도 달랐다. 이번에는 중앙 몸체의 양쪽 측면에 2개의 구조물이 붙어 있었다. 그런데 이들은 더 이상 원형이 아니라 타원형이었고 행성 원반에서 분리된 어두운 부분이 있었다.

안타깝게도 갈릴레이의 망원경은 그렇게 성능이 좋지 않았다. 그런 망원경으로는 관찰하는 것이 정말로 무엇인지 정밀하게 살펴보거나, 몇 년 동안 행성이 변화하는 모습을 알아보기는 어려웠다. 이 피사의 과학자가 본 것이 토성의 적도 부근에서 그 주위를 회전하는 고리였다는 사실은 1655년 네덜란드의 하위헌스가 밝혔다. 그는 이 내용을 1659년 헤이그에서 발간된 저서 《시스테마 사투르니움Systema Saturnium》에서 설명했다. 갈릴레이의 관측 결과가 계속 달랐던 이유는 지구와 토성이 궤도 운동을 하는 동안 관찰하는 사람에 따라 달라 보이는 고리의 기울기 때문이었다.

토성 주위에 있는 고리가 최초로 확인되고 위성 타이탄이 발견된 1655년에는 이탈리아의 광학기계 제작자 유스타키오 디비니Eustachio Divini와 하위헌스의 논쟁이 벌어졌다. 디비니는 그 당시 최고의 망원경 제작자 중 한 명이라고 평가받았다. 논쟁을 하면서 비난과 모욕이 오가는 가운데 하위헌스는 그를 "vilem vitrarium arteficem", 곧 '상스러운 유리 세공인vulgar glass worker'이라고 불렀다. 이 논쟁에는 1657년 이탈리아 피렌체에서 설립된 과학학회 아카데미아델치멘토Accademia del Cimento도 관여했다. 아카데미아델치멘토는 1664년에 하위헌스가 낸 토성계에 대한 해석이 옳다고 인정했다.

하위헌스 역시 세상에 자신의 발견을 알리기 위해 당시 유행하던 수수께끼의 힘을 빌렸다. 다만 특별한 문장을 새로 만들어내는 노력까지는 하고 싶지 않았는지, 자신이 쓴 문장의 알파벳들을 다음과 같이 모두 한 줄로 나열했다. "aaaaaaa ccccc d eeeee g h iiiiiii llll mm nnnnnnnnn oooo pp q rr s ttttt uuuuu." 말하려던 문장인 "Annulo cingitur, tenui, plano, nusquam cohaerente, ad eclipticam inclinato"를 참 이상하게도 표현한 것이다. 이 문장은 '(토성은) 황도 쪽으로 기울어진 얇고 납작한 하나의 고리로 둘러싸여 있다. 고리는 행성의 어떤 지점에도 닿아 있지 않다'는 뜻이다. 이제 우리는 그것이 하나의 고리가 아니라 빽빽하게 모여 있는 동심원 고리들의 집합이라는 사실을 알지만, 고리를 최초로 묘사한 메시지는 이렇게 해석된다. 행성여행을 사랑하는 사람이라면 일생에서 적어도 한 번은 이곳을 방문해야 한다.

고리들이 지키는 약속

점점 더 성능이 좋아진 망원경으로 관측한 결과들과, 이후 순서대로 토성을 방문한 파이어니어 11호, 보이저 1호, 보이저 2호 그리고 특히 카시니-하위헌스Cassini-Huygens호 덕분에 이제 우리는 토성의 모습을 알고 있다. 카시니-하위언스호는 궤도선 카시니호와, 타이탄 표면에 최초로 착륙하는 것이 과제였던 착륙선 하위헌스호로 구성된 탐사선이다. 이 탐사선 덕분에 하위헌스가 관찰한 고리가 실제로는 행성 위에 둘러놓은 벨트 하나가 아니고 여러 개로 구성되어 있다는 사실이 알려졌다. 각각의 고리들 역시 아주 가늘고 서로 가깝게 붙어 있는 많은 고리로 이루어져 있다. 주요 고리들 사이에는 간격, 곧 빈 공간이 있다. 고리를 구성하는 먼지와 섞인 물 얼음 조각들이 전혀 없거나 거의 없는 공간이다. 이 빈 공간을 1675년에 처음으로 관찰하고 토성의 고리가 하나가 아니며, 적어도 2개의 동심원 고리로 이루어져 있다는 것을 발견한 것은 이탈리아 천문학자 카시니다. 고리 사이에 있는 가장 넓고 관측하기 쉬운 이 빈 공간은 그를 기려 카시니간극Cassini division이라고 한다.

고리에 가까이 가면 우주버스의 작은 창문으로 고리들의 모습이 점점 더 자세하게 보일 것이다. 각각의 주요 고리는 무수히 많은 동심원의 고리들로 이루어져 있고 크고 작은 빈 공간으로 나뉘며, 이런 빈 공간은 간극 또는 틈이라고 한다. 간극에는 카시니간극처럼 과학자들의 이름이 붙었지만, 고리들은 간단히 라틴어 알

그림 6-1 카시니호가 촬영한 토성의 고리와 고리 A, B, C, D, F.

파벳으로 불린다. 예컨대 고리는 가장 빛나는 3개의 고리 A, B, C로 크게 나뉜다. 카시니간극을 기준으로 가장 넓고 밝게 빛나며 가장 밀도가 높은 고리는 A, A의 안쪽에 있으며 가장 엷고 빛이 약한 고리는 B다. 이들은 지구에서도 알아보기 쉬우며, 평균 반지름이 약 5만 8,000킬로미터인 행성의 중앙부터 약 7만 5,000킬로미터(고리 C)에서 약 14만 킬로미터(고리 A)까지 뻗어 있다. 고리 C 안쪽에 고리가 하나 더 있고(고리 D), 고리 A 바깥쪽에도 다른 고리들이 있지만(고리 E, F, G), 훨씬 더 엷고 빛이 약하다.

고리들 사이의 간격은 우연히 정해진 것이 아니다. 몇몇 위성은 그 궤도들을 불안정하게 만들 어떤 파편도 그 구역에 자리 잡지 못하게 한다. 독일 천문학자 요한 엔케Johann Encke를 기린 엔케간극Encke Division이 그런 구역이다. 엔케간극은 고리 A 안에 있고, 이 공간에는 판Pan이라는 작은 위성이 궤도를 돌고 있다. 그래서 이 위성이 파편에 부딪히지 않도록 길을 터놓아야 한다.

몇몇 위성의 중력은 언제나 고리의 궤도를 통제할 수 있다. 이

런 역할을 하는 위성을 양치기 위성shepherd satellites이라고 한다. 이 위성들은 행성 사이 우주의 목초지에서 길을 잃고 방황하는 파편이 없도록 파편들의 '무리'를 올바른 궤도로 이끈다. 고리 면 위나 아래에 가보면 고리 속에서 그 체계를 유지하는 이 위성들을 쉽게 볼 수 있다. 또 엔케간극에는 위성 판뿐 아니라 얇은 고리도 있다. 이 얇은 고리는 카시니호가 최초로 목격했다.

그런데 갈릴레이의 관측 결과를 보면서 궁금증이 생겼을 것이다. 토성의 고리들은 처음에 2개의 작은 원반으로 보였는데, 왜 사라졌다가 다시 돌아와 중심 몸체에 붙은 '손잡이'처럼 타원형으로 보였을까? 갈릴레이는 실제로 자신이 관측하고 있던 것을 손잡이로 묘사했다. 1659년에 발표된 하위헌스의 논문을 살펴보자. 고리는 토성이 궤도를 도는 면에서 27도 기울어져 있다. 그래서 지구와 토성의 궤도 위치에 따라 고리는 최대이각에서 행성의 원반에 붙은 2개의 타원 호 형태인 손잡이 모양으로 보일 수도 있다. 또 지구가 토성의 고리 면을 지나가면 시선이 고리의 가장자리에 위치해 이들이 안 보일 수도 있다. 바로 이런 상황 때문에 1612년에 갈릴레이 어안이 벙벙했던 것이다.

여러분도 이렇게 고리가 사라지는 모습을 볼 수 있다! 토성에 가까이 가는 도중 여러분이 탄 우주버스가 고리 면을 지나가면 된다. 그러면 갈릴레이가 망원경으로 보았으며 지구의 모든 관측자가 거의 15년에 한 번씩 보는 것, 곧 고리들이 사라지는 광경을 가까이에서 직접 볼 수 있다. 이 시점에서 여러분은 토성의 고리처럼 그렇게 넓고 빛나는 체계가 어떻게 마법처럼 사라지는지 궁금할 수도 있다. 바로 토성의 고리가 수만 킬로미터까지 뻗어 있다고 해도 보통 두께는 겨우 10미터 정도이기 때문이다(고리가 근처를 지나가는 위성으로부터 중력 작용을 받는 경우에만 파편들이 고리 면 위로 몇 킬로미터 솟아오른다. 그런 경우가 아니면 납작한 원판이다). 그렇다, 여러분이 정확하게 읽었다. 고작 10미터! 사실상 우리는 그렇게 매우 얇으면서도 장관을 보여줄 수 있는 원판 앞에 있는 것이다. 고리들은 태양 빛에 대한 그림자 쪽에서 역광으로 보아도 장관이다.

이제 이 여행의 비용에 관한 의구심을 모두 떨쳐냈는가? 토성의 고리들은 어떤 여행자도 실망시키지 않고 멋진 광경을 선사하며 자연의 신비를 보여주겠다는 약속을 항상 지킨다.

규산염, 미네랄 등의 불순물이 극미량 섞여 있기는 하지만 본래 99.9퍼센트 순수한 물 얼음으로 이루어진 고리들을 가까이에서 보고 나면 한 가지가 궁금해진다. 몇 센티미터에서 몇 미터까지 크기가 다양한 파편으로 이루어져 있는 이 모든 물질이 서로 모여 토성의 새로운 위성을 형성하지 않는 이유는 뭘까? 이 질문에는 중력의 물리학으로 답할 수 있다. 물질은 충분하지만 단지 행성과 너무 가깝기 때문이다! 토성에 그렇게 가까운 궤도에서 공전하는 큰 천체는 행성의 조석력 때문에 곧 변형되거나 파괴된다. 행성에 가까운 반구에 작용하는 인력이 먼 반구에 작용하는 인력보다 훨씬 강하다. 이 두 힘의 차이는 위성을 말 그대로 부스러기로 만들어버릴 수 있는 것이다.

1848년에 이 이론을 최초로 증명한 사람은 프랑스 수학자이자 천문학자 에두아르 로슈Édouard Roche다. 그는 어떤 거대한 천체(항성 또는 행성) 주위를 돌지만, 중심이 되는 천체의 중앙에서 중력의 영향을 받아 또 다른 거대한 천체(행성 또는 위성)는 만들어지지 않는 거리를 계산했다. 그리고 그 거리를 그의 이름을 따 로슈한계Roche limit라고 했다. 태양계 내의 모든 위성은 모행성의 로슈한계 훨씬 밖에서 돌고 있으나, 토성의 고리는 로슈한계 안에 위치한다. 몇 년 뒤인 1857년, 스코틀랜드의 물리학자이자 자기 이름을 딴 전자기 방정식으로 유명한 제임스 맥스웰은 토성의 고리들이 하나의 고형 몸체로 이루어진 게 아니라고 주장했다. 그리고 그 고리들이 셀 수 없이 많은 단단하고 작은 파편들로 이루어져 있으며, 이 파편들은 각각 행성 주위를 독립적으로 회전한다는 걸 증명했다. 이제 우리에게는 그가 옳았다는 증거가 있다.

물에 뜨는 행성

토성은 목성보다 작고 태양에서도 더 멀리 떨어져 있어 추운 행성이다. 하지만 거대한 가스행성으로서 앞서 살펴본 목성과 아주 비슷한 특징들이 있다. 내부 구조뿐 아니라 대기의 표면에 적도와 평행하게 밝은 줄무늬와 어두운 줄무늬가 있는 것도 비슷하다. 다만 큰형인 목성보다는 덜 선명하고 덜 뚜렷하다(사실 로마신화에서는 목성이 토성의 아들로 나온다!). 토성의 대기에도 아주 격렬하게 바람이 분다. 적도에서는 초속 500미터로 부는 바람이 관찰된다. 계산해 보면 시속 1,800킬로미터의 바람이다.

그래도 몇 가지 흥미로운 현상이 일어난다. 이 중에는 목성의 대적점과 비슷하지만 크기는 훨씬 작은 소용돌이가 있다. 바로 대백점Great White Spot이다. 대적점과는 달리 토성의 이 폭풍우는 계절에 따라 사라지기도 하며 일반적으로 북반구가 태양 쪽으로 향해 있을 때 나타난다.

그러면 토성에 계절이 있다는 것인가? 그렇다. 계절이 생기는 원인도 지구와 똑같다. 바로 자전축의 기울기, 곧 궤도면에 대한 적도면의 기울기 때문이다. 토성의 적도면은 약 27도 기울어져 있다. 지구의 값과 크게 다르지 않다. 기억해라. 지구는 23.5도 기울어져 있다. 토성의 계절이 지구와 상당히 다른 이유는 지구보다 태양으로부터 더 멀리 떨어져 있어서 대기에 영향을 끼치는 태양 복사열의 양이 적기 때문이며 계절의 길이도 다르다. 토성에서 한 계절은 지구의 7년 이상 지속된다. 토성은 29년 반이 약간 안 되는 기간에 태양 주위 궤도를 한 바퀴 돈다. 극야polar night가 반구 한쪽에서 14년 이상 지속되고 다른 한쪽에서도 마찬가지라는 것이다.

반면 토성의 하루는 훨씬 짧다. 토성은 11시간이 안 되어 한 번 자전해서, 태양계의 행성 중 목성 다음으로 하루가 짧은 행성이다. 이처럼 자전이 빠르기 때문에 토성의 극반지름은 적도반지름보다 약 10퍼센트 정도 짧다. 그 결과 망원경으로 보아도 어떤 행성보다 두드러지게 납작하다.

토성의 대기에는 놀라운 점이 또 하나 있다. 토성 가까이 접근했던 우주선들이 북극 주위에서 발견한 독특한 현상이다. 바로 육각형의 거대한 소용돌이다. 이 소용돌이는 측면 길이가 지구의 반지름보다 큰 1만 4,000킬로미터가 넘고, 깊이는 수 킬로미터로 추정된다. 기류체계 여러 개가 결합된 이 육각형의 구름은 태양 복사열로 유발되는 여러 광화학 반응 때문에 계절에 따라 내부 색이 바뀐다. 지름이 2,000킬로미터가 넘는 눈eye 주위 바람의 속도는 시속 300킬로미터에 이른다. 만약 여러분의 여행 계획에 토성 극지방 방문도 포함되어 있다면, 강력하면서도 신비스러운 이 폭풍우를 절대 놓치면 안 된다. 물론 극지방을 여행하려면 궤도면에서 거의 기울어지지 않은 지역으로 가는 것보다 비용이 훨씬 더 많이 든다. 궤도 기동이 어렵고 더 많은 에너지를 소비하기 때문이다. 하지만 토성에 도착하면 이런 놀라운 구름을 안 보고는 못 배길 것이다.

우주버스의 작은 창문으로 보면 이 행성은 분명히 거대하고 위풍당당하다. 하지만 토성이 잠길 수 있는 거대한 바다가 있다면 토성은 부표나 코르크처럼 물에 뜰 것이다. 이건 토성의 고리들이 구명조끼 같은 역할을 해서가 아니다. 단순히 토성의 밀도(몸체의 질량과 상대적인 부피의 비율에서 나온 물리적 크기)가 물보다 낮기 때문이다. 이는 우리 행성계에서 유일하게 이 '반지의 제왕'이 갖는 특징이다. 다른 모든 행성은 가차 없이 가라앉는다.

착륙할 수 없는 토성 대신에 타이탄으로

이제는 단단한 땅 위에서 다리를 좀 뻗을 시간이다. 바위든 얼음이든 상관없다. 하지만 토성에는 착륙할 수 없다. 거대 가스행성에는 착륙할 표면이 없고, 착륙을 시도하면 무슨 일이 일어날지 모른다. 우리의 우주잠수함이 주변의 가스 압력을 견디며 얼마나 깊이 들어갈 수 있는지도 모른다. 대신 몇몇 위성에서 걸으면서 또는 우주선 등을 타고 토성을 바라볼 수 있다.

앞서 언급한 것처럼 토성은 어디로 여행할지 선택하기 어려울 정도로 위성이 많다. 얼핏 여행자가 적은 곳을 고르는 것이 좋겠다고 생각할 수도 있다. 붐비는 곳에서 고생하지 않고 조용히 여행을 즐기려고 말이다. 사실 토성계가 아직 대중적인 천체관광지가 아니라는 점을 고려하면, 여행자가 가장 많은 위성에 가더라도 여유를 즐길 수 있다. 그래서 2개의 위성 타이탄과 엔켈라두스Enceladus

를 추천한다.

목성처럼 토성의 모든 위성에 제대로 된 이름이 있는 것은 아니지만, 오늘날 알려진 위성의 이름은 대부분 그리스·로마 신화에 나오는 이름이다. 특히 신화에 나오는 인물 중 우라노스Ouranos (하늘)와 가이아Gaea(대지)의 자손인 타이탄족의 이름을 딴 것이 많다. 크로노스 역시 타이탄이다. 그런데 망원경의 성능이 점점 좋아지는 덕분에, 토성의 위성은 그 숫자가 빠르게 늘어나 신화에 이름이 나오는 타이탄족의 수를 넘어섰다. 그렇지만 천문학자들은 쉽게 지치는 사람들이 아니다. 이들은 다른 신화(특히 이누이트, 켈트족, 노르드족)에서 타이탄족과 비슷한 거인들의 이름을 끌어왔다.

흥미롭게도 토성의 주요 위성인 타이탄은 한 인물의 이름이 아니라 그리스신화에 나오는 거인족의 이름이며, 1847년 영국 천문학자 존 허셜John Herschel이 붙였다. 하위헌스는 이 위성을 간단히 '토성의 달Saturni Luna'이라고 불렀는데, 이를 토성의 최초이자 유일한 자연위성이라고 생각했기 때문인 것 같다. 1655년 3월 25일 네덜란드 천문학자 하위헌스가 처음으로 관측한 타이탄은 그보다 45년 일찍 발견된 4개의 갈릴레이 위성 다음으로 태양계에서 존재가 확인된 다섯 번째 위성이었다. 이 위성에 대해 우리가 아는 대부분의 지식은 NASA-ESA-이탈리아우주국Agenzia Spaziale Italiana, ASI 공동 우주프로젝트인 카시니-하위헌스호 덕분에 얻었다. 이 우주선의 이름은 토성과 그 고리 그리고 위성의 베일을 벗기는 데 최초로 공헌한 두 과학자인 카시니와 하위헌스를 기려 지었다.

그런데 수성보다 면적이 조금 더 크고 위성 중에서는 가니메데 다음으로 크기와 질량이 큰 타이탄은 왜 그렇게 특별할까? 만약 이 위성을 여행하기로 결정했다면, 여러분의 눈으로 그 이유를 직접 확인하게 될 것이다! 타이탄은 태양계 모든 행성의 모든 위성 중 유일하게 대기가 빽빽하고 안정적인 곳이다. 심지어 그 대기는 두꺼운 질소로 이루어져 있으며 메탄을 비롯한 기타 탄화수소가 풍부하게 포함되어 있다. 실제로 타이탄의 대기는 과학자들이 원시 지구를 둘러싸고 있었을 것으로 추정하는 대기와 아주 비슷하다. 시간이 지남에 따라 태양풍, 운석 충돌, 화산 폭발 등으로 인해 지금 상태로 바뀌기 전의 원시 지구 대기 말이다. 다행히도 지금의 지구 대기에는 광합성 덕분에 산소가 풍부하다.

토성 궤도에 최초로 진입한 카시니호는 1997년 10월 15일에 발사되어 거의 7년의 여정 끝에, 2004년 7월 1일 토성 궤도에 진입했다. 토성 가까이에서 토성의 고리와 많은 위성을 관찰하고, 13년 이상 쌓은 영광스러운 경력을 뒤로 한 채 카시니호는 2017년 9월 15일 토성의 소용돌이 한가운데로 몸을 던짐으로써 프로젝트를 종료했다. 1989년 NASA가 목성에 보낸 갈릴레오호 역시 대기 탐사선을 분리한 다음, 주 탐사선은 2003년 9월 21일 목성 대기로 진입해 공중분해됨으로써 여정을 마쳤다. 이 두 탐사선에 붙어 있을지도 모르는 지구의 박테리아로 목성과 토성의 위성들을 오염

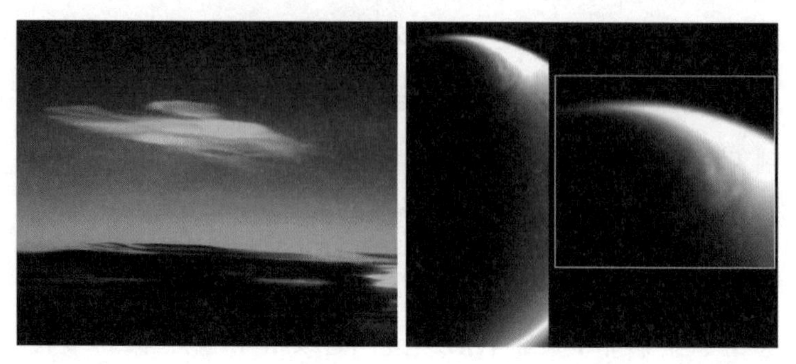

그림 6-2 지구의 극지방에서 찍힌 물 구름(좌)의 형태와 상당히 유사한 타이탄 북극 상공에서 찍힌 메탄 구름(우).

시키는 가능성을 남기지 않으려는 결정이었다.

그런데 카시니호가 토성 대기로 몸을 던질 때 하위헌스호는 이미 오래전부터 그 옆에 없었다. 2004년 크리스마스에 모선인 카시니호와 분리되어 빽빽하고 안개가 자욱한 대기를 모두 통과한 다음 2005년 1월 14일 타이탄의 단단한 표면에 착륙했기 때문이다. 하위헌스호는 타이탄에 착륙한 뒤 약 1시간 30분 만에 통신 장비가 얼어버려서 통신이 끊겼다.

하위헌스호와 카시니호가 전송한 관측 자료 덕분에 천문학자들은 이 위성의 그 물리적, 화학적 특징을 자세히 알게 되었다. 이제 우리는 타이탄에 바다, 강, 호수, 구름, 비가 있다는 것을 안다. 다만 타이탄의 바다와 호수에는 물이 없고, 강에도 물이 흐르지 않으며, 구름과 비도 물로 이루어지지 않았다. 물 대신 메탄이 그 자리를 차지하고 있는데, 우리 대기처럼 기체 상태가 아니라, 위성의 낮은 온도 때문에 안정적인 액체 상태다. 타이탄의 평균 온도는 섭씨 약 영하 180도이며 표면 기압은 지구의 1.5배다.

타이탄에서 관찰되는 호수의 크기는 몇 킬로미터에서 몇십 킬로미터까지 다양하다. 가장 큰 호수는 카스피해만큼 큰 크라켄 마레Kraken Mare다. 종종 거대한 문어로 묘사되는 바다 괴물의 이름을 딴 크라켄 마레에는 섬이 여러 개 있다. 그중 가장 중요한 섬은 대서양의 전설 속 섬 마이다Mayda의 이름을 딴 마이다 인술라Mayda Insula다. 마이다 인술라는 최초로 이름이 붙여진 지구 밖의 섬이라는 점에서 중요하다! 타이탄에 있는 호수의 모양은 불규칙한 원형도 있고, 과거에 칼데라였던 것으로 보이는 완벽한 원형도 있다. 이 호수 중 대부분이 바다로 흘러들어 액체 메탄(그리고 에탄)의 유입에 기여한다. 하지만 어떤 함몰지는 액체 메탄도 없이 말라 있어, 이 지형의 성질이 일시적이고 계절에 따라 바뀔 수 있음을 보여준다.

어쨌거나 이런 발견 덕분에 타이탄이 지구와 마찬가지로 태양계에서 완전한 수문순환hydrologic cycle이 이루어지는 천체, 다시 말해 물이 지표면에서 증발해 대기로 이동하고 강우의 형태로 대기에서 다시 지표면으로 이동하는 천체라는 것이 밝혀졌다. 다만 타이탄에서는 응결되는 것이 물이 아니라 메탄이다. 메탄은 여름에는 완전히 또는 거의 증발하고, 겨울에는 강우와 지하 탄화수소층의 표면 교차점 덕분에 함몰지를 채운다.

이 광대한 메탄 분지의 수와 범위를 바탕으로, 일부 과학자는 타이탄 표면의 탄화수소 매장량이 지구에서 알려진 석유와 천연가스 매장량의 수백 배에 달할 것으로 추정한다. 실제로 타이탄에는 주유소가 필요없다. 그냥 아무 곳에나 멈춰서 웅덩이에서 메탄을 모아 가득 채우면 끝이다. 소비세도 전혀 없다! 산유국인 쿠웨이트에서 사는 것과 비슷하다. 다만 타이탄에서는 지하가 아닌 표면에 있는 탄화수소를 바로 쓸 수 있다는 점이 다를 뿐이다.

이렇게 설명을 들으니 타이탄 일부 지역은 핀란드와 그리 다르지 않아 보이지만 여행자의 관점에서 타이탄은 볼거리가 많은 관광지다. 메탄 폭우를 맞을 준비만 되어 있다면 말이다. 호수 지역을 여행하려면 우산과 우비를 준비하고, 스포츠 활동을 안 하곤 못 배길 것 같으면 서프보드도 준비하라. 메탄 바다와 호수에는 미풍이 부는데, 때로는 강한 바람이 불어 하와이제도에 있는 오아후섬의 그 유명한 노스쇼어가 부러워할 만한 파도를 일으키기도 한다.

단단한 지각 또한 이 위성의 액체 표면만큼이나 흥미롭다. 우리는 타이탄에서 산을 오르거나 넓게 뻗은 모래 언덕들을 걸을 수 있다. 여기에는 톨린Tholin이라는 물질이 있다. '톨린'은 1979년 천체물리학자이자 작가 칼 세이건Carl Sagan이 생물 발생 이전prebiotic 유기 분자들에 붙인 이름이다. 지금은 다양한 탄화수소 화합물과 미세한 먼지 입자의 집합체로 알려졌다. 얼음화산cryovolcano을 만날 수도 있다. 얼음화산은 물과 암모니아, 메탄 등의 물질을 분출하는데,

이들은 위성의 차가운 표면과 만나면 즉시 얼어붙는다. 만약 여러분이 이 위성의 오염되지 않은 야생 풍경뿐 아니라 과학, 특히 우주생물학에도 관심이 좀 있다면 이곳 표면에서 생물 발생 이전의 진정한 자연 실험실을 만나게 될 것이다. 우리 행성과는 온도 조건이 완전히 다르지만 그 덕분에 오히려 외계 박테리아를 발견할지도 모른다. 얼마나 신날지 상상해보라!

타이탄에서는 토성이 잘 보이지 않는다. 비교적 가깝기는 하지만 위성의 빽빽한 대기 때문에 시야가 매우 제한된다. 뚫을 수 없는 두꺼운 안개가 항상 끼어 있는 것과 같다. 이 때문에 우주에서 이 위성 표면을 직접 보는 것은 불가능하며, 레이더와 하위헌스호의 착륙 덕분에 위성 표면을 관측할 수 있었다. 토성의 다른 위성들과 마찬가지로 타이탄이 토성 고리와 같은 면에서 궤도를 돌고 있으며, 고리들은 항상 가장자리만 보이도록 옆으로 놓여 있는 점도 이유다.

타이탄도 달처럼 동주기자전synchronous rotation을 한다. 자전주기가 공전주기와 같다(약 16일)는 말이다. 그래서 항상 같은 쪽 반구가 행성을 향한다. 다른 위성들은 반대로 자전주기와 공전주기의 공명이 다르다. 타이탄처럼 1:1이 아니다. 앞서 본 수성의 경우나 궤도 공명처럼 말이다. 예를 들어 타이탄이 토성 주위를 네 번 돌 때 히페리온Hyperion은 정확히 세 번을 도니, 이들의 궤도 주기는 4:3 공명이다.

경험이 많은 가이드가 인솔하고 있다면 타이탄여행을 마치기 전에 당신을 하위헌스호의 착륙 지점으로 데려갈 것이다. 그곳에서는 탐사선의 잔해를 아직 볼 수 있다. 만약 가이드가 먼저 제안하지 않으면 이곳에 들르자고 하라. 조금만 우회하면 되니, 팁만 주면 이 우주탐사 기념비에 가볼 수 있다. 나이 많은 가이드들은 신이 나서 타이탄의 빽빽하고 탁한 대기를 통과한 탐사선의 길고 어려웠던 착륙 이야기를 해줄 것이다.

간헐천이 있는 위성, 엔켈라두스

타이탄을 방문한 후 시간이 있다면 엔켈라두스로 가보자. 엔켈라두스는 존 허셜의 아버지이자 영국으로 귀화한 독일 천문학자인 윌리엄 허셜William Herschel이 발견한 위성이다. 그는 엔켈라두스를 1789년 8월 28일에 관측했다. 토성의 위성 중 여섯 번째로 큰 엔켈라두스는 이탈리아 위에 올리면 피렌체와 나폴리 사이의 거리인 500킬로미터를 겨우 덮을 것이다. 크기가 타이탄의 5분의 1인 꼬마 위성이다. 하지만 이 작은 천체에는 희귀한 특징이 있다. 바로 태양계에서 활화산이 있는 천체 4개 중 하나라는 점이다. 다른 3개는 당연히 지구 그리고 목성의 위성 이오, 해왕성의 위성 트리톤Triton이다.

작은 엔켈라두스는 달처럼 크레이터들로 구멍이 패인 작은 얼음 공이어야 할 것이다. 하지만 1981년 미국 탐사선 보이저 2호가 엔켈라두스에 접근해서 찍은 사진을 보면 엔켈라두스의 남극 주변 지역은 눈이 내린 초원처럼 매끄럽고 밝다. 엔켈라두스가 태양계 천체 중 가장 하얀 이유다.

엔켈라두스의 남극 주위에서 크레이터를 덮은 눈은 어디에서 왔을까? 하늘에서 내린 것은 확실히 아니다. 이 위성의 표면 온도는 섭씨 영하 200도이고 대기는 거의 존재하지 않기 때문에 구름에서 이 위성 위로 눈이 내릴 가능성은 거의 없다. 이 불가사의는 엔켈라두스에서 겨우 25킬로미터 떨어진 높이까지 접근한 카시니호 덕분에 해결되었다. 카시니호가 보낸 사진들을 보고 행성학자들은 입이 딱 벌어졌다. 이 작은 위성의 남극에는 위성 전체 지름의 3배 높이까지 분출물을 맹렬하게 쏘아올리는 드센 간헐천이 있었다. 그런데 여기서 분출되는 물질은 무엇일까? 그 답 역시 카시니호가 찾았다. 카시니호가 분출물을 분석하기 위해 분출되는 기둥 하나를 직접 통과한 것이다. 분출물은 바로 얼어붙은 물과 증기였고, 여기에는 이산화탄소와 메탄, 탄화수소와 암모니아도 포함되어 있었다.

그렇다면 얼어붙은 엔켈라두스의 표면 아래에는 지하 바다가 있어야 한다. 바다는 뒤끓다가 길이 130킬로미터에 너비 2킬로미터의 균열에서 분출한다. 이런 균열은 남극 근처 지각이 가장 얇은

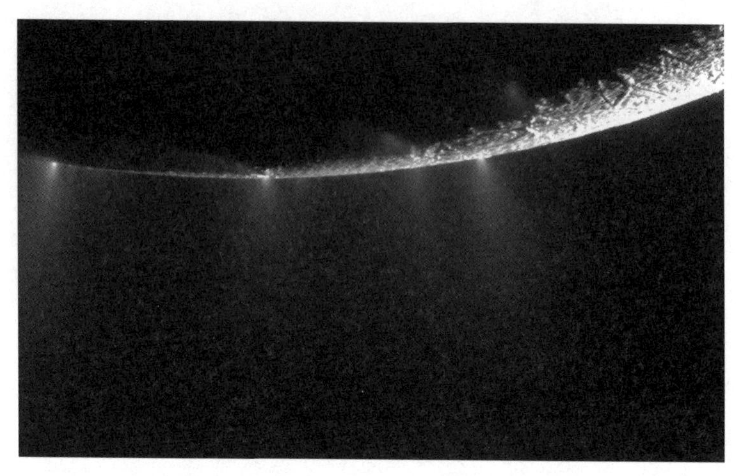

그림 6-3 호랑이 줄무늬를 따라 샘솟는 엔켈라두스의 간헐천

지점에 있으며 이를 '호랑이 줄무늬Tiger Stripes'라고 한다. 유기물질과 열이 있으니 그 바다에서는 생물이 헤엄치고 있을지도 모른다. 엔켈라두스에서 간헐천을 발견한 뒤 천문학자들은 토성의 고리 중 가장 바깥에 있는 고리 E가 어떤 물질로 형성되었는지도 설명해냈다. 엔켈라두스가 바로 그 고리 한가운데서 궤도를 돌고 있기 때문이다. 고리 E는 얼음 결정으로 된 옅은 안개로 이루어져 있다. 엔켈라두스가 끊임없이 분출하는 얼음이 고리의 흔적을 만들어내는 게 틀림없다.

그런데 도대체 무엇이 엔켈라두스에 대형 발전소 15개에서 생산하는 에너지와 맞먹을 정도의 많은 에너지를 제공하는 것일까? 얼음을 녹이고 마치 끓고 있는 주전자처럼 물을 밖으로 분출시키는 그 에너지 말이다. 지구에서 화산에 동력을 공급하는 열은, 방사성 원소가 가열해 백열白熱에 이르는 지하 깊은 곳 핵에서 나오는 것이다. 그런데 엔켈라두스처럼 작은 위성에서는 금속으로 이루어진 작은 핵이 이미 오래전에 차가워졌을 것이다. 다시 말해 엔켈라두스의 열은 다른 위성 디오네Dione와 토성에서 일부 영향을 받아 발생할 가능성이 높다. 엔켈라두스와 2:1 궤도 공명을 하는 디오네는 토성으로부터 더 멀리 떨어져 있어, 궤도 한 바퀴를 도는 데 엔켈라두스보다 2배의 시간이 걸린다. 자전도 주기가 같다. 그런데 엔켈라두스는 주기적으로 토성과 멀어지거나 가까워지고, 약간 타원형인 궤도를 전광석화같이 돌아 33시간이 되기 전에 한 바퀴 공전을 끝낸다. 지구 주위를 공전하는 데 약 한 달이 걸리는 우리의 달과 궤도 주기를 비교하면 찰나에 불과하다. 디오네, 토성과 지속적으로 밀고 당기는 중력 작용 때문에 마찰이 일어나면서 마치 철사를 여러 번 구부렸다 펴는 것처럼 엔켈라두스 내부는 가열된다. 이 열은 엔켈라두스 거의 대부분을 구성하는 얼음의 가장 바깥층을 녹여 숨겨진 바다와 간헐천을 만들고 위성 표면을 매끄럽게 하며, 토성의 가장 바깥쪽 고리를 이루는 눈을 만들어낸다. 어쩌면 엔켈라두스에 신비로운 작은 동물들도 탄생시켜 숨어 있는 물속에서 헤엄치게 했을지도 모른다.

아이슬란드의 간헐천이나 미국 옐로스톤공원의 간헐천을 좋아한다면 엔켈라두스의 간헐천은 절대 놓치면 안 되는 볼거리다.

우리 행성에서 일어나는 것과는 달리 엔켈라두스의 표면에서는 물과 얼음의 오직 일부만 물줄기로 분출되고, 다른 일부는 우주로 분산되어 위성 궤도를 따라 뻗어 있는 옅은 고리 E를 형성하기 때문이다. 만약 여러분이 그 물줄기들을 보게 된다면 위성으로 다시 떨어지는 얼음 결정이 멋있는 무지개를 만들어내는 것도 볼 수 있다. 태양은 이곳에서 멀리 떨어져 있고 그 빛은 희미하지만 어떻게든 우리 눈앞의 광경을 비출 정도는 된다. 물론 우리가 위성의 낮에 있어야 볼 수 있다.

히페리온, 혼돈의 왕국

타이탄과 엔켈라두스 다음으로는 어떤 위성을 여행하는 것이 좋을까? 전문가들의 진정한 보물은 히페리온이다. 타이탄족의 이름으로 불리지만 아주 작고 모양도 불규칙하다. 히페리온은 타이탄에 가장 가까운 궤도를 돌기 때문에 궤도 공명에서 방해가 될 정도로 타이탄 중력의 영향을 많이 받는다. 밀도는 물 밀도의 거의 절반으로 아주 낮아, 다공성인 물 얼음으로 이루어져 있다고 추측된다. 그래서 히페리온 표면에 착륙을 제안하는 여행사는 많지 않다. 아주 섬세하게 기동해야 하며, 표면 전체에 충돌 크레이터가 있어 우주선이 착륙할 장소를 찾는 것이 쉽지 않기 때문이다.

이러한 이야기를 들으면 히페리온이 특별히 흥미로운 목적지는 아니라고 생각할 수도 있다. 하지만 히페리온은 자전운동이 무질서해서 극이 어디인지, 적도가 어디인지 정확하게 정의할 수 없다. 길쭉하고 불규칙한 모양의 바위에서 적도를 정의하는 것과 마찬가지다. 그래서 히페리온에서는 언제 어느 쪽에서 태양이 지평선 위로 떠오르거나 저물지 예상하는 것이 사실상 불가능하다. 이처럼 혼돈스러운 자전 때문에 히페리온에 거주자가 있다면 지구처럼 주기적이고 규칙적인 밤낮을 기준으로 한 달력은 절대로 만들 수 없을 것이다. 우리가 아는 한 히페리온의 이런 특성은 태양계의 다른 어떤 천체에도 없다. 현재로서는 무질서하게 움직이는 유일한 물체다. 여러분의 여행 일기장에 이렇게 특별한 위성을 방문 이야기를 빼놓을 수 있을까?

그런데 '혼돈스러운 자전'은 무슨 뜻일까? 고전 물리학과 만유인력의 법칙처럼 잘 알려진 법칙이 있는데 왜 혼돈스럽다고 할까? 토성 주위 궤도를 도는 히페리온처럼 겉으로 단순해 보이는 체계의 움직임을 정확하게 예측할 수 없는 이유는 무엇일까?

다음 같은 문구를 들어보았을 것이다. "브라질에 있는 나비 한 마리의 날갯짓이 텍사스에 허리케인을 일으킬 수 있을까?" 카오스이론chaos theory의 아버지라 할 수 있는 미국의 수학자이자 기상학자인 에드워드 로렌츠Edward Lorenz는 1972년 한 회의에서 연설 제목으로 이 문구를 사용했다. 나비효과butterfly effect라는 말은 바로 그가 널리 알린 것이다. 나비효과는 가볍고 섬세하면서도 단순한 나비의 날갯짓이 허리케인 같은 격렬한 기상 현상을 일으킬 수도 있다는 것이다.

연설의 제목이 된 이 질문에 대한 대답은 물론 '그렇다'다. 1963년부터 대기 모델을 연구해온 로렌츠가 대기체계의 시간 변화에 대한 컴퓨터 시뮬레이션으로 얻은 결과였다. 똑같은 운동법칙으로 통제하면서 2개의 시뮬레이션을 가동해도, 초기 설정값에 차이가 약간 있으면 예측할 수 없을 정도로 큰 차이가 생겼다. 로렌츠는 다음과 같이 말했다.

> "나비의 날갯짓처럼 작은 규모로 발생하는 미미한 현상이 토네이도처럼 넓은 범위와 상당한 강도의 대규모 변화를 유도할 수 있다. 작은 미시적 난류는 충분히 큰 거시적 변화를 일으킬 수 있으며, 제한적으로 일어나는 단순한 동적 사건은 매우 복잡하고 장대한 작용의 원인이 될 수 있다."

그렇게 나비효과라는 표현이 널리 알려졌고 새로운 과학의 토대가 마련되었다. 바로 카오스이론이다.

이 이론은 수도꼭지에서 뚝뚝 떨어지는 물, 심장박동의 불규칙성, 히페리온의 자전 등 우연히 무질서하게 일어나는 것 같은 행동과 움직임에 규칙이나 역학 법칙이 숨어 있는지를 알아보려는 시도였다. 예를 들면 지구의 대기 같은 하나의 복합적인 체계에서 일어나는 변화가 어느 정도까지 예측 가능하고 어떤 혼란을 야기하는지 경향성을 발견하는 것이었다. 다시 말해 미래에 대기의 상태가 장기적으로 예측하는 것이 불가능할 만큼 변화하는지 확인하려는 시도였다.

혼돈의 과학은 작은 원인으로 발생하는 큰 영향을 연구하는 학문으로, 셀 수 없이 많은 분야에 이를 적용할 수 있다. 돈의 흐름부터 사회 집단의 발전, 특정 화학 반응 연구부터 생물학적 체계의 진화, 생명체의 탄생과 우주의 기원에 이르기까지 적용할 수 있는 분야는 끝없다. 사실 혼돈의 과학은 재발견에 불과하다. 프랑스의 철학자이자 수학자 블레즈 파스칼Blaise Pascal은 언젠가 농담 반 진담 반으로 "클레오파트라의 코가 좀 더 낮았더라면 세계의 역사는 달라졌을 것"이라고 말했다. 그리고 우리 모두는 때때로 작은 변화, 작고 사소한 세부 사항이 한 민족 또는 인류 전체의 역사에 완전히 다른 결과를 초래할 수 있다고 생각한다.

이 이론은 전문적으로 말하면 '초기 조건에 대한 민감한 의존성'에 관한 것이다. 당구대를 예로 들어보자. 당구공이 가야 하는 목표점 하나를 정하고 뱅크샷으로 공을 세게 친다. 그리고 공의 궤도를 따라가 꺾이는 여러 지점을 기록하라. 동영상을 찍는 것이 확실할 수 있다. 그런 다음 공이 멈추는 지점을 표시하라. 이제 같은 공을 다시 가져와 같은 출발 지점에 두고 이전에 공이 꺾였던 지점을 겨냥해 이전과 같은 세기로 한 번 더 친다. 공이 두 번 정도만 꺾이고 나면 여러분은 금방 알아차릴 것이다. 처음 공을 쳤을 때의 상황을 완전히 똑같이 재현하려고 해도 당구공은 전혀 다른 궤도로 움직인다는 걸 말이다. 그리고 공이 꺾일 때마다 공의 움직임이 멈출 때까지 이전에 쳤을 때와는 점점 더 궤도가 달라지며, 공이 서는 지점이 이전과 같을 확률은 거의 없다. 이전 출발 조건에 비해 아주 작은, 매우 극미한 변동이라도 있으면 당구공은 완전히 다른 궤도로 나아간다. 안타깝게도 출발 조건을 정확하게 설정할 수 없는 한계 때문이다.

이제 여러분은 행성이나 위성의 자전 또는 궤도 공전이 어떻게 규칙과 주기에서 벗어나 무질서하고 예측할 수 없게 바뀌는지 잘 이해할 것이다. 다른 천체와의 직접적인 충돌이나 근접 통행으로 인한 섭동 등 때문에 자전축이 아주 미세하게 바뀌거나 정상 궤도의 궤적과 거의 인식할 수도 없는 정도의 편차가 생길 테고, 이 때문에 질서가 혼돈으로 바뀔 수 있다.

그렇다면 어떤 체계가 혼란스럽게 변할지 아닐지 알 수 있는 방법은 없을까? 물리적 체계를 분석하는 방법을 생각해낸 사람은 프랑스 수학자이자 물리학자 앙리 푸앵카레Henri Poincaré다. 그는 19세기 말 상당히 중요한 문제 하나와 씨름했다. 바로 태양계의 안정성을 확인하는 데 도전한 것이다. 푸앵카레는 태양계의 모든 행성과 위성이 무한한 시간 동안 질서정연하게 움직이는 것은 당연하지 않다고 생각했다.

이 과정에서 푸앵카레가 생각한 것이 바로 '위상공간phase space'이다. 푸앵카레는 동적 체계에서 일어나는 모든 상태를 나타내는 가상의 수학적 공간을 만들어, 지구가 언제 궤도에서 벗어날지 알고 싶었다. 결국 증명은 하지 못했지만 1889년에 스웨덴 왕 오스카르 2세Oscar II는 푸앵카레의 연구 가치를 인정하며 상을 주려고 했다.

푸앵카레가 계획한 이 연구는 동적 체계가 변화하는 동안 위상공간에서 구축하는 '곡선'을 분석하는 방식으로 이뤄진다. 주기적이거나 점점 약해지거나 무질서한 움직임에 따라 체계는 고정된 점, 곡선 또는 규칙적 표면, 불규칙한 영역 등 다양한 모양을 위상공간에 그린다. 이런 형상은 끌개attractor라고 하는데, 그쪽으로 움직임을 '끌어당기기' 때문이다. 다시 말해 길고 짧은 시간에 이런 끌개들이 위상공간에 그린 궤도 위에서 체계의 역동적 변화가 일어난다. 예를 들어 어떤 이상적인 진자는 절대 멈추지 않고 주기적으로 흔들리며 위상공간에 단순한 타원을 그린다. 그러나 실제 진자는 공기와의 마찰과 저항 때문에 운동 속도가 서서히 느려지고 결국 평형 위치에서 멈추게 된다. 위상공간으로 표현하면 타원이 점점 더 좁아지고 점이 되면 멈출 것이다. 자, 이 점이 점점 느려지는 진자운동의 끌개다. 결국 끌개는 평형 개념을 일반화한 것이다.

혼돈체계의 운동에도 끌개가 있다. 다만 이 끌개들은 성질이 아주 특이하기 때문에 '이상한 끌개strange attractor'라고 한다. 이 끌개들은 프랙털fractal 구조이며, 매우 특별한 기하학적 특징이 2개 있다. 첫 번째 특징은 규모 불변성이다(자기 유사성이라고도 한다). 각각의 작은 부분은 전체 모습이 축소된 규모로 재생산된 것이다. 실제로 고배율에서 관찰한 이상한 끌개의 구조는 저배율에서 관찰한 구조를 복제한 것처럼 완전히 동일하다. 두 번째 특징은 이 끌개들의 차원이 정수가 아니라 분수라는 점이다. 그렇다, 분수인 차원도 존재한다.

기하학에서 차원에 대해 이야기할 때 선은 1차원, 직사각형은 2차원, 정육면체는 3차원 등 우리는 항상 정수로 생각한다. 그런데 프랑스로 귀화한 폴란드의 수학자 브누아 망델브로Benoît Mandelbrot에 따르면, 차원 개념을 확장해서 프랙털이라는 분수 차원의 기하학적 도형을 발견할 수 있다. 이상한 끌개들은 프랙털 도형이며, 이들의 차원은 1과 2 또는 2와 3 사이 등의 숫자가 된다.

컴퓨터의 탄생 덕분에 가능했던(망델브로는 IBM에서 일했다) 프랙털 기하학은 복잡한 체계의 역학뿐 아니라 자연 연구에도 활용됐다. 예를 들면 해안, 산, 구름, 양치류의 잎사귀, 나뭇가지 등이 전형적인 자연 프랙털인데, 이는 갈릴레이가 주장한 것처럼 자연이 수학적 언어로 말한다는 걸 보여준다. 인간의 몸에도 예시가 많다. 폐의 세기관지, 장의 융모, 순환계의 모세혈관, 신경세포, 뇌의 주름에는 모두 어느 정도 자기 유사성이 있다. 그렇다면 우주에도 프랙털 기하학을 적용할 수 있지 않을까? 만약 그렇다면 우주의 역사를 완전히 다시 써야 할지도 모르는 일이다.

이런 생각에 빠져 있는 동안 시간은 순식간에 지나갔으리라. 히페리온에서는 시간의 흐름을 파악하는 것이 쉽지 않다! 이제 다시 우주버스로 돌아가야 할 시간이다.

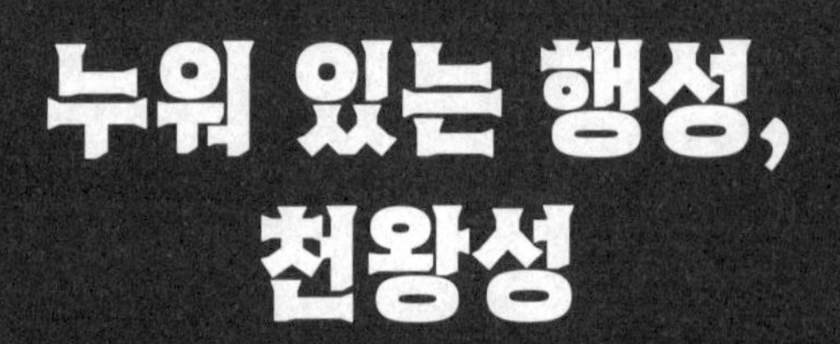
누워 있는 행성,
천왕성

DAY7

천왕성Uranus

행성

발견: 윌리엄 허셜

발견일: 1781년 3월 13일

질량: 지구의 14.54배

평균 반지름: 25,600km

유효 온도: -205℃

하루의 길이: 지구의 17시간(역행자전)

1년의 길이: 지구의 84.02년

위성의 수: 27개(확인된 것)

행성의 고리계: 있음

미국 엔지니어이자 기업가인 데니스 티토Dennis Tito 같은 최초의 개인 여행자들이 우주선에 한 자리를 예매하기 위해 엄청난 비용을 지불하던 시대는 이제 끝났다. 티토는 2001년, 국제우주정거장International Space Station, ISS으로 직항하는 소유스Soyuz 우주선의 자리 하나를 러시아연방우주청 로스코스모스Roscosmos로부터 구매하며 역사상 가장 비싼 '여행자 티켓'을 끊은 최초의 사람이다. 당시 티토는 ISS 승원으로서 지구 주위 궤도에서 8일간 체류했고 2,000만 달러를 지불했다.

티토처럼 많은 사람이 미지, 낯선 목적지, 미개척지 여행에 매력을 느낀다. 이런 새로운 율리시스Ulysses*들이 적당한 비용을 들여 갈 수 있는 곳이 신비한 볼거리가 가득한 천왕성이다. 천왕성은 우주관광의 관점에서 분명 잠재력이 크지만 아직 잘 활용되지는 않은 행성이다. 매우 흥미로운 특징이 있지만, 천왕성을 보기 위해서는 몇 년 동안 계속될 행성여행을 각오해야 하며 모험심이 진실하고 강해야 한다. 천왕성과 앞으로 소개될 대부분의 장소는 여행자에게 호의적이지 않기 때문이다. 춥고 바람이 많이 불며 어둡고 냄

* 《오디세이Odyssey》의 주인공인 '오디세우스Odysseus'의 라틴어 이름. 오디세우스는 트로이 전쟁 이후 귀향길에 온갖 모험을 겪는다.

새까지 난다. 하지만 발견되기를 원하지도 않은 행성에서 최소한 이 정도 고생하는 것은 예상해야 하지 않을까!

음악가가 발견한 행성

지구에 있는 관찰자로서 천왕성의 흥미로운 점은 고대에는 아무도 천왕성의 존재를 알아보지 못했다는 것이다. 그런데 아무리 우리 시력에 한계가 있다고 해도 천왕성은 사실 맨눈으로 볼 수 있는 행성이다. 게다가 수천 년 전에는 인공조명으로 하늘 관측을 방해하는 빛공해도 없었고, 도시도 확실히 지금보다 훨씬 더 어두웠다.

이전에 누군가 분명 천왕성을 보고 기록했어도, 태양계가 토성 너머 더 멀리까지 뻗어 있는 걸 알아차리기는 18세기 후반까지 기다려야 했다. 이는 천문학자들뿐 아니라 점성술사들에게도 놀라운 사실이었다. 당시 점성술사들은 알려진 행성들을 바탕으로 점성술을 행했다. 시칠리아의 유명한 싱어송라이터 프랑코 바티아토Franco Battiato가 노래 〈쿠쿠루쿠쿠Cuccurucucù〉에서 "사자자리Leo에 이미 달과 천왕성이 있었어"라고 노래한 것은 우연이 아니었을지도 모른다! 천왕성의 발견에 이은 해왕성의 발견 그리고 더 나아가 처음에는 행성으로 간주되었다가 왜소행성으로 강등된 명왕성의 발견까지, 점성술사들은 불완전한 태양계를 바탕으로 했던 그들의 예언을 정당화하느라 허둥댔다. 반면에 천문학자들에게는 기술의 큰 성공이자, 지식의 한계를 계속해서 뛰어넘는 인간의 의지와 능력을 증명할 기회였다.

흥미롭게도 천왕성을 발견한 사람은 음악가다. 중세에 인문학은 신의 이해에 '더 가까이' 가게 해주는 탁월한 학문인 신학 연구의 예비학문이었다. 당시 인문학은 3학Trivium(문법, 수사학, 변증법)과 4학Quadrivium(산술, 기하학, 천문학 그리고 바로 음악)으로 나뉘었다. 하노버 출신 독일인이지만 영국인으로 귀화한 윌리엄 허셜(그렇다, 토성의 위성 엔켈라두스를 발견한 그 사람이다)은 썩 괜찮은 음악가였으나, 영국 바스에서 지내던 어느 날 자신에게 천문학에 대한 열정이 많다는 걸 깨달았다. 그 시점에 그는 광학 장치와 마운트mount*까지 다루며 망원경을 만들기 시작했다. 그가 만든 망원경들은 그 크기가 매우 다양했으며, 그 당시로서는 구경과 크기가 훌륭한 수준이었다. 최고의 평가를 받은 그의 망원경 몇 개는 팔리기도 했는데, 그는 그 돈으로 더 정밀한 망원경을 만들었다. 그의 연구 조수는 여동생 캐롤라인이었다. 그녀는 오페라 가수이자 오빠처럼 독학자이면서 혜성의 발견 같은 중요한 천문학 연구에 대한 글을 쓴 작가로, 쌍성과 성단, 성운을 관측하고 목록도 만들었다.

1781년 3월 13일, 천왕성은 허셜의 망원경 접안렌즈에 처음

* 지구 밖의 천체를 관측하기 위한 초정밀 장치.

나타났다. 그날 허셜은 별과는 다른 이상한 물체를 보았고 어쩌면 그것이 혜성일지도 모른다고 기록했다. 그런데 관찰할수록 혜성의 꼬리는커녕 핵 주변을 감싸고 있는 구름인 코마coma도 보이지 않았다. 그것은 분명 혜성이 아니었다. 궤도만 봐도 알 수 있었다. 혜성에 비해 궤도의 이심률이 너무 작았다. 게다가 맨눈으로 보았을 때는 망원경으로 관찰한 다른 행성들처럼 원반 같았다. 이것이 그때까지는 알려지지 않았던 새로운 행성이 아니라면 무엇일까? 그건 분명 행성이었다.

오랫동안 자신이 혜성을 관찰했다고 생각한 허셜은 관측한 내용을 영국 왕립학회The Royal Society of London에 전달했고, 자신의 발견을 당시 영국을 다스리던 조지 3세George III에게 바쳤다. 왕은 매우 감명을 받아 허셜을 '왕의 천문학자'로 임명했다. 이는 그와 조수였던 여동생 캐롤라인을 위해 특별히 만든 직책이었다. 또한 왕은 그들의 거처를 윈저로 옮기게 했고, 하늘을 연구하면서 왕의 손님들에게 망원경으로 하늘을 보여주는 것만으로 봉급을 지급했다. 덕분에 윌리엄과 캐롤라인은 천문학 연구에 전념할 수 있었다. 그들의 음악 공연은 대중으로부터 특별히 호평을 받지 못했기 때문에 그들은 운이 좋았다. 심지어는 1782년부터 음악 공연을 완전히 중단했다.

천왕성을 발견한 윌리엄은 자연히 왕립학회 회원이 되었다. 이후 1820년에 설립된 왕립천문학회에서는 초대 회장으로도 임명되었다. 캐롤라인은 월급이 오빠의 절반밖에 안 되기는 했지만 과학자로서 임금을 받은 최초의 여성이 되었다. 또한 당시 과학 학술지에 연구 논문을 실은 최초의 여성이었고, 1828년에는 왕립천문학회의 금메달을 수상했다. 또한 1835년에는 스코틀랜드 수학자 메리 서머빌Mary Somerville과 함께 여성 최초로 이 학회의 명예 회원이 되었다.

왕이 주는 연금 덕분에 허셜은 대형 반사망원경 제작에 몰두했으며, 그 결과 당시로서는 가장 성능이 좋은 기구를 만들어냈다. 이 기구는 모두 허셜이 훌륭한 발견을 하는 데 보탬이 되었다. 1787년에는 천왕성의 가장 큰 위성 티타니아Titania와 오베론Oberon을, 2년 뒤에는 우리가 이미 아는 토성의 위성 엔켈라두스와 미마스Mimas를 발견했다. 허셜은 후원자에게 경의를 표하기 위해 갈릴레이가 위성들에 '메디치' 이름을 붙였던 것처럼 자신이 새로 발견한 행성의 이름을 게오르기움 시두스Georgium Sidus, 곧 조지의 별이라고 지었다. 하지만 당시는 이런 유행이 지났던 모양이다. 여러 나라의 많은 천문학자가 참여한 토론 후에 독일 천문학자 요한 보데Johann Bode가 신화에서 이름을 따 천체에 붙이자고 제안했다. 그 의견이 채택되어 행성에는 자연스럽게 우라노스, 곧 천왕성이라는 이름이 붙었다. 그리스신화에서 우라노스는 크로노스의 아버지이며, 크로노스는 제우스의 아버지다. 흥미롭게도 천왕성에는 신의 라틴어 이름 카일루스Caelus가 아니라 그리스어 이름인 우라노스Uranus를 붙였다. 이는 태양계에 있는 모든 행성 중 유일한 경우다.

푸른 빛깔과 악취

천왕성은 망원경과 허블우주망원경Hubble Space Telescope으로 연구되었다. 하지만 지구와 멀리 떨어져 있어 관측하기 어렵기 때문에 수집된 대부분의 정보는 NASA의 보이저 2호를 통해 얻은 것이다. 보이저 2호는 1979년에 목성, 1981년에 토성을 지나쳐 쌍둥이 보이저 1호의 관측 내용을 통합한 다음 바로 천왕성으로 향했고 1986년에 도착했다. 보이저 2호는 천왕성 표면으로부터 8만 1,500킬로미터 거리까지 다가갔고, 6시간 동안 사진과 자료를 모은 뒤 천왕성에서 완전히 떠났다. 다음 목적지는 해왕성이었고 1989년에 도착했다. 천왕성과 해왕성에 대해 지금까지 우리가 알고 있는 정보의 대부분은 보이저 2호의 근접비행 덕분에 얻을 수 있었다. 행성과 주변 환경에 대한 정보가 적어서 위험하기 때문에 아직까지는 천왕성여행을 제안하는 여행사가 많지 않다.

천왕성에 가까워져서 우주버스 창문으로 보이는 천왕성 대기의 상부(지구에서도 볼 수 있는 부분)는 거의 균일하게 아름다운 청록색을 띤다. 천왕성은 자전하는 데 17시간이 조금 더 걸리고 바람은 높은 고도에서도 시속 수백 킬로미터로 빠르게 분다. 색깔이 있는 줄무늬는 특별히 뚜렷하지 않아 목성이나 토성처럼 알록달록하게 보이지는 않는다. 다만 예외적으로 남부 깃southern collar이라는 것이 분명히 보이는데, 이는 천왕성의 남극을 둘러싸고 있는 밝은 흰색의 줄무늬다. 전반적으로 천왕성의 극지방은 적도 지역보다 밝고 적도 지역에는 좀 더 어두운 줄무늬가 많다.

천왕성은 태양에서 멀리 떨어져 있는데도 적은 양의 태양 복사열에 의해 기후가 확실히 영향을 받는다. 특정 조건에서는 계절적 변화 몇 가지가 관찰된다. 천왕성 암점Dark Spot 같은 대규모 폭풍이 그 예다. 천왕성의 암점은 2006년 허블우주망원경으로 처음 관측되었다. 행성에서는 밝은 흰색 구름과 오로라도 감상할 수 있다. 다른 행성과 다르게 천왕성에서는 모든 위도에서 오로라가 보인다. 천왕성의 아주 특이한 자기장 때문인 것 같은데, 아직은 그 원인이 정확하게 알려지지 않아 여행할 때 조심해야 한다. 천왕성의 자기장은 행성의 자전축에서 완전히 벗어나 있고 심지어는 분산되어 있다. 이는 자기장이 다른 행성들처럼 핵으로부터 형성된 게 아니라 표면에 더 가까운 층에서 만들어졌기 때문인 것으로 보인다.

천왕성의 색깔은 풍부한 메탄 덕분에 나타난다. 메탄 분자는 태양 복사열의 적색 성분을 흡수하고 녹색과 청색 성분을 퍼뜨린다. 메탄에 암모니아와 물이 첨가된 '얼음'이 천왕성 표면을 청록

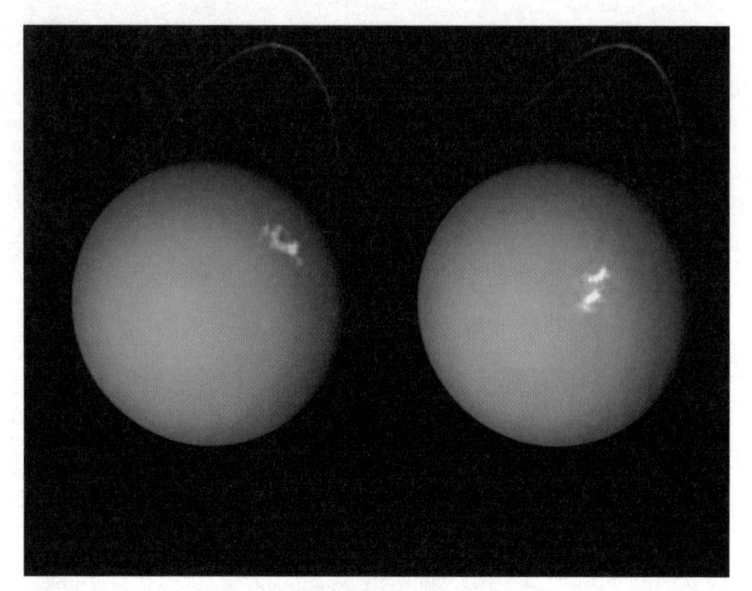

그림 7-1 허블우주망원경으로 찍은 천왕성의 오로라

색으로 만든다. 참고로 천왕성에서는 냄새를 주의하라. 천왕성 대기의 냄새는 극도로 지독해서, 말 그대로 숨을 쉴 수 없을 정도다.

구르듯 자전하는 행성

천왕성에도 계절이 있다. 하지만 우리 행성이나 화성의 계절과 비슷할 것이라고 기대하지는 마라. 천왕성에서 계절은 극단적으로 흐른다. 그 이유는 세 가지다. 먼저 태양으로부터의 거리다. 천왕성이 태양 주위를 한 바퀴 공전하는 데는 지구의 84년이 걸린다. 지구인에게 '천왕성의 1년'은 평생의 시간과 같다. 그런데 천왕성의 계절을 정말로 특별하게 만드는 이유가 있다. 천왕성은 자전축이 궤도면에서 거의 98도 기울어 있다. 마치 우주에서 옆으로 누운 상태로 궤도 위에서 '굴러가는' 것처럼 보인다. 이 때문에 앵글로색슨 천문학자들이 '옆으로 누운 행성sideways planet'이라는 별명을 붙였다. 이는 태양계에서 유일한 특징이다. 그 이유에 대한 행성학자들의 의견은 분분하다. 크기가 큰 다른 천체와의 충돌 때문이었을지, 짧은 기간에 잇따라 발생한 두 번의 충돌 때문이었을지 아무도 모른다.

천왕성의 두 극지방 중 하나의 표면에 있다고 상상해보자. 우리가 봄과 여름이라고 부르는 기간에는 오랜 시간 태양 쪽을 향해 있다. 머리 바로 위에 태양이 있는 것이다. 지구에서는 열대 지방에나 가야 경험하는 일이다. 그런데 각 계절이 3개월씩 지속되는 우리 행성과는 달리 이곳 천왕성의 한 계절은 21년이다! 천왕성의 극지방에서는 몇 년 동안 지평선 위로 매우 높게 뜬 태양 아래 살고, 적도 지역에서는 약 8시간 반마다 태양이 뜨고 지는 것을 보게 된다. 천왕성의 1년이 지나가면 적도 지역에서는 지구의 적도 부근처럼 태양이 매일 기세 좋게 타오르는 게 보일 테고, 반대로 극지방에서는 끝이 없을 것 같은 어둡고 추운 밤이 42년 동안 지속된다.

그러니까 천왕성 자전축의 급한 기울기와 궤도 운동이 결합되어 계절이 아주 길어지고 기후가 극단적으로 바뀐다. 지구에서는 몇 년마다 천왕성의 한쪽 극지방과 다른 쪽 극지방이 번갈아 보이는데, 이 때문에 천왕성 대기의 역학을 이해하기가 어렵다.

얼음행성 천왕성이 특별한 이유

초이온 얼음superionic ice은 태양계, 어쩌면 우주 전체에서 가장 흔한 물의 형태다. '얼음'이라는 단어를 들으면 냉동실의 각얼음부터 우박이나 눈송이, 빙하나 빙산 등 지구에 있는 얼음의 여러 형태를 떠올린다. 고체 상태의 물은 일반적으로 표준 대기압(1기압)에 기온이 섭씨 0도 이하로 떨어질 때 형성된다. 이렇게 액체 상태에서 고체 상태로 바뀌듯이 한 상에서 다른 상으로 바뀌는 현상을 상전이phase transition라고 한다.

에스키모는 눈을 가리키는 단어를 여러 개 사용한다. 에스키모-알류트계 언어에서는 기본 개념의 어근에서 나온 용어들이 결합해 많은 복합어가 만들어진다. 그렇게 단어 '눈'의 어근에서 '공기 중의 눈' '땅에 떨어진 눈' '내리는 부드러운 눈송이' '눈더미' '이글루를 짓기 위한 눈' 등 여러 단어가 생겨난 것으로 보인다.

에스키모에게 이 단어들이 '눈'으로 만들어진 '무언가'를 표상하는 것이라면, 물리학자들에게 얼음은 그와 다르다. 일반적인 물 얼음은 투명한 고체 결정체이며, 액체 상태의 물에 뜰 정도로 밀도가 낮고 만지면 당연히 차갑다. 하지만 까맣거나 뜨거운 얼음 또는 까만색이면서 뜨거운 얼음도 존재한다. 초이온 얼음이 그중 하나다. 물리학자는 초이온 얼음을 '얼음 XVIII'로 분류한다. 다른 물 얼음의 형태가 적어도 17개는 더 있다는 의미다. 지구에서 발견되는 물 얼음은 눈, 우박, 칵테일의 각얼음, 빙산 등 모두 모양은 달라도 '얼음 I'로 분류된다. 가장 흔한 유형이며 '얼음 Ih'라고 알려진 육각형 형태의 결정이다(h는 '육각형hexagonal'을 의미한다). 정육면체 결정 구조로 상층 대기에만 있는 것은 '얼음 Ic'다. 다른 모든 종류의 얼음은 실험실에서 다양한 온도와 압력 조건에서 만들어졌다. SF소설을 좋아하는 사람들을 위해 덧붙이자면, 커트 보니것Kurt Vonnegut의 소설 《고양이 요람Cat's Cradle》에 나오는 '아이스 나인Ice-nine'은 물리학자들이 분류한 '얼음 IX'와는 전혀 관계가 없다!

얼음 XVIII의 존재는 30년도 더 전에 이탈리아인 피에르프랑코 데몬티스Pierfranco Demontis의 컴퓨터 시뮬레이션 덕분에 이론적으로 예측되었다. 하지만 실제로 실험실에서 만든 것은 2018년이다. 이 얼음은 우리가 생각하는 투명하면서 차가운 일반적인 얼음과 다르게 검은색을 띠며 뜨겁다. 그러니까 얼음 XVIII은 일반적인 얼음인 얼음 I뿐 아니라 다른 모든 얼음과 결정 구조부터 아주 다르다. 얼음 I에서 얼음 XVII까지는 산소 원자 1개에 수소 원자

2개가 연결되어(화학식이 H_2O) 이루어진 물 분자가 고스란히 있지만, 얼음 XVIII의 구조는 완전히 다르다. 얼음 XVIII에서 산소 원자들은 정육면체의 모든 면 중앙에 하나씩 붙은 채로 입방격자cubic lattice를 따라 배열되어 있다. 그리고 수소 원자 또는 핵은 이 격자를 따라 자유롭게 움직인다. 이런 조건이라면 얼음 XVIII이 금속과 비슷하다고 생각할 수 있지만, 금속에서 격자를 따라 자유롭게 움직이는 것은 수소 원자가 아니라 전자다. 얼음 XVIII에서는 수소 핵이 양전하를 띠고(결국 단순한 양성자다), 전자 구름은 산소 원자 주위에 모여 있으므로 음전하를 띤다(격자의 모든 원자가 전하를 띠기 때문에 '초이온'의 속성이 만들어진 것은 절대 아니다). 다시 말해 이 이상한 조건에서 물의 일부는 산소 원자의 단단한 격자인 고체이고, 일부는 자유롭게 흐르는 수소 핵 바다인 액체인 동시에 금속처럼 전기 전도체다!

이 시점에서 질문이 하나 떠오를 수도 있다. 이 모든 추론이 천왕성과는 무슨 관련이 있다는 말인가? 천문학에서는 종종 목성, 토성, 천왕성, 해왕성을 거대 가스행성으로 분류한다. 어떤 측면에서는 이 분류가 옳다. 표면에 딱딱한 지각이 있는 지구형 행성(수성, 금성, 화성 그리고 당연히 지구)과는 다르게, 이들은 아주 두꺼운 가스층으로 둘러싸여 있기 때문이다. 이 행성들은 아주 안쪽만 액체나 고체 위상의 물질로 구성되어 있다. 하지만 천왕성과 해왕성은 엄밀히 말해서 목성, 토성과는 다르다. 지구형 행성들보다는 크지만, 진정한 거대 가스행성들과 비교하면 천왕성과 해왕성은 화학적 조성이 다르고 훨씬 작다. 이들 내부의 압력과 온도 조건이 매우 달라서 목성에서 발견된 금속성 수소와는 다른 물질이 생성된다는 뜻이다. 천왕성과 해왕성의 깊숙한 내부에서는 물, 암모니아, 메탄의 이상한 상전이가 일어날지도 모른다.

많은 행성학자가 천왕성과 해왕성의 특정 깊이에 초이온 얼음을 생성하는 데 필요한 압력 조건이 있을 거라고 기대하며, 이 행성들을 구성하는 요소에 대한 수수께끼를 풀고 싶어한다. 그들의 예측에 따르면 두꺼운 가스층 아래 특정 지점에는 액체층이 있고, 층과 층 사이에 뚜렷한 경계가 없기는 하지만 더 아래로 내려가면 초이온 얼음층을 발견할 수 있을 것이다. 일부는 고체, 일부는 액체이며, 이 행성 부피의 대부분을 차지하는 것 말이다. 마지막으로 중심부에는 바위로 된 핵이 있을 것이다. 물론 암모니아와 메탄이 섞인 상태에서도 초이온 얼음이 형성될 수 있는지는 의문이다. 앞선 실험실에서 생성된 것은 순수한 물 얼음이다.

이러한 발견이 이 행성들을 이해하는 데 중요한 진전이었음은 분명하다. 이제는 이들을 단순히 거대 가스행성으로 분류하는 대신, 거대 얼음행성 또는 얼음 거인ice giant으로 분류하는 것이 더 적절해 보인다. 일반적으로 이 분류에는 주로 물, 메탄, 암모니아로 이루어진 거대한 행성이 포함된다. 물, 메탄, 암모니아는 목성형 행성이라고도 하는 거대 가스행성을 구성하는 주요 물질인 수소와 헬륨보다 휘발성이 약하지만, 지구 지각에 풍부한 규산염과 지구 핵에 있는 철과 니켈 등보다 가볍다. 사실 과학자들은 상식을 뒤엎는 것에 재미를 느낀다. 실제로도 초이온 얼음을 압력이 높아서 밀도가 높고 뜨거운 액체 또는 고체 혼합물이라고 부르며 재밌어한다. 더 나아가 이 얼음을 '물, 메탄, 암모니아 그리고 중간 무게의 분자 같은 다른 물질이 액체, 고체 또는 둘 다 조합된 위상으로 행성 내부에 존재하는 것'이라고 설명하기도 한다.

이 특별한 얼음은 태양계에 있는 2개의 거대 얼음행성뿐 아니라 다른 외행성계에 있을 많은 얼음행성에도 존재한다고 생각된다. 우리에게 가장 가까이 있어서 연구하기가 좀 더 쉬운 거대 얼음행성인 천왕성과 해왕성을 연구해야 하는 이유다. 하지만 현재로서는 세계 여러 나라의 우주국들이 이 행성에 대한 연구프로젝트를 계획하는 데 관심이 없는 것 같다.

초이온 얼음은 앞서 살펴본 이상한 자기장 문제를 설명할 수도 있다. 초이온 얼음을 만들어내는 건 산소 원자의 단단한 격자 내부에서 움직이는 수소 핵인 양성자의 바다다. 그런데 이런 움직임으로 생성되는 전류는 태양계의 다른 모든 행성에서 관찰되는 쌍극성(행성 지리상의 극지방에서 멀지 않고 뚜렷하게 자기를 띤 북극과 남극이 있다) 자기장과는 완전히 다른 자기장의 근원이 될 것이다. 쌍극성 자기장은 '다이너모효과dynamo effect', 곧 행성이 자전하면서 순환하는 깊은 유체층이 만들어내는 전류로 인해 발생한다. 지구

자기장이 대표적인 예다. 반면 천왕성과 해왕성의 자기장은 아주 조밀하고 복잡하며 자기극들이 지리상의 극지방과는 아주 멀기 때문에, 이 행성들의 자전축에서 완전히 벗어나 있다. 이런 자기장은 다이너모효과로 형성될 수 없다. 적어도 지구에서 일어나는 다이너모효과와는 다르다.

거대 얼음행성의 자기장을 생성하는 건 전도성 유체층일 것이다. 다만 얼음행성 표면에서 관찰되는 자기장과 자기 현상을 만들어낼 정도로 너무 깊지 않은 층이어야 한다. 초이온 얼음이 아니라면 이 역할을 더 잘 해낼 수 있는 구조가 과연 있을까? 이는 다른 행성들에서는 오직 극지방 가까이에서만 볼 수 있는 오로라가, 천왕성에서는 흥미롭게도 모든 위도에서 보이도록 발생하는 원리와도 연결된다.

천왕성의 또 다른 볼거리, 고리

태양계에서 고리를 가진 유일한 행성이 토성은 아니다. 천왕성과 해왕성에도 고리가 있다. 천왕성의 고리는 우연히 발견되었다. 1977년 3월 10일, 천왕성은 별 하나를 엄폐occultation하려던 참이었다. 다시 말해 자신보다 멀리 있는 별을 천왕성이 가리는 중이었다. 이때 엄폐가 일어나기 전에 별빛이 여러 번 '반짝였다'. 게다가 엄폐 이후에도 대칭적으로 여러 번 반짝였다. 일련의 촘촘한 고리들이 이 별빛을 반복적으로 차단한 것이다.

2년 후에는 목성의 엷은 고리가 발견되었다. 보이저 1호가 찍은 사진에서 겨우 모습을 드러낸 것이다. 1989년에는 보이저 2호가 해왕성의 고리를 가까이에서 확인했다. 지구에서 관측하면 해왕성의 고리는 희미한 아치 모양으로만 보인다. 지구에서 빛나는 물질이 모인 것처럼 보이는 아치가 보이저 2호의 사진들 덕분에 완전한 원을 이루고 있다는 사실이 밝혀졌다.

다른 행성 주위에서도 고리를 찾으려고 시도했지만 성공하지 못했다. 천문학자들은 소행성대보다 공전궤도가 작은 내행성inner planet 주변에 위성의 수가 많지 않다는 사실이 고리가 없는 이유와 연관이 있다고 생각했다. 어쩌면 이것이 우리 행성계에서 크기가 아주 다양한 위성들로 둘러싸인 거대 가스행성에만 고리가 있는 이유일 것이다. 하지만 이 가설은 2개의 소행성(커리클로Chariklo, 키론Chiron)과 왜소행성(하우메아Haumea 등) 주위에서도 고리가 관찰된다는 사실로 부분적으로 반증되었다.

특정 크기의 천체가 자신의 온전한 상태를 손상시키지 않고 궤도를 돌 수 있는 최소 거리가 '로슈한계'라는 걸 기억해보자. 지구로부터 안전한 거리에서 궤도를 그리며 돌고 있는 달은 중간 크기의 위성이라서 지구의 로슈한계 너머에 있기 때문에 손상되지 않는다. 천왕성에도 서로 충돌해서 파괴되었거나, 행성에 너무 가까워지면서 그 중력으로 생성된 조석 현상 때문에 파괴된 위성이 있을 수 있다. 그 위성의 파편들이 고리를 형성한 것이다.

하지만 어떤 행성이든 고리의 기원에 대해서는 여전히 논쟁이 이어지고 있다. 무엇보다도 눈에 띄게 빛나는 것은 토성의 고리가 유일하다. 목성의 고리는 좀 더 어둡고 붉으며, 천왕성과 해왕성의 고리는 사실상 무색이고 아주 어둡다. 관측 결과에 따르면 천왕성의 고리를 이루는 물질은 석탄처럼 어두운 색이라고 한다. 이런 사실들은 고리의 진화적 양상이 각각 다를 수도 있음을 시사한다.

겉으로 보기에 천왕성의 고리는 목성의 고리와 많이 달라 보이지 않는다. 하지만 목성의 고리와는 다르게, 아주 미세한 먼지와 길이가 몇 미터에 이를 정도로 상당히 큰 파편이 섞여 있다. 현재 천왕성에는 총 13개의 고리가 있다고 알려져 있다. 안쪽 고리 11개는 모두 최대 너비가 몇 킬로미터로 아주 얇고, 가장 빛나는 고리는 가장 바깥에 있다. 바깥 고리 2개는 2005년에 허블우주망원경으로 발견되었다. 이들은 천왕성으로부터 아주 멀리 떨어져 있는데, 좀 더 넓고 색깔도 있다. 안쪽 고리는 불그스름하고, 바깥쪽 고리는 하늘색인데 얼음과 물 때문에 그렇게 보이는 것 같다. 얼음 파편들은 고리 근처에서 궤도를 돌고 있는 한 위성의 표면에서 나왔을 것이라고 한다.

천왕성은 토성 다음으로 발견된 두 번째 고리 행성이다. 이는 토성뿐 아니라 다른 행성에도 고리가 있다는 가능성을 시사한다

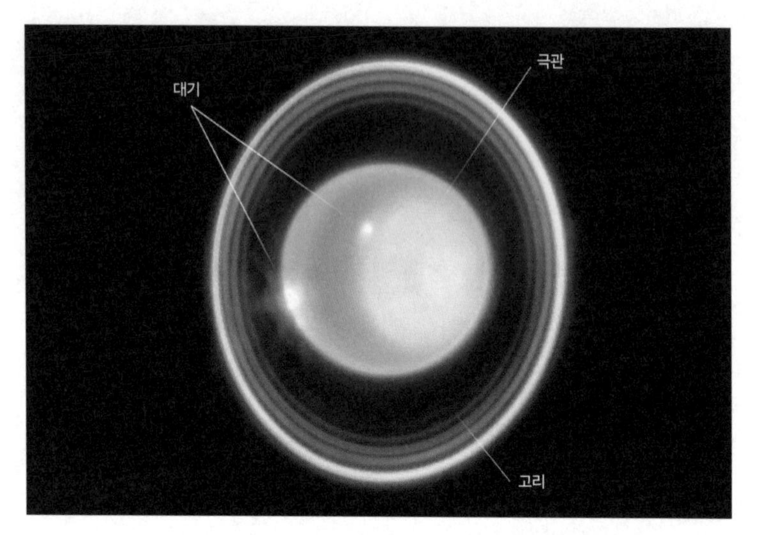

그림 7-2 제임스웹망원경이 촬영한 천왕성의 고리와 대기

는 점에서 아주 중요했다. 실제로 이 가능성은 목성 고리를 발견하고 해왕성 고리를 관측하면서 증명되었다.

그런데 행성의 고리들은 영원히 유지될까? 안타깝게도 대답은 '아니오'다. 태양계 일부 행성의 주위에 있는 고리를 관찰하려면 운이 좋아야 한다. 행성 고리 내부에 끊임없이 수많은 충돌이 일어나면서 에너지가 흩어져 사라질 뿐 아니라 파편이 점점 더 작아진다. 토성의 고리처럼 거대하다면 오래 지속될 수 있겠지만 고리의 수명은 무한하지 않다. 어쨌든 걱정하지 마라. 여러분이 천왕성과 해왕성의 고리를 볼 수 있는 시간은 아직 충분하다!

우주에서 영국 문학 탐미하기

새로 발견된 천체에 이름을 붙이는 일은 결코 간단하지 않다. 이제는 IAU가 몇 가지 규칙을 정했지만, 과거에는 다양한 방식과 배경에 따라 이름을 붙였다. 천왕성처럼 천체를 발견한 사람이 항상 이름을 짓는 것은 아니다. 올림포스의 신들과 그들의 친척, 친구, 지인, 심지어는 인간까지 모은 이름의 수가 아무리 많아도 분명 언젠가는 동난다. 물론 그리스·로마 신화의 등장인물은 어른과 아이에 주변 인물까지 포함하면 무수히 많지만, 항상 이 신화에서 이름을 고른 것은 아니다. 천체에 붙일 만한 신들의 이름이 충분했을 때도 말이다.

1787년, 또다시 허셜이 천왕성의 위성을 발견했다. 이 위성에는 윌리엄 셰익스피어William Shakespeare의 희극에 나오는 두 등장인물, 오베론과 티타니아의 이름을 붙였다. 이들은 희곡 《한여름 밤의 꿈A Midsummer Night's Dream》에 나오는 요정들의 왕과 왕비다. 연이어 발견되는 천왕성의 위성에 두 영국 작가 셰익스피어의 작품과 알렉산더 포프Alexander Pope의 시 〈머리타래의 겁탈The Rape of the Lock〉에 나오는 인물의 이름을 붙이자고 제안한 사람 역시 허셜이었다. 그의 제안에 따라 1851년 영국의 천문학자 윌리엄 라셀William Lassell이 발견한 2개의 위성에도 포프의 시에 나오는 아리엘Ariel과 움브리엘Umbriel의 이름이 붙었다(아리엘은 셰익스피어의 《폭풍우The Tempest》에도 등장한다). 이 두 이름은 라셀의 요청에 따라 윌리엄 허셜의 아들인 존 허셜이 제안했다. 천왕성의 다섯 번째 위성은 1948년에 발견되었다. 네덜란드 천문학자 제러드 카이퍼Gerard Kuiper가 처음 관측했으며, 이 위성에는 《폭풍우》에 나오는 또 다른 인물인 미란다Miranda의 이름이 붙었다. 이제 천왕성 위성 가족은 그 구성원이 27개에 이르는데, 이들의 이름은 모두 허셜의 뜻에 따라 셰익스피어의 작품과 포프의 시에서 따왔다. 모두 코델리아Cordelia, 오필리아Ophelia, 크레시다Cressida, 데스데모나Desdemona, 줄리엣Juliet 등 흥미롭고 유명한 이름이다. 이 중 코델리아와 오필리아 등 일부는 양치기 위성이기도 하다.

이렇게 셰익스피어 작품의 등장인물 사이를 비행하다 보면 《햄릿Hamlet》의 독백을 낭송하고 싶다는 괴상한 생각이 들 수도 있다. 진짜 이런 생각이 든다면 가이드의 조언에 귀를 기울여라. 그들은 이런 상황에도 대처하도록 완벽하게 훈련받았다. 처음에는 같이 우주버스를 탄 동지들도 좋아할지 모르지만, 계속 낭송한다면 그들도 지루해하리라. 그렇게 먼 거리에서는 여러 SF소설에서 묘사되는 단절감이 고립과 향수병 때문에 악화되어 겉으로 드러날 수 있다. 조용한 승객이 무자비한 살인자를 연기하는 배우로 바뀌는 건 한순간이다!

5개의 주요 위성은 잠깐 들르기만 해도 방문할 만한 매력이 있다. 위성에서 감상하는 천왕성은 정말로 찬란하다. 반면 고리들의 경관은 생각보다 덜 멋있을 것이다. 고리들은 칙칙하고 어두운 회색에 유령 같은 모습인데다, 두께가 거의 없이 얇아서 관찰하기가 아주 어렵기 때문이다. 게다가 위성과 고리가 같은 면에서 궤도를 공전한다는 것도 생각해야 한다. 이 때문에 실제로는 고리들의 가장자리만 보인다. 이 밖에도 천왕성계에서 돌아다니는 건 좀 더 춥고, 더 칙칙하고, 더 깜깜한 토성을 방문하는 것과 비슷하지만 이 때문에 재미가 덜하지는 않다. 무엇보다 천왕성을 마주하지 않고서는 태양계 마지막 행성인 해왕성 모험을 비롯해 다른 어떤 모험도 해낼 수 없을 것이다.

태양계 행성여행의 종점에서

해왕성Neptune

행성

발견: 위르뱅 르베리에와 요한 갈레

발견일: 1846년 9월 23일

질량: 지구의 17.15배

평균 반지름: 24,622km

유효 온도: -220℃

하루의 길이: 16.11시간

1년의 길이: 지구의 164.88일

위성의 수: 14개(확인된 것)

행성의 고리계: 있음

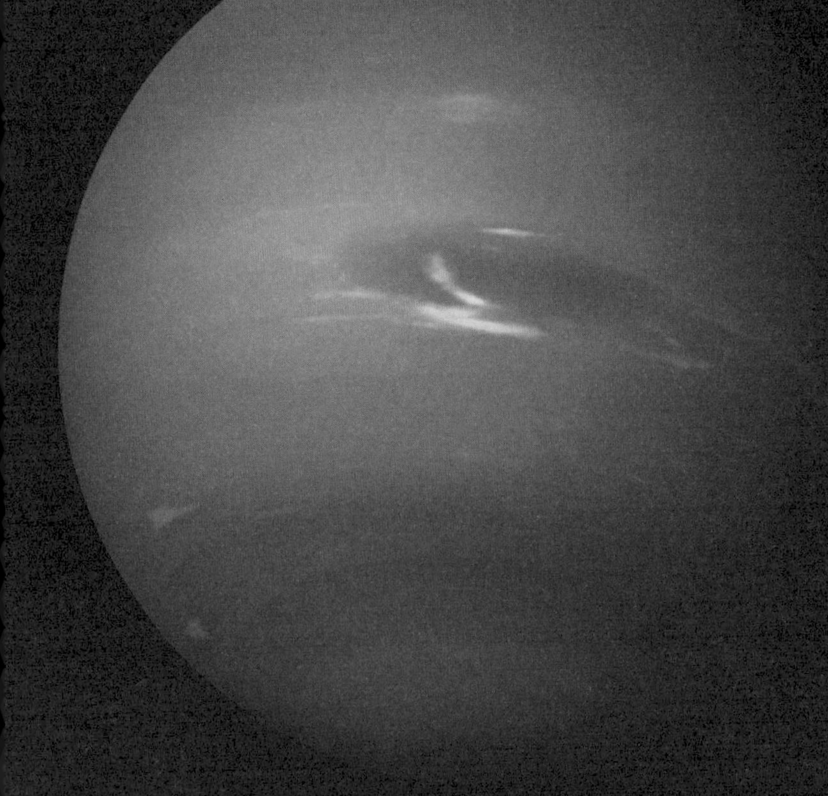

해왕성은 모든 행성여행의 종점이다. 로마신화 속 바다 신의 이름을 딴 이 행성은 현재 태양 주위 궤도를 도는 행성 중 가장 멀리 있다. 지구로부터 45억 킬로미터 이상 떨어진 이곳까지 오는 여행자들은 아직 극소수에 불과하다. 그들은 태양계의 경계에 도달해보려는 욕망 때문에 움직였는데, 사실 진짜 경계는 훨씬 더 멀다.

해왕성에서 보는 풍경은 아주 인상적이다. 가장 가까운 행성인 천왕성과의 거리는 이 두 행성의 궤도가 가장 가까워질 때도 15억 킬로미터에 이른다. 지구가 태양으로부터 떨어져 있는 거리의 10배다. 다른 쪽으로 시선을 돌리면 명왕성과 왜소행성 몇 개가 있고, 무엇보다도 크기가 다양한 많은 '암석'을 볼 수 있다. 이들은 바로 그 위치 때문에 해왕성바깥천체Trans-Neptunian objects, TNOs라고 한다. TNOs 중에는 어쩌면 그 악명 높은 행성XPlanet X가 숨어 있을지도 모른다. 많은 사람이 존재한다고 생각하고 이 외딴 지역을 수십 년 동안 관찰하고 연구했지만 아직 아무도 발견하지 못한 행성 말이다. 해왕성 너머로 나아가면, 천체와 천체 사이는 매우 넓어지며 궤도 공전 시간은 극도로 길어지고 태양 빛은 점점 약해진다. 그렇지만 이처럼 먼 거리에서도 하늘에서 아주 밝게 빛나는 천체는 여전히 많다.

책상에서 예측된 행성

자부심이 있는 우주여행자라면 해왕성의 발견과 관련된 사건을 알고 있을 것이다. 아주 신기하면서 호기심을 자극하며 지정학적 의미도 있는 이야기다. 이 이야기에는 영국에 대항해 독일과 동맹을 맺은 프랑스가 나온다. 현대 유럽의 프랑스-독일 우정의 전조라고 볼 수 있다. 이들의 우정은 유럽연합European Union, EU 내 상호 이해를 통해 강화되었다. 또한 2016년 영국에서 실시된 국민 투표 결과에 따라 영국이 2021년 EU에서 탈퇴하는 길고 고통스러운 브렉시트Brexit 과정에서 더 돈독해졌다.

천왕성을 발견한 이후 천문학자들은 뭔가 이상하다는 걸 깨달았다. 천왕성 궤도를 계산한 수치가 관측 결과와 달랐기 때문이다. 천왕성의 발견 이전, 그러니까 천왕성이 행성으로 알려지지 않고 단순히 고정된 항성으로 불릴 때의 관측 기록까지 복원해서 측정했지만 마찬가지였다. 천왕성은 항상 계산한 위치와 다른 곳에 있었다. 계산이 틀린 것도 아니었다. 알려진 다른 모든 행성의 위치를 정확하게 예측하는 계산식을 활용했으니까.

그렇다면 이 계산식에 적용된 뉴턴의 만유인력의 법칙과 케플러의 그 유명한 세 가지 법칙이 틀린 것일까? 케플러는 1609년에 제1법칙, 제2법칙을, 1619년에 제3법칙을 발표했다. 뉴턴은 이후 《자연철학의 수학적 원리Philosophiae Naturalis Principia Mathematica》에 기술했듯이 이 세 법칙을 자신의 운동법칙과 만유인력의 법칙으로 증명했다. 1687년 영국 왕립학회에서 출간된 이 책은 고전 물리학의 기본 원리(역학, 유체 역학, 중력)를 정확하게 소개했다.

결론적으로 적용한 수학과 물리학 계산방식이 틀리지 않았지만, 천왕성은 여전히 계산된 지점보다 항상 조금 더 가깝거나 조금 더 먼 곳 또는 조금 더 앞쪽이나 뒤쪽에 위치했다. 이를 토대로 천문학자들은 이 행성의 궤도 운동을 변화시키는 행성 크기의 다른 천체가 있다고 생각했다. 너무 멀어서 아직 알려지지 않은 천체의 중력이 천왕성의 궤도를 교란한다고 추측한 것이다.

컴퓨터도 심지어 탁상용 계산기도 없던 19세기 중반에 두 사람이 작은 책상에서 종이와 펜으로 계산을 시작했다. 그 불가사의한 행성이 어디에 있는지 알아내기 위해 각각 다른 지역에 살던 두 사람이 동시에 말이다! 파리천문대에서 일하던 프랑스 수학자 위르뱅 르베리에와 케임브리지에 있는 세인트존스칼리지에서 조교로 있던 영국 수학자 존 애덤스John Adams였다. 영국에서 가장 권위 있는 수학상 중 하나인 애덤스상Adams Prize은 그의 명예를 기려 만들어졌다.

막 대학을 졸업한 젊은 애덤스는 내성적인 성격이었다. 그리고 초기에는 안타깝게도 그의 직속상관이었던 케임브리지천문대의 천문학자 제임스 챌리스James Challis와 그리니치천문대 대장이자 일곱 번째 왕립 천문학자 조지 에어리George Airy의 관심을 받지 못했다. 에어리는 학문적으로 수많은 공적을 세웠지만 새로운 행성을 발견하지는 못했다. 두 상관은 프랑스에서 애덤스와 같은 계산을 하고 있다는 소식을 들은 후에야 애덤스의 계산이 중요하다는 것을 깨달았다.

그러나 그때는 너무 늦었다. 좀 더 의욕 있고 적극적이던 르베리에는 자신의 예측이 프랑스 천문학자들의 흥미를 끌지 못한다는 사실을 눈치채고 당시 베를린천문대에서 근무하던 독일 천문학자 요한 갈레Johann Galle에게 연락했다. 영국과 프랑스의 천문학자들과는 다르게, 독일 천문학자 갈레는 그 예상 위치에 관한 정보를 받자마자 제자 하인리히 다레스트Heinrich d'Arrest의 도움을 받아 새로운 행성을 추적할 정도로 르베리에가 계산한 결과를 중요하게 여겼다.

르베리에의 편지는 1846년 9월 23일 오후에 도착했다. 갈레와 다레스트는 바로 그날 밤, 망원경으로 보던 하늘과 가장 최근의 천체 지도에 기록된 내용을 비교하며 프랑스 수학자가 예측한 위치 주위로 하늘을 관찰하기 시작했다. 탐색을 시작한 지 30분 후, 르베리에가 해왕성의 위치라고 표시한 지점으로부터 각도가 0.5도도 차이 나지 않는 지점에서 그들은 지도에 기록되지 않은 천체를 발견했다. 1846년 9월 24일 자정이 막 넘은 시간이었다. 다음 날 밤 그들은 그 천체가 전날 밤 기록한 위치에서 움직인 것을 확인했다. 르베리에가 예측한 그 행성은 실제로 존재했다!

이 소식은 영국 천문학자들에게 끔찍한 패배로 다가왔다. 이 발견이 공식적으로 인정된 후에야, 챌리스는 애덤스가 제공한 지표에 따라 자신도 8월에 해왕성을 관찰했다는 사실을 깨달았다. 하지만 챌리스는 최신 천체 지도를 갖고 있지 않았기 때문에 그것이 그가 찾던 행성인지 알아채지 못했다. 애덤스는 르베리에보다 실제로 먼저 계산했고, 영국 과학자들은 뒤늦게 이 발견의 공헌을 애덤스에게 돌리려고 했다. 하지만 르베리에가 먼저 발표했고, 전적으로 르베리에의 계산을 토대로 갈레가 망원경으로 관측해서 발견한 것이기 때문에 애덤스는 르베리에와 갈레의 발견임을 공식적으로 인정했다. 단순히 다른 행성을 관측한 결과를 바탕으로 어떤 행성의 존재를 예측할 수 있음을 보여준 이 발견은 만유인력의 법칙을 성공적으로 적용한 결과였다. 같은 해에 영국 왕립학회는 르베리에에게 가장 권위 있는 과학상인 코플리 메달Copley Medal을 수여했다.

태양계에서 새로운 천체가 발견되면 천문학자들은 일반적으로 프리-커버리pre-covery* 관측을 한다. 이는 천체를 발견하기 전에 그 물체가 찍힌 사진이나 사진건판에서 그 천체의 모습을 찾는 과정이며, 보통 정확한 궤도를 계산하기 위해 진행된다. 이 과정에서 소행성이 자주 발견되며, 때로는 혜성이나 왜소행성, 자연위성, 변

* 영어 'pre-discovery recovery(사전발견 회복)'를 줄인 말.

광성도 오래된 사진 자료에서 발견되곤 한다. 최근에는 외행성의 프리-커버리 관측 자료도 입수되었다. 천문학자들은 '프리-커버리'와 '리커버리recovery'도 정확하게 구분한다. '프리-커버리'는 발견 전의 사진이고, '리커버리'는 없어졌던 천체(예를 들면 태양 뒤에 숨어서 안 보였던 경우)가 다시 보이는 위치로 돌아와 재발견되는 것이다. 실제로 천문학자들이 소행성이나 혜성을 시야에서 놓쳤다가 다시 발견하는 경우는 많다.

자, 흥미롭게도 해왕성을 최초로 관찰한 사람은 또다시 갈릴레오 갈릴레이다. 1612년 12월 28일 밤, 갈릴레이는 그의 최초 망원경 중 하나로 목성을 관찰하고 있었다. 몇 년 전 자신이 발견한 목성 위성들의 움직임을 연구하기 위해서였다. 그는 노트에 목성 근처 배경에 있는 어떤 별을 기록했다. 한 달이 지나고 1613년 1월 27일, 이 피사의 천문학자는 다시 목성을 관찰했고, 접안렌즈 범위에 있는 위성들을 제외한 어떤 별의 존재를 다시 한 번 기록했다. 안타깝게도 그 시기에 해왕성은 매우 느리게 움직였기 때문에 갈릴레이는 이 별이 움직이는 천체라는 것을 알아차릴 수 없었다. 일부 학자들은 갈릴레이가 그 빛나는 작은 점이 조금 움직였다는 것을 분명히 인식했지만, 행성을 발견했다는 걸 알아차릴 만한 결정적인 증거가 없었다고 말하기도 한다. 결국 인류는 두 세기 이상을 기다려서야 해왕성을 발견했다.

그런데 가볼 만한 가치가 있을까?

우주여행자들에게 해왕성이라는 목적지는 경계와 동의어다. 해왕성은 우리 행성계에서 헤라클레스의 기둥Pillars of Hercules*이다. 70년 이상 행성으로 간주된 명왕성을 포함해 해왕성 너머에 있는 모든 것은 나머지 천체들이다. 궤도가 중심에서 벗어나고 기울어졌으며 극도의 주변부에 있는 대부분의 천체는 태양계에서 만들어진 물질의 잔해다. 2019년 미국의 제임스 그레이James Gray 감독이 연출한 줄거리나 과학적인 면 모두 다소 논쟁거리인 《애드 아스트라Ad Astra》 같은 SF영화에서도, 해왕성은 인간이 사는 마지막 전초지가 궤도를 돌고 있는 행성으로 그려진다.

경험이 많지 않은 여행자라면 해왕성이 특별할 것 없는 행성이고, 또 멀리 떨어져 있어 도달하기만 더 어려운 곳이라고 생각할 수도 있다. 태양계의 여덟 번째 행성인 해왕성은 천왕성보다 거대하고 밀도가 높지만 거대 얼음행성이라 구조적으로는 천왕성과 크게 다를 것이 없다. 하지만 해왕성에는 주목할 만한 몇 가지 특성이 있다.

태양으로부터 떨어진 거리는 대개 행성 표면인 대기의 가장

* 대서양과 지중해의 경계인 지브롤터해협 어귀에 있는 바위다. 당시 한 바위가 '세상의 끝'이라고 여겼던 지중해를 빠져나가는 길목을 막고 있었는데, 헤라클레스가 양쪽으로 갈라냈다는 전설에서 유래했다.

바깥층에 도달하는 에너지의 양으로 느낄 수 있다. 그런데 천왕성이 태양에 훨씬 더 가까이 있지만, 해왕성의 태양 복사열과 대기 가스 간에 이루어지는 에너지 교환은 천왕성에서 관찰되는 것보다도 훨씬 더 두드러지는 기후 현상을 촉발한다. 이는 1989년 보이저 2호가 해왕성 상공을 비행하며 밝혀냈고, 현재로서는 그 기록이 이 거대 얼음행성의 유일한 근거리 관측으로 남아 있다.

궤도에서 구르고 있는 천왕성과 달리 해왕성은 자전축의 기울기가 지구, 화성과 아주 비슷하다(조금 더 크다). 그래서 지구와 계절의 흐름이 비슷하다. 각 계절이 40년 이상 지속된다는 점만 빼면 말이다! 해왕성은 태양 주위를 공전하는 데 165년이 조금 못 되게 걸린다. 반면 자전속도는 꽤 빠르다. 해왕성의 하루는 16시간이 조금 넘는다.

해왕성의 대기에는 시속 수백 킬로미터로 이동하는 아주 격렬한 바람이 불어, 대암점Great Dark Spot처럼 상당히 큰 폭풍우가 일어나기도 한다. 대암점은 범위가 수천 킬로미터이고 주변 지역보다 어두운 타원형으로, 보이저 2호가 처음 관측했다. 이어서 허블 우주망원경으로 관측한 자료에서는 보이저 2호가 관측한 남반구의 대암점은 사라지고 북반구에서 새로운 대암점이 관측되었다. 보이저 2호는 대암점 외에도 암점 2Dark Spot 2라는 좀 더 작은 암점과 빠른 속도로 움직이며 빛나는 흰색 구름 덩어리로 이루어진 또 다른 폭풍우도 관찰했다. 이 폭풍우는 빠른 속도 때문에 스쿠터

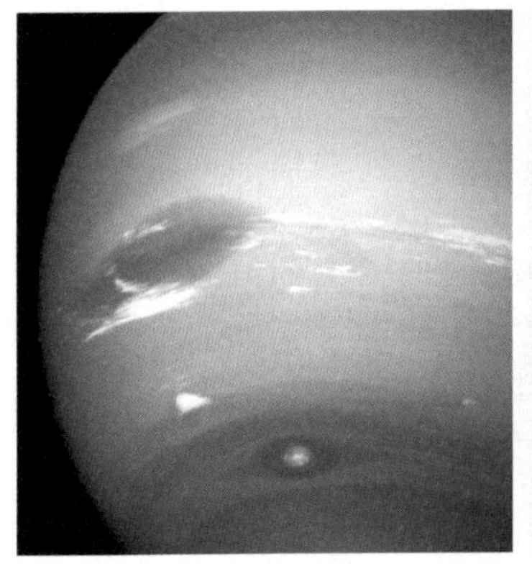
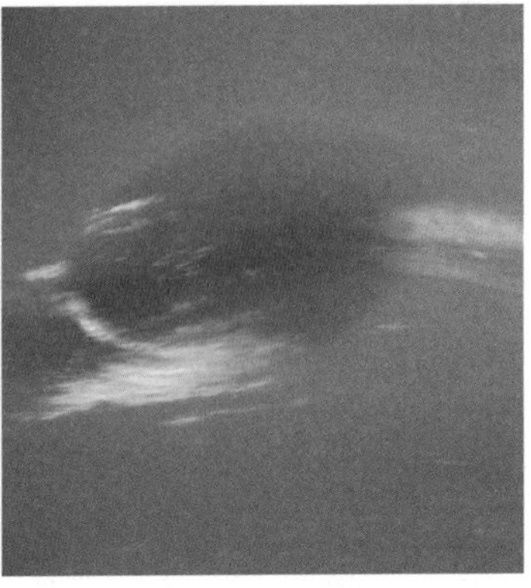

그림 8-1 해왕성의 암점들(좌)과 보이저 2호가 촬영한 대암점(우)

Scooter*라는 이름이 붙었다.

해왕성에서 암점은 계속 새롭게 만들어진다. 몇 년 동안 다른 암점들이 북반구와 남반구 모두에서 관찰되었다. 암점은 항상 대기 깊숙한 곳에서 형성되어 어둡게 보이는 반면, 얼어붙은 메탄 결정이 빛나는 흰색 구름을 만들어낸다. 이러한 암점과 흰색 구름은 해왕성 대기에서 발견되는 전형적인 형상으로, 어떤 우주버스를 타도 볼 수 있다. 암점의 상태는 목성의 대적점만큼 오래 지속되지는 않지만 몇 달 정도는 지속될 만큼 안정적이다.

* 피아지오Piaggio사의 베스파Vespa로, 전 세계적으로 유명하고 널리 판매된 소형 오토바이.

해왕성에는 다이아몬드 비가 내린다?

누구나 해왕성여행 전단지를 훑어만 봐도 강렬하게 아름다운 행성의 푸른색에 눈길이 갔을 것이다. 그건 해왕성의 가장 큰 매력 중 하나다. 태양광이 비추는 해왕성은 우리가 천왕성 주위를 도는 동안 익숙해진 옅은 청록색보다 훨씬 더 밝고 선명하게 빛난다. 지구의 바다를 닮은 푸른색 때문에 해왕성 역시 거대하고 깊은 물의 대양으로 둘러싸여 있다고 생각할 수 있다. 하지만 그렇지 않다. 평균 온도가 섭씨 영하 220도 정도인 해왕성 표면에서 물이 존재할 수 있는 유일한 물리적 상태는 고체인 얼음이다.

푸른 색감은 메탄 때문에 나타난다. 메탄은 태양 복사열에서 빨간색부터 녹색까지의 성분을 흡수하며, 파란색 성분을 거의 반사하고 확산한다. 하지만 이 모든 과정에는 여전히 불가사의한 측면이 있다. 해왕성 대기에 있는 메탄의 비율은 천왕성에서 발견되는 메탄의 비율과 아주 비슷하기 때문이다. 해왕성 대기 상층부의 색감을 바꿀 수 있는 다른 기제가 있어야 해왕성의 선명한 푸른색을 설명할 수 있다.

어쩌면 천왕성과 마찬가지로 해왕성에 있는 메탄이 지구에서는 믿기 어려운 현상을 만들어내는지도 모른다. 바로 다이아몬드 비다! 그렇다, 바로 다이아몬드다. 1980년대 초, 고압의 메탄을 이용해 수행된 몇몇 실험에서 탄소 원자 1개와 수소 원자 4개가 결합된 메탄(CH_4)이 단일 탄소 원자와 수소 원자로 분리될 수 있다는 것을 증명했다. 그렇게 해방된 탄소 원자들은 서로 결합해 다이아몬드를 형성한다. 다이아몬드는 탄소가 만들어내는 형태 중 하나이며, 사면체 구조로 배열된 탄소 원자만으로 이루어진 결정격자다. 탄소의 가장 대표적인 두 형태가 가장 단단한 물질인 다이아몬드와 가장 부드러운 물질인 흑연이라는 점은 참 흥미롭다.

실험실에서 관찰되는 압력과 온도의 조건은 거대 얼음행성의 대기에서도 동일하게 만들 수 있다. 그러나 많은 사람이 이 주장에 회의적이다. 왜냐하면 행성에서는 메탄이 순수하지 않고 다른 분자들과 섞여 있어서, 다이아몬드를 생성하는 분리, 재결합의 화학적 과정이 바뀔 수 있기 때문이다.

하지만 다이아몬드 비 원인 가설은 거대 얼음행성의 대기에서 보이는 몇몇 기제를 설명하는 데 도움이 된다. 바깥층과 좀 더 안쪽 깊은 층 사이의 열 교환 같은 것 말이다. 물론 다이아몬드 비를 맞는 것은 그렇게 안전하지 않다. 비라기보다는 우박에 가깝기 때문이다. 무엇보다 어떤 우주여행사도 해왕성 대기에 들어가는 여행상품을 제공하지 않는다. 다른 거대 가스행성과 거대 얼음행성의 대기처럼 모든 운송수단이 버텨낼 수 없기 때문이다. 갈릴레이호가 2003년 목성 대기에, 카시니호가 2017년 토성 대기에 뛰어들면서 어떤 운송수단이든 가스행성의 구름 사이로 진입하면 얼마 지나지 않아 높은 압력 때문에 가차 없이 부서진다는 걸 알게 되었다. 그러니까 해왕성 대기의 귀한 기념품을 집으로 가져오겠다는 생각은 실현 불가능하다. 다이아몬드를 얻기 위해 누구의 인생도 희생되지 않는다고 확신할 수 있는 좀 덜 비싼 곳으로 향하는 것이 낫다!

포세이돈의 동무들

그리스·로마 신화 신들의 이름을 행성에 붙이던 규칙에 따라 천왕성에 넵튠Neptune이라는 이름을 붙이자고 최초로 제안한 것은 르베리에였다. 영국인은 우라노스와 가이아(대지)의 아들이자 타이탄족 중 한 명인 오케아노스Oceanos를 제안했다. 이후 르베리에는 자기중심적 충동에 사로잡혀 행성에 자신의 이름을 붙이겠다고 생각했다. 프랑스의 누군가는 이 제안을 정당화하기 위해 천왕성 역시 발견자의 이름인 허셜이라고 부르기 시작했지만, 당연히 프랑스를 제외한 다른 나라들에서 이 아이디어를 반대했다. 결국에는 행성의 이름을 붙이는 규칙이 일관성 있게 유지되었다.

해왕성의 발견이 발표되고 며칠 후 확인된 해왕성의 주요 위성에 포세이돈Poseidon의 장남 트리톤의 이름을 붙인 건 우연이 아니다. 1846년 10월 10일 이 위성을 발견한 건 영국 천문학자 윌리엄 라셀이었다. 토성의 위성 히페리온, 천왕성의 위성 아리엘과 움

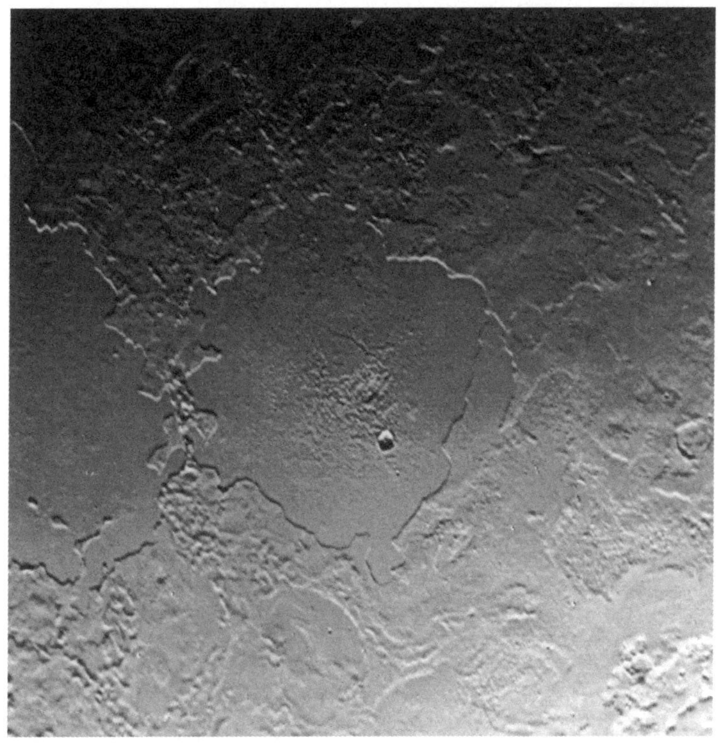

그림 8-2 트리톤의 얼음화산. 투오넬라평원Tuonela Planitia(좌)과 루아흐평원Ruach Planitia(중앙)

브리엘 등 다른 중요한 위성들을 발견한 바로 그 사람이다. 트리톤은 태양계 전체에서 행성 주위를 역행운동으로 공전하는 유일한 역행위성이다. 쉽게 말해 트리톤은 해왕성과 반대 방향으로 움직이는데, 자전주기와 공전주기는 약 6일로 같은 동주기자전을 한다. 보이저 2호는 트리톤 상공을 비행하면서 얼어붙은 질소 망토로 둘러싸여 있지만 지질학적 활동은 활발하며 춥고 황량한 세상을 보았다. 트리톤의 표면에는 액체 질소와 다른 화합물을 분출해 엷은 대기를 생성하는 수많은 얼음화산이 있다. 트리톤 표면의 대부분은 계속해서 새로 형성되기 때문에 상대적으로 젊고 크레이터가 적다. 우리의 행성 지구, 목성의 위성 이오, 토성의 위성 엔켈라두스와 함께 트리톤은 태양계에서 화산활동을 하는 천체다.

우주생물학자의 일부는 트리톤에도 유로파처럼 지하 바다와 수중 생명체가 있다고 추측한다. 어쨌든 우리가 아는 생명체와는 형태가 완전히 다를 것이다. 하지만 이곳의 환경은 앞서 설명한 천왕성의 자기장이 영향을 주는 환경과 아주 비슷하다는 점을 잊지 말자. 트리톤의 환경 역시 이 위성을 덮친 해왕성의 자기장 때문에 더욱더 악화되었다.

이 모든 악조건을 무릅쓰고도 트리톤으로 여행해볼 가치는 있다. 액체 질소가 분출하는 멋진 장면을 가까이에서 볼 수 있기 때문이다! 하지만 질소줄기가 격렬하게 뿜어져 나올 수 있으니 조심해야 한다. 태양계 전체에서 유일한 지질학적 구조가 있는 지역을 방문할 수도 있다. 멜론 껍질처럼 생겨서 칸탈루프지대Cantaloupe Terrain라고 불리는 매우 험한 이 지형에는 돌출부와 함몰지가 빽빽하게 모여 있다. 트리톤의 이 넓은 구역에는 지름이 수십 킬로미터인 크레이터가 여러 개 있는데, 운석 충돌 때문에 생긴 것으로 보이지는 않는다. 모양이 규칙적인 것으로 보아, 가장 안쪽 층에서 더 가벼운 물질들이 표면으로 올라오는 등 위성 내부의 지질활동이나 화산활동 때문에 만들어진 것으로 보는 게 더 적절하다.

트리톤을 떠나기 전에 해왕성을 바라보자. 트리톤에서 해왕성을 향하는 면에 착륙했다면 그곳에서만 보이는 해왕성의 아주 멋진 전망을 즐길 수 있다. 트리톤의 표면에서 관측되는 해왕성의 각지름은 6도나 된다. 반면 지구에서 보는 달의 각지름은 겨우 0.5도를 차지할 뿐이다.

이 위성으로 여행하겠다고 결정하기 전에 적절한 복장이 있는지 확인하라. 평균 온도가 섭씨 영하 240도인 트리톤은 명왕성보다 춥다. 태양계 전체에서 가장 추운 위성 중 하나다! 사실 행성학자들은 트리톤이 해왕성 근처에서 형성된 것이 아니라, 해왕성에 포획된 것이라고 추측할 정도로 트리톤은 명왕성과 많이 닮았고 구성 요소도 비슷하다.

트리톤 외에도 확인된 해왕성의 위성 14개 중 네레이드Nereid와 프로테우스Proteus는 살펴봐야 한다. 1949년에 지구에서 발견된 네레이드는 태양계에 있는 위성 중 궤도의 이심률이 가장 크고, 1989년 보이저 2호가 발견한 프로테우스는 네레이드보다 크지만 관측하기는 더 어렵다. 궤도가 해왕성에 아주 가깝기도 하고 화성의 포보스, 토성의 포이베Phoebe와 함께 우리 행성계에서 가장 어두운 물체로 꼽히기 때문이다.

위성들의 궤도면 위아래로 이동하다 보면 해왕성의 고리도 볼 수 있다. 천문학자들은 해왕성에 주요 고리가 적어도 5개 있다고 했고, 여기에 해왕성과 해왕성 첫 번째 위성의 발견에 공헌한 과학자 다섯 명의 이름을 붙였다. 갈레, 르베리에, 라셀, 아라고Arago, 애덤스다. 그런데 잠깐, 여러분도 침입자를 알아보았는가? 갈레, 르베리에, 라셀, 애덤스는 아는데 아라고는 누굴까?

프랑수아 아라고François Arago는 르베리에가 천왕성에 흥미를 보이기 시작한 시기에 나폴레옹 보나파르트Napoléon Bonaparte 황제가 직접 임명한 파리천문대의 대장이다. 수학자 르베리에에게, 허셜이 발견한 행성의 궤도에서 관찰된 변칙 문제에 관심을 가져보라고 제안한 것도 아라고였다. 19세기 전반 정치인으로서도 프랑스에서 중요한 인물이었던 아라고는 천문학자일 뿐 아니라 수학자이자 물리학자이기도 했다. 아라고의 이력에서 작은 오점은 제자였던 르베리에가 자신의 이름을 당시 막 발견된 해왕성에 붙이자고 제안한 것을 강력하게 지지했다는 점이다. 하지만 천문학계는 끝내 모든 사람이 동의하는 결정을 내렸고, 이제 이 두 명의 프랑스인은 독일인 한 명, 영국인 두 명과 함께 고리의 형태로 해왕성 주위를 평화롭게 돌고 있다. 그런데 이 고리에 이름을 올리지 못한 갈레의 제자 다레스트는 이를 어떻게 생각했을까?

행성에서 탈락한 천체들

명왕성Pluto

왜소행성

발견: 클라이드 톰보

발견일: 1930년 2월 18일

질량: 지구의 0.002배

평균 반지름: 1,151km

유효 온도: -233℃

하루의 길이: 지구의 6.39일(역행운동)

1년의 길이: 지구의 248년

위성의 수: 5개

행성의 고리계: 없음

몇 년 전까지만 해도 천문학 책에는 태양계의 행성이 9개라고 적혀 있었다. 하지만 2006년에 IAU는 명왕성을 왜소행성 등급으로 격하시켰다. 명왕성은 행성이라는 지위를 겨우 76년간 유지했다. 명왕성은 1930년 미국 애리조나주 로웰천문대에서 천문학자 클라이드 톰보Clyde Tombaugh가 발견했다. 순전히 우연이었다. 톰보는 몇 가지 계산을 하면서 자신의 연구 토대를 다지고 있었다. 그의 계산에 따르면 천왕성과 해왕성의 혼란스러운 운동을 고려할 때, 어떤 다른 행성이 이들의 궤도 너머에 있어야 했다. 그 계산은 오류로 밝혀졌지만 어쨌든 행성은 발견되었다.

명왕성이 격하된 이후, 이제 명왕성까지 가는 여행상품을 제공하는 행성여행사는 없다. 거리도 너무 멀고 궤도는 너무 기울어져 있어 도달하기 어렵기 때문이다. 게다가 거기서 볼 만한 게 있기는 할까?

명왕성에 가는 방법

우주모험가들에게 명왕성은 나름의 매력이 있다. 하지만 현재로서 명왕성에 도달하는 유일한 방법은 해왕성의 위성 트리톤에서 우주 미니밴을 빌리는 것이다. 트리톤에는 과도한 할증료 없이 무제한으로 비행 가능한 교통수단 대여소가 있다. 단언하건대 무제한 비행 교통수단은 정말로 유용하다!

다만 천왕성에서 명왕성으로 가는 우주 미니밴을 빌리기 전에, 그 비용이 태양계를 일주하는 여행 경비보다 많이 든다는 걸 알아야 한다. 그리고 미니밴을 대여하기 전에 연료가 가득 충전되어 있는지, 여분의 배터리도 있는지 반드시 확인하자. 이곳에는 빛이 정말로 희박해서 태양광 전지판으로 배터리를 충전하는 것조차 불가능하다. 여러분을 올바른 궤도로 안전하게 안내할 아주 노련한 가이드도 있어야 한다. 그렇지 않다면 태양계 끄트머리에서 길을 잃을 수도 있다.

2006년에 발사되어 2015년에 도착한 NASA의 뉴호라이즌스New Horizons호처럼 태양계를 가로지르는 길고 험난한 여정을 거쳐 명왕성에 가까이 다가가면 작은 창문을 통해 하트 모양으로 넓게 펼쳐진 행성 표면을 볼 수 있다. 행성학자들은 이 먼 천체의 발견자를 기리며 이곳을 톰보지역Tombaugh Regio이라고 부르기로 했다. 이 지역 왼쪽 절반은 스푸트니크평원Sputnik Planitia이라고 한다. 바로 1957년 10월 4일 지구 주위 궤도에 최초로 발사된 소련의 인공위성 스푸트니크Sputnik 1호를 기리는 이름이다.

큰 충격을 받아 형성된 것으로 보이는 스푸트니크평원은 원

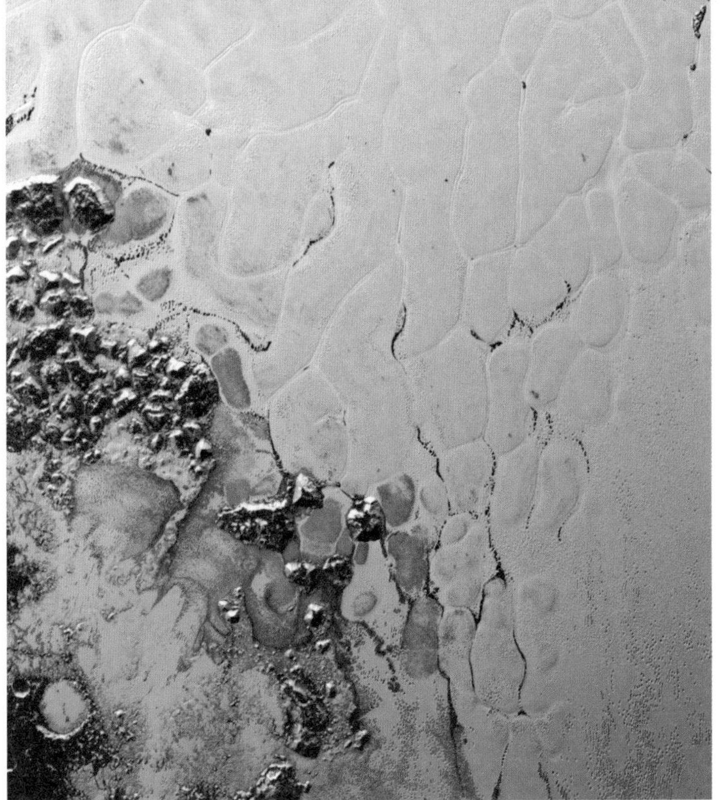

그림 9-1 뉴호라이즌스호가 촬영한 명왕성의 얼음평원(상)과 얼음질소로 뒤덮인 스푸트니크평원(하)

래 깊은 크레이터였을 것이며, 부분적으로 물이 채워져 있었을 것이다. 물은 이 왜소행성의 내부 층에서 나왔을 것이며, 처음에는 액체였으나 곧 빠르게 얼어붙었을 것이다. 지금 이 구역은 명왕성의 표면 대부분과 마찬가지로 얼어붙은 질소로 완전히 덮여 있다. 그런데 여기에는 얼어붙은 질소 외에도 메탄 얼음과 산화탄소 얼음(드라이아이스) 그리고 물 얼음도 있다. 하지만 우리 냉동실에 있는 물 얼음과는 다르다. 이곳의 기온에서는 물 얼음이 강철처럼 단단하고 강하다. 명왕성에는 이런 물 얼음으로 형성된 산맥도 있다. 명왕성 표면을 여행한다면, 미니밴에서 내리자마자 주위를 둘러보라. 여러분을 둘러싸고 있는 산들은 말 그대로 빙산이다. 다만 주위에 바다는 없고 여러 가지 얼음만 있을 뿐이다.

표면에서 얼음의 형태로 발견되는 물질 중 일부는 이 왜소행성을 둘러싼 엷은 대기에도 있다. 바로 질소와 메탄, 산화탄소로, 이 때문에 공기를 들이마실 수 없으며 안개가 낀 것처럼 시야가 흐리다. 명왕성에는 검은 물질이 층을 이루고 있는 안개 때문에 하늘을 제대로 관측할 수 없다. 하지만 이렇게 거대한 암흑 속에서도 직접 바라보면 눈이 멀 정도로 태양은 밝게 보인다. 명왕성에서 바라본 태양은 지구에서 보는 것보다 1,600배 덜 밝지만 지구에서 보는 보름달보다는 250배 더 밝다.

명왕성이 실격된 이유

천문학자들은 순전히 학술적인 이유로 명왕성을 행성에서 실격시켰다. 바로 태양계의 기원과 진화에 관련된 이유로.

먼저 행성으로 인정받기 위해서는 천체가 궤도를 돌고 있는 우주 영역을 지배해야 한다. 이 점은 행성의 형성 과정과 연관되어 있다. 행성은 그들의 태양 주위 경로를 따라 있는 모든 파편(미행성 planetesimal)을 점차 포획하면서 현재의 질량이 된다. 그런데 이 기준은 '성숙기'에 들어섰다고 정의할 수 있는 첫 8개 행성에만 해당되고 명왕성에는 적용되지 않는다. 명왕성의 주변은 무수히 많은 작은 천체들로 붐빈다. 명왕성의 궤도가 다른 모든 행성의 궤도면에 비해 심하게 기울어져 있고 해왕성의 궤도를 가로지를 정도로 이심률이 크며, 때로 해왕성보다 태양에 더 가깝게 위치한다는 사실은 말할 것도 없다.

그래서 명왕성은 광대한 우주의 저편에서 발견된 유일한 행성이라는 이유로 미국 천문학계가 강력하게 반대했음에도, IAU는 투표 결과에 따라 명왕성을 태양계에서 새로운 천체 범주인 왜소행성으로 분류했다.

명왕성에는 5개의 위성이 있다. 그중 1978년에 첫 번째로 발견된 카론Charon이 주 위성이다. 하지만 카론의 반지름이 명왕성 반지름의 절반 정도고, 이 두 천체가 놀랍게도 비슷하다는 점에서 명왕성은 카론의 2배 크기인 왜소행성이라 할 수 있다. 카론으로 여행을 떠나고 싶다면, 조석 현상 때문에 카론과 명왕성이 동주기자전으로 견고하게 연결되어 있다는 것을 알아야 한다. 사실상 명왕성이든 카론이든 자전축 주위를 도는 시간은 공통질량중심common center of mass* 주위를 서로 공전하는 시간과 같다(태양계에서 드문 경우다). 이들의 공통질량중심은 명왕성 바깥에 있다. 카론의 질량이 크기 때문이다. 카론의 질량은 명왕성 질량의 12퍼센트다(달은 지구 질량의 81분의 1, 곧 1.2퍼센트다).

명왕성에서는 카론의 항상 같은 면이, 반대로 카론에서는 명왕성의 항상 같은 면이 보인다. 그러니 가이드에게 명왕성에서 카론이 분명히 보이는 반구로 데려가달라고 해야 한다. 그 광경은 정말로 특별하다. 명왕성에서 볼 때 카론은 보름달보다 8배 더 크게 보인다. 하지만 만카론Full Charon 위상에서 밝기가 최대인 그 빛은 달이 만월일 때 우리 행성에 비치는 빛과는 결코 비교가 되지 않는다. 태양으로부터 엄청나게 멀리 떨어져 있고, 태양 복사열의 아주 적은 양만 겨우 행성 표면에 도달하기 때문이다.

---

* 천체 사이에 작용하는 인력으로 서로가 서로를 공전하는데, 이때 공전하는 그 중심점을 말한다.

명왕성과 디즈니

명왕성 이야기를 하면서 플루토 이야기를 빼놓을 수 없다. 그렇다, 바로 미키 마우스의 충직한 애완견이자 디즈니 만화영화 〈미키와 친구들Mickey Mouse & Friends〉의 유명한 등장인물이다. 일단 플루토를 영어로 Pluto라고 쓴다는 걸 알아야 명왕성Pluto과의 관계를 알 수 있다. 명왕성이 발견되었을 때는 행성으로 생각했기 때문에 당연히 그리스·로마 신화 속 신의 이름을 붙였다. 태양에서 가장 멀리 있는 이 행성에 지하 세계, 곧 저승의 신 이름을 붙이는 것이 적절하다고 생각한 모양이다.

흥미롭게도 플루토라는 이름을 제안한 것은 11세의 영국 소녀 베네시아 버니Venetia Burney다. 그녀의 생각은 영국 천문학자들로부터 톰보에게 전달되었고 톰보는 이를 흔쾌히 받아들였다. 이 이름의 첫 두 글자가 이 행성의 존재를 최초로 예측한 사람인 퍼시벌 로웰의 이니셜이기 때문이기도 했다. 이 이야기가 진짜인지 의심하는 사람들도 있었지만, 버니가 최초의 제안자로 인정받은 것은 여전히 사실이다. 그리고 이는 천문학에 대한 그녀의 유일한 공헌으로 남았다. 명왕성의 위성 닉스Nix, 히드라Hydra, 케르베로스Kerberos, 스틱스Styx의 이름도 모두 저승 신화에서 영감을 받았다. '악마 카론의 이글거리는 눈빛'이라는 알리기에리 단테Alighieri Dante의 유명한 문장으로 널리 알려진 카론은 죽은 자의 영혼을 아케론

Acheron강의 한쪽 강둑에서 다른 쪽 강둑으로 옮겨 저승의 입구로 인도하는 뱃사공이다.

월트 디즈니Walt Disney가 꼬리가 길고 얇은 까만색인 노란 사냥개를 자신의 그림과 만화에 등장시키기 시작한 것은 1930년 가을이다. 아직도 많은 사람이 어떻게 같은 개인 구피Goofy는 인간과 비슷한 모습으로 말을 하며 땅콩을 먹고 슈퍼히어로가 되는 반면, 플루토는 개의 울음소리와 몸짓, 표정으로만 생각을 표현하는지 궁금해한다. 하지만 가상의 세계에서는 무엇이든 가능하다.

플루토가 처음 나왔을 때는 이름을 로버Rover라고 했으나, 만화가들은 그 이름이 너무 흔해서 캐릭터를 구분하기 어렵다는 걸 깨달았다. 명왕성은 그 몇 달 전에 발견되었는데, 어쩌면 미키 마우스의 친구이자 애완견에 그 행성의 이름을 붙이면 이 캐릭터가 유명해지는 데 도움이 될 거라고 생각했던 모양이다. 이런 선택을 한 이유를 밝힌 공식 자료는 없지만 중요하진 않다. 1931년부터 로버는 플루토가 되었다.

행성X를 찾아서

천왕성의 궤도에서 관찰된 중력섭동을 계산한 덕분에 1846년에 해왕성이 발견되었다. 그 이후부터 천문학자들은 해왕성의 궤도 너머에 행성이 존재하는지 추측하기 시작했다. 바로 그 시기에 행성X 가설이 나왔다(정확하게 말하면 제9행성Planet Nine이다). 퍼시벌 로웰이 이 가설을 처음으로 주장하면서, 프랑스 천문학자 가브리엘 달레Gabriel Dallet가 먼저 사용한 이름을 빌려 썼다. X는 숫자가 아니라 문자, 미지의 상징으로 쓰였다는 것에 주의하자. 이후 1930년에 명왕성이 발견되고 나서도 훨씬 더 먼 거리에서 다른 행성들이 태양 주위 궤도를 돌고 있을지도 모른다는 생각은 계속됐다.

최근에는 에리스Eris, 마케마케Makemake, 하우메아, 세드나Sedna, 콰오아Quaoar 등 행성 크기의 TNOs가 발견되어 행성X의 가설이 다시 주목받았다. 관측 결과에 따르면 이 중 다수는 특별한 궤도를 따라 움직인다. 이러한 중력 이상은 적어도 질량이 지구 정도는 되는 행성의 존재를 인정해야 설명할 수 있다. 하지만 이 글을 쓰는 시점에 행성X가 존재한다는 명백한 증거는 아직 없다. 그렇기 때문에 명왕성 너머까지 여행하고 싶다면 미지의 영역에 진입해야 한다는 걸 확실히 인식해야 한다. 그곳은 태양 빛이 훨씬 약할 뿐 아니라 대부분 조사가 이루어지지 않았기 때문이다. 여담이지만 방금 언급한 천체들의 이름을 보면 태양계 천체에 이름을 붙이기 위해 끌어오는 신화의 범위가 확장된 것을 확인할 수 있다.*

---

* 에리스는 그리스·로마 신화, 마케마케는 이스터섬의 라파누이신화, 하우메아는 하와이신화, 세드나는 이누이트신화, 콰오아는 아메리카 원주민 통바족의 신화에 나오는 신이다.

행성이 되지 못한 또 다른 천체들

천왕성은 발견되었지만 해왕성의 존재는 아직 확인하지 못했던 당시에, 천문학자들은 화성과 목성 사이에 행성이 없다는 점에 의문을 가졌다. 그 두 행성의 궤도는 아주 멀고, 티티우스-보데 법칙Titius-Bode's law에 따라 그 중간에 태양 주위 궤도를 도는 다른 천체가 하나 있어야 했다. 아니나 다를까. 곧 하나가 아니라 수천 개의 천체가 발견되었다. 다만 일부만이 작은 행성과 비슷했고, 나머지는 모양과 크기가 다양한 바위였다. 허셜은 작은 행성들을 '별과 비슷하다'는 뜻의 소행성이라고 부르자고 제안했다. 망원경으로 보면 점으로 보일 만큼 작았기 때문이다. 그리고 태양계의 화성과 목성 사이에서, 제우스의 이름을 딴 거대 가스행성의 중력섭동 때문에 생성되지 못한 행성의 파편 대부분이 포함된 구역은 주소행성대main asteroid belt라고 부르기로 결정했다.

지름이 1,000킬로미터가 약간 안 되는 왜소행성 세레스Ceres는 라틴어로, 유명 맥주 브랜드의 이름이다. 로마신화에 나오는 신 대지의 여신 케레스Ceres의 이름에서 유래했으며, 이는 그리스신화의 데메테르Demeter에 해당한다. 세레스는 주소행성대에서 가장 크며, 질량이 다른 모든 소행성을 합한 질량의 약 30퍼센트에 이르는 가장 무거운 소행성이기도 하다. 세레스를 발견한 것은 이탈리아인 주세페 피아치Giuseppe Piazzi다. 그는 1801년 1월 1일 밤, 팔레르모천문대에서 어떤 목록에 있는 별들의 위치를 분석하다가 우연히 세레스를 알아보았다. 처음에는 세레스를 항성이라고 착각했다. 하지만 세레스는 바로 다음 날에도 관찰되었고 항성들과는 분명 다르게 움직였다. 피아치는 일기에 다음과 같이 기록했다. "1월 3일 저녁, 내 의심은 확신으로 바뀌었다. 그 별은 분명 항성이 아니다." 세레스는 다른 소행성들이 발견되기 전까지 오랫동안 행성이라고 생각했고, 거의 반세기 동안 천문학 책과 표 등에 행성으로 기재되었다.

발견자인 피아치는 이탈리아 롬바르디아 지역에 있는 폰테인 발텔리나에서 태어났다. 그는 1764년에 테아틴수도회에 입회했으며, 학업으로 수학과 천문학을 접한 후 1769년에 사제로 서품되었다. 1780년, 피아치는 철학과 수학, 교리신학을 가르치는 데 전념하다가 팔레르모에 천문대 건설 허가를 받았다. 건축이 끝나고 이 천문대에는 양시칠리아왕국국립천문대라는 이름이 붙었다. 바로 이 천문대에서 피아치는 세레스를 발견했고, 이를 시칠리아의 페르디난도 3세Ferdinando III에게 바치며 '페르디난도의 세레스'라는 이름을 붙였다. 이후 1816년에 페르디난도 3세는 양시칠리아왕국의 페르디난도 1세가 되었다. 그리고 이탈리아 천문학자 피아치를 기리기 위해 1923년, 천 번째로 발견된 소행성에 '피아치아Piazzia'라는 이름을 붙였다.

주소행성대에 있는 천체 중 세레스는 형태가 실제 구형인 몇

안 되는 행성 중 하나다. '원형으로 만들어지기'에 질량이 충분하기 때문이다. IAU는 명왕성의 운명이 결정된 바로 그 회의에서 세레스를 왜소행성으로 승격시켰다. 다시 말해 명왕성은 강등되고 세레스는 승격된 것이다. 에리스, 마케마케, 하우메아, 명왕성을 비롯해 최근에 발견된 왜소행성들 중에서 세레스만이 유일하게 주소행성대 안쪽인 내부 태양계inner Solar System에 있다.

다른 유명한 행성 대신 세레스를 방문하면 정말로 좋은 휴가를 보낼 수 있을 것이다. 세레스에는 태양계에서 유일무이한 관측지점이 있다. 태양을 바라보면 내행성들의 행렬 전체를 볼 수 있고, 반대쪽으로 시선을 돌리면 주소행성대 너머 외부 태양계outer Solar System의 넓은 공간을 살펴볼 수 있다. 이 왜소행성 주위의 궤도에는 NASA의 돈Dawn(새벽)호가 있다. 이 탐사선은 세레스가 왜소행성으로 승격되고 나서 주소행성대에서 가장 큰 소행성이 된 베스타Vesta를 방문한 후 2015년부터 지금까지도 그곳에 있다.

주소행성대 한가운데서 여러분이 어떤 여행을 하고 싶든 두려워 마라. SF영화에 나오는 것처럼 그렇게 위험하지는 않다. SF영화에는 우주선을 덮치기 위해 비처럼 쏟아지는 수많은 돌과 바위, 암석들을 피해 가야 하는 것처럼 묘사되는데 전혀 그렇지 않다. 여러 프로젝트를 수행하는 우주선들이 주소행성대 한가운데를 지나왔고, 어떤 소행성도 그 길을 막지 않았다. 오히려 소행성들을 연구하기 위해 가까이 다가갔다.

주소행성대 외에도 태양계에는 소행성과 혜성이 밀집한 구역이 있다. 바로 에지워스-카이퍼대Edgeworth-Kuiper Belt 또는 카이퍼대Kuiper Belt라는 곳이다. 이런 구역이 있을 거라고 추측한 아일랜드 천문학자 케네스 에지워스Kenneth Edgeworth와 네덜란드 천문학자 제러드 카이퍼의 이름에서 따왔다. 이 구역은 태양에서 해왕성 궤도 너머 50AUastronomical unit[*] 이상 뻗어 있는 거대한 원반형 영역이다. 우리 행성계 가장자리에 있는 이 구역에 밀집된 천체들은 TNOs 또는 카이퍼대 천체Kuiper Belt Objects, KBO라는 이름으로 불린다. 명왕성-카론계 역시 카이퍼대 천체로 분류되는데, 이 둘을 제외하면 최초의 TNOs는 1992년에 발견된 1992 QB1이다. 지금도 카이퍼대와 그 너머의 소행성을 수색하는 것은 태양계에서 진행되는 연구의 가장 흥미로운 프로젝트 중 하나다.

명왕성과 크기가 비슷한 원형 천체들이 발견된 것도 바로 이 카이퍼대다. 이 발견으로 태양계에서 아홉 번째 행성으로서 명왕성의 지위가 흔들렸다. 한동안은 비공식적으로 제나Xena[**]라고 불렸지만 결국에는 그리스신화에 나오는 싸움의 여신 에리스라고 불리게 된 TNOs가 발견되면서 명왕성의 지위는 분명해졌다. 에리스의 궤도는 확실한 타원이며 태양으로부터 100AU 떨어져 있

* 천문단위. 주 거리 측정의 단위로 IAU는 지구-태양의 평균 거리인 약 1억 5,000만 킬로미터.

** 유명한 미국 TV 시리즈의 전사이자 공주인 주인공의 이름.

고, 지름은 명왕성보다 약간 작지만 질량은 훨씬 더 크다. 발견자들은 환상의 행성X를 발견한 것이라고 선언하기도 했지만, IAU가 명왕성을 제외한 행성의 정의를 내린 것은 바로 이 TNOs 때문이었다. 그렇게 에리스는 가장 무거운 왜소행성이 되었다. 아, 몇십 킬로미터 차이기는 하지만 가장 큰 것은 아니다!

목성과 해왕성의 궤도 사이에는 몇백 개의 소행성 집단이 있다. 이 소행성들의 궤도는 태양계의 거대 가스행성인 목성, 토성, 천왕성, 해왕성의 궤도와 교차한다. 이 구역에서 관측된 최초의 소행성은 1977년에 발견된 키론이다. 토성과 천왕성의 궤도 사이에서 움직이는 이 천체는 켄타우루스Centaurs라는 소행성군에 속한다. 켄타우루스는 주소행성대와 카이퍼대 사이 연결 지점에 있는 천체들이다. 몇 년 전 키론은 혜성과 소행성의 경계가 분명하지 않다는 것을 보여주었다. 1988년, 키론은 근일점을 통과할 때 가스와 먼지로 된 코마가 형성되어 주기혜성periodic comet으로 분류되었다. 그렇게 지름이 150킬로미터가 넘는 키론은 소행성일 뿐 아니라 태양계에서 알려진 가장 거대한 주기혜성 중 하나이며, 고리도 있다고 추측된다. 바로 이런 양면성 때문에 이런 천체들의 이름을 그리스신화에 나오는 존재로 몸이 반은 인간, 반은 말이었던 켄타우로스Kentauros에서 따온 것이다.

토성의 위성 타이탄과 천왕성의 위성 티타니아에는 키론으로 가는 미니밴이 있다. 키론으로 여행하면 활동적인 천체에 착륙하는 스릴을 확실하게 느낄 수 있다. 갈 수만 있다면 어떤 혜성이라도 표를 사기 위해 줄부터 서는 게 좋다. 정말로 끝내주는 여행이기 때문이다!

혜성은 정말 불운의 전조일까?

몇 세기 전까지만 해도 혜성이 떨어지는 것은 불행과 재앙의 전조로 해석되었다. 혜성이 관측되면 왕이나 황제의 죽음, 전쟁의 발발, 전염병의 확산뿐 아니라 지진, 홍수 또는 혹한의 겨울 등이 발생한다고 여겼다. 빛나는 천체는 갑자기 등장했다가 없어지고, 별들 사이를 빠르게 통과하며, 변화무쌍하고 특이하게 생겼고, 궤도도 행성과 매우 달랐다. 그래서 이 기이한 천체를 목격한 무력한 사람들은 하늘이 무서운 일이 일어날 것을 경고한다고 생각했다. 갈릴레이 시대에도 혜성이 하늘에서 일어나는 현상인지 땅에서 일어나는 현상인지를 몰랐다. 지구가 방출하는 가스인지 이상한 기상 현상인지 몰랐으니 사람들은 계속 두려워했다.

1687년에 뉴턴이 《자연철학의 수학적 원리》를 발간할 때 혜성을 연구하던 아주 중요한 인물의 도움을 받았다. 그는 바로 에드먼드 핼리Edmond Halley로, 뉴턴의 친구이면서 뉴턴의 그 대단한 글을 예리하게 평가해주고 서랍에서 꺼내 세상에 퍼뜨리도록 설득

했다. 헬리는 뉴턴이 몇 년 동안 모아온 그 기록들이 공개되면 얼마나 큰 주목을 받을지 알았다. 그 생각은 틀리지 않았다. 역사에 따르면 1705년 헬리는 뉴턴이 공식적으로 발표한 운동법칙과 만유인력의 법칙을 이용해 자신과 뉴턴이 관측한 혜성이 1531년과 1607년에 관찰된 천체와 같으며, 1758년에 돌아온다고 계산했다. 헬리는 자신이 한 계산과 역학의 승리를 보지 못하고 사망했다. 그 혜성은 정확히 1758년에 돌아왔으며 독일 아마추어 천문학자가 관측했다. 그리고 헬리의 이름을 따 헬리혜성Halley's comet이라고 불렀다. 이러한 발견은 혜성이 행성들처럼 태양 인력의 영향을 받아 길게 생겼지만, 행성들처럼 폐쇄된 타원 궤도를 따라 움직이며 일정한 주기가 지나면 지구에 있는 관찰자의 시야에 다시 나타난다는 사실을 확증했다.

이로써 혜성에 대한 논쟁을 해결하고 천체들의 움직임을 예측할 때 뉴턴의 법칙이 신뢰할 만하다는 것을 확인했다. 천체역학이라는 천문학의 새로운 장이 열린 것이다. 천체역학은 중력으로 인한 상호작용으로 움직이는 천체들을 설명한다. 이 학문에서 고안한 방법으로 헬리혜성이 태양 주위를 도는 공전주기, 약 76년을 계산하고 제시간에 되돌아오는지를 확인했다. 인간 지성의 위대한 모험이 아름답게 기억되는 순간이다. 헬리혜성이 마지막으로 나타난 것은 1986년이다. 그 등장이 기대한 만큼 화려하지는 않았으며, 2061년에 다시 나타날 것으로 예측된다. 헬리혜성이 그때

그림 9-2 1986년에 사진으로 찍힌 핼리혜성

돌아오는 걸 보지 못하는 사람도 있겠지만, 우리 하늘에서 다시 한 번 빛날 것은 확실하다.

동방박사의 별을 혜성으로 표현하는 관습은 조토 디본도네 Giotto di Bondone 덕분에 생겨났다. 파도바의 스크로베니예배당에 조토가 그린 유명한 프레스코화 〈동방박사의 경배Adorazione dei Magi〉의 배경에는 핼리혜성이 그려져 있다. 조토는 1301년에 핼리혜성을 목격한 것이다. 1986년에 핼리혜성이 근일점을 통과할 때 그 혜성을 연구한 ESA의 우주선에 조토Giotto라는 이름이 붙은 것은 바로 위대한 토스카나의 화가를 기린다는 뜻이다.

혜성은 대부분의 소행성과 달리 일반적으로 궤도가 매우 긴 타원형이라, 공전 기간 대부분을 태양계 외부에서 보낸다. 공전 기간 전체에서 태양과 가까이 있는 시간은 잠시뿐이다. 이것이 혜성을 구성하는 성분과 함께 소행성과 혜성의 주요 차이점이다. 하지만 키론처럼 이들을 완전히 다른 천체로 분류하는 문제에 대해서는 지금도 논란이 많다.

혜성은 비휘발성 물질(바위와 먼지 알갱이)과 얼어붙은 고체 상태의 가스로 이루어진 작고 약하며 불규칙한 모양의 천체다. 혜성에는 수분 함량이 많고 유기물질이 있다. 이 때문에 많은 천문학자는 혜성이 지구의 바다에 물을 채우는 데 기여했을 뿐 아니라 생명체를 데리고 왔거나 적어도 생명체가 생기도록 유용한 원소와 분자를 풍부하게 공급했다고 생각한다.

혜성의 핵은 모양이 불규칙하고 다양하며 장축의 길이는 일반적으로 단축의 2배다. 혜성들은 크기가 매우 작고 햇빛을 잘 반사하지 못하기 때문에 지구에서 멀리 떨어져 있을 때는 거의 보이지 않는다. 그렇다면 혜성은 어떻게 맨눈으로도 볼 수 있고 모든 사람이 알고 있는 멋진 천체가 되었을까? 그 이유는 혜성의 핵을 구성하는 물질과, 혜성이 태양과 가까워질수록 점점 더 강렬해지는 태양 복사열 간의 상호작용으로 설명할 수 있다. 혜성은 태양에 충분히 가까워질 때만 볼 수 있다. 태양에서 나오는 복사열로 인해 핵에 있는 적은 양의 고체 물질이 가스로 승화하면서 수십만 킬로미터에 이르는 혜성의 대기로 퍼진다. 바로 코마다. 실제로 그리스어에서 비롯된 단어 혜성comet은 '긴 머리털이 달린 별'을 의미한다.*

혜성에서는 다양한 형태와 성질의 꼬리가 여러 개 관찰된다. 일반적으로 꼬리는 두 가지로 분류한다. 바로 이온화된 가스 꼬리와 먼지 꼬리다. 이온화된 가스 꼬리는 곧고 규칙적이며 항상 태양 반대 방향을 향한다. 먼지 꼬리는 구부러져 있고 조각이 났다가 다시 뭉칠 정도로 불규칙적이다. 혜성이 지나가는 길에 멋진 장면을 연출하는 것은 이 꼬리들이다. 1997년에 관측된 헤일-밥 혜성Hale-Bopp comet이나 2020년에 관측된 네오와이즈혜성Neowise comet은 근일점을 통과할 때 지구의 하늘 수억 킬로미터를 수놓기도 했다.

혜성은 닳는다. 혜성은 태양에 가까이 갈 때마다 구성하고 있는 물질의 일부를 잃는다. 코마와 꼬리를 형성하는 물질을 우주에서 잃어버리는 것이다. 하지만 혜성에서 떨어진 미립자와 먼지 알갱이들이 지구 대기를 관통할 때는 아름다운 모습을 연출한다. 바로 비처럼 떨어지는 별들, 유성meteor이다. 매년 8월 10일 무렵 산로렌조의 밤에는 유성이 관측된다. 지구가 궤도를 돌던 스위프트-터틀혜성Comet Swift-Tuttle의 잔해들이 페르세우스자리유성군Perseids의 궤도를 가로지를 때다. 매년 10월에 유성을 관측할 수 있는 오리온자리유성군Orionids은 핼리혜성 때문에 생겼다.

* 이탈리아어 còma는 모발을 뜻한다.

태양 가까이를 한 번 지나가면 혜성은 다시 멀어진다. 때로는 빛이 빠르게 줄어들며 영원히 멀어지기도 한다. 꼬리는 사라지고 코마는 거의 없어질 정도로 줄어든다. 태양은 너무 멀리 떨어져 있어서 더 이상 혜성 핵의 표면에 있는 얼음을 비롯한 고체 물질을 승화시킬 수 없다. 그렇게 혜성은 자신이 생겨난 어둠 속으로 돌아간다. 혜성의 핵은 다시 태양계 주변부에 있는 하나의 어두운 얼음 조각이 된다.

혜성의 흔적을 따라서

1950년, 미국 천체물리학자 프레드 휘플Fred Whipple이 처음으로 혜성의 핵 모형을 확증했다. 휘플은 응집력이 매우 약한 혼합 물질 덩어리로 이루어진 혜성의 핵을 '더러운 눈덩이dirty snowballs'라고 표현했다. 혜성의 핵을 재밌게 묘사한 이 표현은 과학자들도 쓴다. 혜성은 매우 쉽게 부서진다. 혜성 핵에서 큰 조각이 떨어지거나 혜성 자체가 여러 조각으로 나뉘는 건 드물지 않게 관찰할 수 있다. 예를 들어 슈메이커-레비9혜성comet Shoemaker-Levy 9은 크기가 다양한 21조각으로 분리되었고, 그 조각들은 1994년에 목성과도 충돌했다. 핵에 휘발성 물질이 응집되어 있기 때문에 혜성은 태양에 가까이 접근할 때마다 점점 더 약해진다. 시간이 지나면서 핵에는 더욱

더 구멍이 많아지고 그래서 더 쉽게 부서진다.

그런데 혜성은 어디에서 생겨나는 것일까? 혜성의 궤도가 태양 주위에 펼쳐져 있다는 것은 이 머리털이 달린 천체가 우리 행성계에 속한다는 증거다. 혜성의 기원은 태양, 원시 성운의 기원과 관련이 있다. 그리고 혜성을 구성하는 물질은 행성계의 큰 천체들에서 떨어져 나온 잔류 물질의 일부라고 추론했다.

또다시 혜성 연구의 중요한 해였던 1950년의 이야기다. 네덜란드 천문학자 얀 오르트Jan Oort는 거의 원형 궤도를 도는 혜성의 핵을 수천억 개 이상 포함하는 거대한 구형 '구름'이 있다고 주장했다. 오르트는 명왕성의 궤도를 훨씬 넘어, 태양으로부터 3만 AU와 1광년light year 사이의 거리에 있다고 추측했지만, 어쩌면 더 멀리 있을 수도 있다. 그 구름의 길이는 태양으로부터 4.2광년 거리에 있는 가장 가까운 항성인 프록시마켄타우리Proxima Centauri와 태양 사이 거리의 절반 정도까지 뻗어 있다고 추정된다. 프록시마Proxima는 라틴어로 '가장 가깝다'는 뜻이고, 켄타우리는 켄타우루스자리의 라틴어 관형어로, 그 별자리 안에 있음을 의미한다.

이는 오르트구름Oort Cloud이라고 불리며, 모든 장주기혜성long-period comet뿐 아니라 궤도가 닫히지 않은 혜성들도 이곳에서 생겨난 것으로 추정한다. 먼저 어떤 항성의 섭동이나 행성계 주변에 있는 다양한 천체 간에 충돌이 일어난다. 이때 이 구름에서 파편이 떨어져 나와 성간 어둠 속으로 영원히 사라지거나 태양계 내부의

한 지점에 도달해 수천 년 동안 긴 여행을 한 후 혜성으로 나타나는 것으로 보인다. 그리고 혜성은 태양계에서 돌아다니는 것만으로도 궤도가 바뀌는 섭동을 겪고, 타원 궤도를 따라 일정한 주기로 태양 주위를 도는 주기혜성이 되거나 자신이 생겨난 곳으로 영원히 되돌아갈 수도 있다.

천문학자들은 오르트구름을 구성하는 얼음의 파편이 바로 태양과 행성 그리고 위성이 형성되고 남은 물질이라고 생각한다. 비유하자면 오르트구름은 태양계의 쓰레기통이다. 이런 관점에서 혜성은 우리 행성계의 탄생을 지켜본 오랜 증인이다. 이 때문에 몇몇 혜성은 여러 소행성처럼 우주프로젝트의 관찰 대상이 되었고, ESA의 로제타Rosetta호 프로젝트 같은 매우 어려운 프로젝트의 관찰 대상이 되기도 했다. 그 유명한 로제타석Rosetta Stone으로 상형 문자를 해독할 수 있었던 것처럼, 이 우주탐사선은 혜성으로부터 얻게 될 우리 행성계의 기원에 대한 메시지를 해석하는 역할을 맡았다. 이 탐사선은 1996년에 발사되었고 이 프로젝트는 2016년에 임무를 마칠 때까지 거의 20년 동안 지속되었다. 그동안 탐사선 로제타호는 추류모프-게라시멘코67P혜성67P/Churyumov-Gerasimenko comet을 가까이에서 연구했으며 2014년에는 그 표면에 작은 탐사로봇 필레Philae도 착륙시켰다.

혜성을 가까이에서 찍은 사진들을 보면 혜성의 지형은 매우 울퉁불퉁하다. 또한 혜성은 중력이 매우 약하고 지반이 연약하지

그림 9-3 로제타호가 촬영한 추류모프-게라시멘코67P혜성

만 착륙할 수는 있다. 하지만 혜성 핵이 활성화되어 코마와 꼬리가 생겨나면, 그때는 혜성이 우주로 방출하는 여러 가스와 먼지 때문에 착륙하기 어려워진다. 이런 점에서 어떤 여행사도 혜성 착륙 여행상품을 판매하지 않으며 앞으로도 그럴 것이다.

혜성을 방문하는 방법이 있기는 하다. 바로 혜성이 가깝게 지나갈 때 혜성에 우주선을 연결해 궤도를 따라 끌려다니는 것이다.

적절한 혜성에 연결한다면 분명 우리 행성계 바깥으로까지 갈 수 있을 것이다. 그렇게 되면 태양계 구석구석 그리고 그 너머 역시 탐사할 수 있을지 모른다. 어쩌면 이런 경험이 바티아토가 쓴 다음 같은 가사에 영감을 주었는지도 모르겠다. "우리는 본능적으로 혜성의 흔적을 따라간다. 마치 또 다른 태양계의 선봉대처럼!" 하지만 "노 타임 노 스페이스No Time No Space".

천문학적 관점에서 '우리 집 마당'에 대해 이야기할 시간과 공간은 끝이 났다. 영화 〈토이 스토리Toy Story〉의 주인공 버즈 라이트이어Buzz Lightyear의 좌우명처럼 마침내 "무한한 공간 저 너머로To infinity and Beyond" 몸을 던질 때가 왔다.

태양계를 떠나기 전에

태양Sun

항성

나이: 45억 6,700만 살

적색거성이 될 것: 지금으로부터 약 55억 년 후

질량(지구=1): 333,000

지름: 1,392,000 km

자전: 25.1일(적도), 34.4일(극지방)

핵의 온도: 16,000,000℃

표면 온도: 5,500℃

조성: 수소 73.4퍼센트, 헬륨 24.8퍼센트

에너지: 초당 4억 톤의 수소를 헬륨으로 변환

표면 중력(지구=1): 28

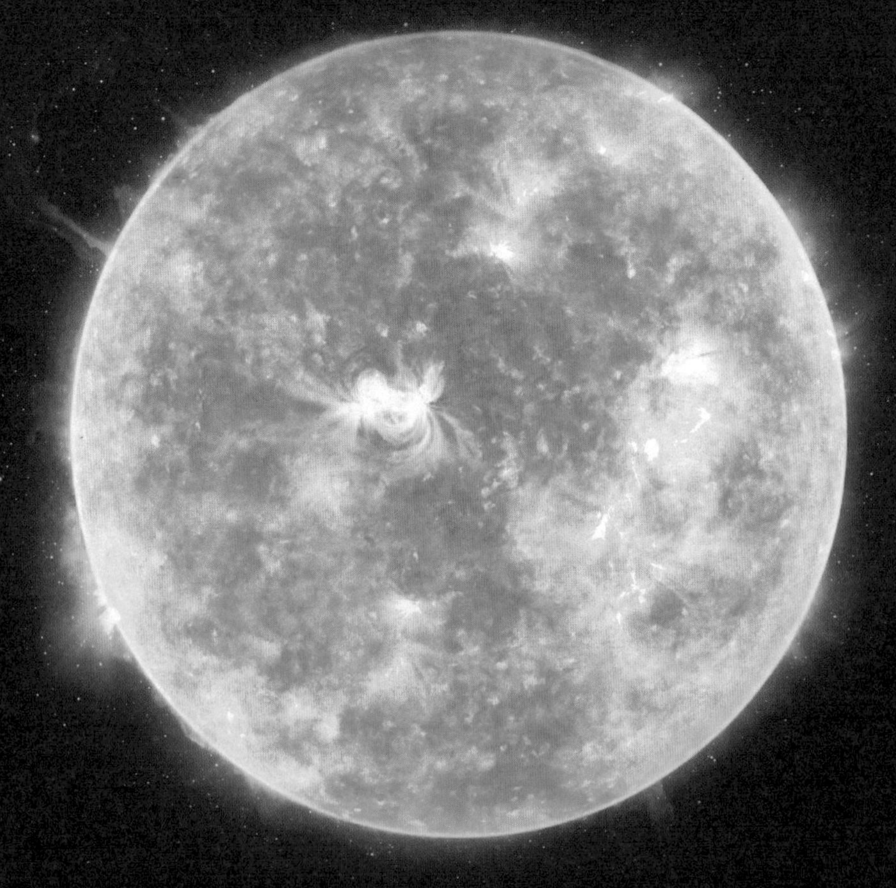

태양계를 횡단하는 여행은 우리를 지구로부터 수십억 킬로미터 떨어져 있는 명왕성 너머까지 데려왔다. 어쩌면 지금쯤 우리는 외로움을 느낄 수도 있다. 하지만 더 강한 호기심에 이끌려 여정을 계속해보자. 〈스타트렉Star Trek〉 시리즈에 나오는 엔터프라이즈호 승무원들처럼 말이다. 이 시리즈의 에피소드가 시작될 때마다 나오던 문구를 기억하는가? "우주, 최후의 개척지. 이것은 우주선 엔터프라이즈의 항해다. 이들의 임무는 5년 동안 새로운 세계를 탐험하고 새로운 생명과 문명을 발견하고 누구도 가보지 못한 곳으로 대담하게 나아가는 것이다."

우리의 태양계를 완전히 떠나기 전에 마지막으로 지구를 살펴보자. 인간이 만든 인공물이 거의 없는 이곳에서 지구가 어떻게 보이는지를 바라보는 것이다. 파이어니어 10호, 2대의 보이저호, 뉴호라이즌스호만이 태양계를 떠나 그 너머를 향해 나아가고 있다.

창백한 푸른 점

우주에서 촬영한 지구는 '창백한 푸른 점Pale Blue Dot'으로 보인다.

미국의 천체물리학자이자 저술가인 칼 세이건이 지구를 묘사한 단어다. 세이건은 일반 대중들에게 SF소설 《콘택트Contact》를 집필한 것으로 유명하며, 이 책은 조디 포스터Jodie Foster가 주인공으로 나오는 영화로도 만들어져 흥행에 성공했다.

보이저 1호가 주요 프로젝트를 마치고 우리로부터 아주 멀리 떨어져 있을 때, 그 탐사선에 탑재된 카메라로 태양계 내부를 찍어 보자고 NASA에 제안한 사람은 바로 세이건이었다. 1990년 초에 지구의 사진을 찍었을 때, 보이저 1호는 사실 지구로부터 60억 킬로미터 이상 떨어져 있었다. 그러니까 해왕성 궤도를 훨씬 넘어 있었던 것이다. 그 역사적인 사진에는 성간 우주에 깊이 잠긴 아주 작고도 작은 점이 있다. 그 작은 점에 과거와 현재의 인류 전체가 살고 있는 것이다. 바로 이런 사항을 고려해 세이건은 그의 책 《창백한 푸른 점Pale Blue Dot》에서 다음과 같이 성찰하는 글을 썼다.

> "지구는 생명체를 수용할 수 있다고 알려진 유일한 세계다. 적어도 가까운 미래에는 우리 종족이 이주할 다른 장소가 없다. 방문할 수는 있어도, 식민지화는 아직 할 수 없다. 좋든 싫든, 지금으로서는 지구가 우리의 터전이다. 천문학은 겸손과 인격수양의 학문이라는 말이 있다. 우리의 자그마한 세계를 멀리서 바라보는 이 사진보다 인간의 허영심이 얼마나 어리석은지 잘 보여주는 것은 없다. 또한 사진은 서로를 더욱 친절하게 보살피고, 우

리가 아는 한 유일한 집인 이 창백한 푸른 점을 보존하고 보호해 야 하는 우리의 책임을 강조한다."

결국 지구는 태양이라는 별을 중심으로 우주를 여행하는 특별한 우주선이다. 우리는 이 우주선에서 태어나고 우리 삶 전체를 보낸다. 우리는 우리 여행의 동반자, 모든 인류를 돌봐야 하는 것처럼 지구도 돌봐야 한다.

선글라스로는 부족한 태양여행법

태양계 끄트머리에서 보면 태양은 멀리 떨어져 있지만 여전히 가장 빛나는 물체다. 하지만 더 이상 열기를 내거나 우리를 따뜻하게 해주지는 못한다. 이 순간부터 우리의 여행은 깊은 우주의 어둠에 잠길 것이다. 우리 주변에 빛나는 아주 작은 점이 무수히 찍혀 있고, 우리에게서 점점 더 멀어지는 태양은 이들과 비슷해 보이기 시작한다.

다른 항성들이 어떻게 기능하는지 알 수 있게 된 것은 대부분 우리 항성인 태양에 대한 연구 덕분이다. 그러니까 새로운 행성계로 향하기 전에 이 '거대하지만 아주 먼, 눈부시게 빛나는 가스 공들'*

* 영화 〈라이온킹The Lion King〉에서 멧돼지 품바가 말한 것으로, 별이란 '하늘에 붙어 있는 작고 밝은 반짝이'라는 미어캣 티몬의 말에 대한 대답.

그림 10-1 허블우주망원경이 촬영한 프록시마켄타우리

에 대해 우리가 아는 것을 다시 살펴보아야 한다.

우주는 본질적으로 비어 있다. 태양을 제외하고 우리에게 가장 가까이 있는 항성 프록시마켄타우리는 약 40조 킬로미터 떨어져 있다! 그런데도 가장 가까운 항성이다. 사실 이제부터 우리가 직면하고 다뤄야 할 거리를 생각하면 킬로미터로는 이제 부족하다. 태양계 내에서 거리를 측정하기 위해 썼던 AU 역시 너무 작은 측정단위다. 천문학자들은 극단적인 현상을 연구하는 게 다반사다. 그래서 우리의 일상생활과는 매우 동떨어진 물리량 값을 다루기 위해 거리의 새로운 단위인 광년을 만들어냈다.*

광년은 빛이 1년 동안 이동한 거리를 말한다. 시간 단위가 아니라 거리의 척도다. 이름에 속지 말길! 우주에서 가장 빠른 존재인 빛이 초속 약 30만 킬로미터로 움직이고 1년은 3,150만 초 이상이라는 것을 알면 금방 계산할 수 있다. 1광년의 거리는 약 9조 4,500억 킬로미터고, 천문학자들은 이를 쉽게 10조 킬로미터로 계산한다. 그렇다, 여러분이 제대로 이해했다. 빛은 1년 안에 그 거리를 지날 수 있다. 그런데 말이 안 되지 않는가! 그렇게 빨리 움직일 수 있다면 얼마나 많은 장소를 방문할 수 있겠는가. 생각해보라, 달에는 1초도 안 돼서 도착할 수 있고 태양까지 가는 데는 대략 8분이 걸린다. 하지만 우리의 항성에 너무 가까이 가는 것은 좋지 않다. 신화에 나오는 이카로스Icaros처럼 열에 타버릴 수 있기 때문이다.

많은 사람은 천문학자들이 낮에 자고 해가 지면 일어나 동이 틀 때까지 별들을 관찰할 테니 야행성일 것이라고 생각한다. 하지만 관찰하고 연구하기에 가장 아름답고 흥미로운 것 중 하나는 오직 낮에만 볼 수 있다. 지구가 평균 약 1억 5,000만 킬로미터의 거리에서 주위 궤도를 돌고 있는 항성이자, 지구에 생명체가 탄생하고 유지되는 데 충분한 빛과 열을 수십억 년 전부터 매일 주는 우

---

* 이제 여러분은 버즈 라이트이어의 성, '라이트이어'의 뜻을 알았다. 그의 이름은 아폴로 11호 프로젝트에서 두 번째로 달에 발을 디딘 버즈 올드린의 이름을 딴 것이다.

리의 태양이다. 태양은 우리에게 가장 가까운 항성이며, 지금까지 태양과 우리 행성이 속한 행성계가 어떻게 진화했는지를 더 잘 이해할 수 있게 이끌어준 정보의 원천이다. 멀리 떨어져 있어서 알아내기 매우 어려운 항성들의 생애와 진화를 통제하는 법칙과 기제 및 그 과정을 이해하도록 도와줬다.

태양은 맨눈으로 볼 수 없을 만큼 눈이 부시게 빛을 내뿜는다. 태양을 여행할 때는 당연히 태양에 착륙할 수 없다. 우주선이 착륙할 만한 단단한 땅이 없기도 하지만 섭씨 약 6,000도나 되는 표면 온도 때문이기도 하다. 정말 활활 타오른다! 또한 태양은 자외선과 X선 같은 아주 고에너지 복사선을 다량 방출하기 때문에 너무 가까이 가면 안 된다. 그러니까 정말로 태양여행을 시작한다면 여행 가방에 적절한 보호 크림을 넣었는지 확인하라. 여행 경로에 따라 수성에서 쓴 것보다 더 효과가 강력한 크림이 필요하다. 태양여행이 시작된 이래로 일부 화장품 회사는 SPF 100만 크림을 생산하기 시작했지만, 그 정도 차단 효과면 충분한지 확신할 수 없다. 몇몇 사람이 심각한 화상을 입고 돌아오기 때문이다. 어쩌면 그 책임은 태양에 경례를 한답시고 태양에 너무 가까이 가는 몇몇 우주버스 선장들에게 있을지도 모른다!

필터를 사용해 태양을 관찰할 때나 태양의 이미지를 스크린에 투사할 때 우리가 보는 것은 표면층인 광구photosphere다. 바로 햇빛을 만들어내는 태양 대기의 일부라는 점에서 그리스어로 빛의 구체를 뜻하는 이름을 붙였다. 여행 시기에 따라 태양 광구 위에 흩어져 있는 크고 작은 검은 점들을 볼 수 있다. 바로 태양 흑점sunspot이다. 주의를 기울여 관찰한다면 지구에서도 이 구조를 볼 수 있다. 일반적으로 아주 넓게 퍼져 있는 흑점에서 좀 더 어두운 중앙의 구역은 흑점의 암부umbra, 그걸 둘러싸고 있는 약간 더 밝은 구역은 반암부penumbra라고 한다. 그런데 조심해야 한다. 태양 흑점은 겉으로만 어두워 보이는 것이다. 흑점의 온도는 섭씨 수천 도에 이르기 때문에 다른 어떤 별의 표면보다도 훨씬 뜨겁다. 오직 밝게 빛나는 광구 표면과의 대비 때문에 어두워 보일 뿐이다. 흑점은 광구 위에서 이동한다. 시간이 흐르면서 이들의 위치가 바뀐다는 것이다. 흑점은 태양의 자전과 표면운동을 연구하는 데 결정적 역할을 했다. 태양은 지역별로 다르게 자전한다. 극보다 적도에서 자전 속도가 빠르다. 실제로 태양이 한 바퀴 자전하는 데 적도에서는 약 25일이 걸리고 극에서는 34.4일이 걸린다.

몇몇 흑점은 정말로 거대해서 햇빛이 덜 강렬한 새벽이나 해질녘에는 맨눈으로도 볼 수 있다. 그래서 고대부터 흑점이 관찰되었지만 망원경을 사용하고 나서야 태양의 자전운동에 대해 알아내고 자전주기를 측정하는 것이 가능해졌다. 이 흑점을 처음으로 관찰한 사람은 갈릴레이다. 1610년 말 무렵이었는데, 그는 관찰 결과를 바로 발표하지는 않았다. 태양 표면에 있는 이 검은 구역들의 존재를 최초로 기록한 사람은 영국의 토마스 해리엇Thomas Harriot

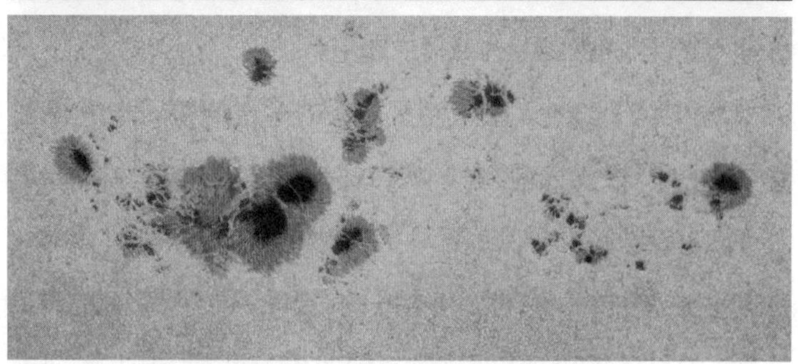

그림 10-2 여러 방식으로 촬영한 태양의 흑점

이다. 그는 1610년 12월 8일 새벽, 눈부심을 피하고자 런던에 안개가 짙게 꼈을 때 두 눈을 번갈아 뜨며 태양을 관찰했다. 하지만 이 방법은 렌즈로 햇빛을 망막에 집중시켜 눈의 광수용체를 돌이킬 수 없게 손상시키기 때문에 절대 권장하지 않는다! 태양 자전에 대해 기록하고 연구 결과를 발표한 최초의 인물은 독일 천문학자 요하네스 파브리시우스Johannes Fabricius*다. 그는 1611년에 몇 달 동안 흑점을 관찰하고 이들이 태양 원반 위에서 어떻게 움직이는지 기록했다. 태양 자전을 관찰한 최초의 증거라고 할 수 있다. 하지만 태양의 자전주기를 처음 측정한 것은 이로부터 몇 년이 더 지난 뒤였다. 1630년이 되어서야 또 다른 독일 천문학자이자 예수회 사제 크리스토프 샤이너Christoph Scheiner가 연구 결과를 발표했다. 그는 태양 적도의 자전속도를 측정했을 뿐 아니라 더 높은 위도에서는 자전속도가 느리다는 것도 관찰했다. 사실상 샤이너는 태양의 차등회전differential rotation을 발견한 것이다.

광구 위로 보이는 흑점의 수와 형태는 일정하지 않고 11년마다 변한다. 흑점이 광구 위에 형성되고 진화하는 것은 태양 자기장과 연관되어 있기 때문이다.

태양 원반을 주의 깊게 관찰하면 가장자리가 중심보다 어두워 보인다. 이 현상을 주연감광limb darkening이라고 한다. 태양의 중앙에

* 그의 진짜 이름은 요한 골드스미드Johann Goldsmid지만, 그 당시 사람들은 이름을 라틴어로 바꾸는 것을 좋아했다.

있는 표면층은 좀 더 뜨겁고 더 밝으며 깊은 반면, 가장자리 쪽은 그보다 덜 뜨겁고 덜 밝으며 두껍게 보이기 때문에 나타나는 현상이다. 그런데 예리한 관찰자라면 광구가 작고 빛나는 여러 개의 '알갱이'로 이루어져 있으며, 이들 사이에 좀 더 어두운 틈새가 있다는 걸 발견할 수 있다.

태양 광구의 이런 특징은 쌀알무늬granulation라고 하며, 지구의 태양 망원경과 우주 태양에 있는 관측위성의 관찰 결과를 토대로 연구되어 왔다. 각각의 알갱이는 태양의 깊은 곳에서 솟아오르는 뜨거운 대류세포convective cell다. 어두운 구역은 열기가 식은 부분이며, 온도가 낮아져 밀도가 높아지면 다시 깊은 곳으로 내려간다. 실제로 태양 광구는 끓고 있는 유체처럼 활동한다. 뜨거운 세포가 표면으로 올라와 식고 차가워지면 아래로 내려가 좀 더 뜨거운 층을 통과하면서 다시 가열되는 것이다. 광구의 쌀알무늬를 만드는 현상이 바로 대류convection이며, 이는 세 가지 열전달 방법 중 하나다. 그렇다, 오후에 차를 마시기 위해 물을 끓일 때 일어나는 현상이 바로 대류다! 다른 둘은 전도conduction와 복사radiation다.

우주에서 태양을 가까이 관찰하면 어떤 일이 일어날까? 선글라스의 렌즈색이 아무리 어두워도 햇빛으로부터 눈을 완전히 보호해주지는 못한다. 태양여행을 위한 모든 우주버스는 당연히 승객을 복사선과 태양풍으로부터 보호할 뿐 아니라 광구의 빛을 가리는 특수 창문을 장착해야 한다.

태양을 직접 보면서도 그 빛 때문에 눈이 멀지 않을 수 있는 때가 있다. 지구에서 보면 장관인 개기일식 때다. 우주의 다른 어떤 곳보다 지구에서 보는 개기일식이 훨씬 멋지다. 개기일식은 달이 지구와 태양 사이에 위치해서 태양 원반을 완전히 가릴 때 일어난다. 이러한 조건에서 광구는 완전히 가려지기 때문에 더 이상 눈이 부시지 않는다. 검은 태양과 비현실적인 밤이 우리 눈앞에 펼쳐진다. 그 몇 분 동안의 어둠 속에서 우리는 태양 대기의 다른 층 2개를 볼 수 있다. 일반적인 상태에서는 너무 밝은 광구 때문에 절대로 보이지 않는 채층chromosphere과 코로나corona다.

채층은 빛이 가려진 원반의 가장자리에서 보이는 화려한 홍염protuberance, 곧 태양 표면에서 분출되어 외부 우주에 투사되는 거대한 가스층이다. 코로나는 일식 상태의 어두운 하늘에서 희미하게 빛을 내는 베일로, 태양의 가장 바깥쪽 대기층이다. 달이 태양에 완벽히 겹쳐지며 생긴 검은 원반 둘레에서 빛을 내며 하늘과 더욱더 강하게 대비된다. 바로 이런 모습이 일식의 광경을 더욱 인상 깊게 만든다. 지구에서 보면 달과 태양은 각크기angular size*가 약 0.5도로 거의 같아서, 달 원반이 태양 원반에 거의 완전히 겹쳐진다.

물리학자들은 일식이 없을 때도 채층과 코로나를 연구할 수 있는 다른 방법들을 고안했다. 하지만 일식은 지금까지도 놀라운

* 각으로 표시된, 천구상에 보이는 천체의 크기.

자연 광경일 뿐 아니라 중요한 현상을 관찰할 수 있는 유일한 기회다.

별의 죽음

별들은 영원히 살지 않는다. 이들도 태어나고 살고 죽는다. 일부는 태양처럼 수십억 년을 살다가 평화롭게 노년이 되고 결국 죽음에 이르러 서서히 사라진다. 반면 다른 별들은 인간 삶에 비추어보면 여전히 길지만 앞의 별들보다는 훨씬 더 짧은 인생을 산다. 그리고 별들의 마지막 순간은 피만 흘리지 않을 뿐 매우 장렬하다. 별의 수명에 비해 매우 짧은 거대한 폭발이 일어나 그 존재에 종지부를 찍는다. 바로 초신성supernova의 빛이 우주를 비추는 것이다.

별이 폭발하는 것은 수십억 광년이 떨어진 곳에서도 볼 수 있다. 이는 마치 새로운 별이 태어나는 것처럼 빛난다. nova는 라틴어로 '새롭다'는 뜻이다. 고대인들은 초신성을 보고 새로운 별이 탄생한다고 생각했다. 별은 죽었지만 그 이름은 남았다. 1933년에 독일의 월터 바데Walter Baade와 스위스의 프리츠 츠비키Fritz Zwicky라는 두 명의 천문학자가 nova에 접두사 super를 더했다. 이들은 이 파국적 사건으로 초고밀도의 별인 중성자별neutron star과 우주에서 나오는 입자의 끊임없는 흐름인 우주방사선cosmic ray이 생성된다는 이론을 제시했다.

태양은 아직 살날이 많다. 죽음에 이르더라도 적색거성 단계를 지나 백색왜성white dwarf이 되면서 폭발하지 않고 달콤한 죽음을 맞을 것이다. 항성이 어떻게 죽는지 알아내려면 그 안에서 어떤 일이 일어나는지를 이해해야 한다. 그러니까 항성 에너지의 원천을 알아야 한다. 이에 관해서는 오랫동안 논쟁이 이어졌고, 약 1세기 전에야 답을 찾았다. 사실 기원전 450년경에 그리스 철학자 아낙사고라스Anaxagoras가 항성, 특히 태양이 방출하는 에너지의 기원과 원동력을 찾기 위해 노력했다. 핵물리학을 몰랐던 그는 움직이는 항성과 에테르ether 사이에서 발생하는 마찰이 원인이라고 생각했다. 1853년이 되어서야 독일 물리학자 헤르만 폰 헬름홀츠Hermann von Helmholtz가 이 문제를 과학적으로 해결하려고 처음 시도했다.

헬름홀츠는 중력이 어떻게 작용해서 원시성운protogalaxies을 수축시키고 태양이 형성되었는지를 설명했다. 그는 태양이 붕괴하면 손실될 잠재적인 에너지와 상대적인 열 전환을 계산해, 현재 속도의 태양 복사가 약 5,000만 년 동안 지속된다고 확신했다. 그의 아이디어는 나쁘지 않았다. 하지만 지질학과 방사성연대측정 연구를 통해 태양계는 약 45억 살로 나이가 훨씬 많다는 것이 밝혀졌다. 안타깝게도 그의 가설은 빗나갔다.

그렇다면 태양을 비롯한 항성의 복사열은 어떻게 생기는 것일까? 이 질문에는 열핵반응thermonuclear reaction이 발견된 후에야 대답할 수 있었다. 열핵반응은 더 이상 뜨거워지지도 차가워지지도 않는 상태인 원자핵 내부에서 일어나는 열운동에 따른 핵반응으로, 항성에서 생성되는 열의 주요 원천이다. 중력수축 역시 열의 원천으로서 열핵반응에 기폭제 같은 역할을 한다.

1939년, 독일 물리학자 카를 폰 바이츠제커Carl von Weizsäcker와 한스 베테Hans Bethe는 대부분의 별에서 에너지를 생성하는 반응을 두 가지로 예측했다. 바로 양성자-양성자 연쇄반응proton-proton chain reaction, p-p chain과 탄소-질소-산소 순환carbon-nitrogen-oxygen cycle, CNO cycle이다. 기제는 서로 다르지만 이 두 과정은 모두 4개의 양성자(수소핵)를 2개의 양성자와 2개의 중성자로 이루어진 헬륨 핵으로 변환한다. 어쨌든 이 과정은 주로 감마 광자(존재하는 빛 중 가장 활동적인 유형)와 중성미자nutrino(매우 낮은 질량의 중성입자)의 형태로 에너지를 생성한다. 반응 과정을 거치면서 양성자-양성자 연쇄반응에서는 2개의 양성자가, CNO순환에서는 탄소가 후속 반응을 일으키는 데 사용된다.

에너지를 생성하는 방식이 이 두 가지만 있는 것은 아니다. 천체물리학자들이 말하는 핵용광로nuclear furnace, 곧 태양 중심부와 비슷하게 섭씨 1,500만 도쯤 되는 온도라면 또 다른 방식으로 에너지를 생성할 수 있다. 안타깝게도 이 온도는 실험실에서 재현하는 게 본질적으로 불가능하다. 항성 진화 단계에서도 다른 유형의 핵반응이 발생한다. 섭씨 2,000만 도에 가까운 온도에서는 삼중알

파과정triple alpha process, 3-α process이 일어나는데(헬륨 핵을 그리스어 알파벳의 알파로 표시하기도 해서 이렇게 부른다), 더 높은 온도에서는 산소, 네온, 마그네슘, 규소, 철 같은 무거운 원소들이 합성될 수 있다. 하지만 철보다 무거운 원소는 합성되지 않는다. 그 밖의 융해반응은 대부분 에너지를 생성하는 게 아니라 흡수하는 흡열반응endothermic reaction이다. 철보다 무거운 핵 2개를 융합하려면 에너지가 필요하기 때문이다. 그러니까 철보다 무거운 원소들의 융합은 열 생성에 유용하지 않다.

항성도 진화한다

이제 항성의 진화, 곧 시간이 지남에 따라 항성이 변하는 과정을 살펴보자. 항성은 수소를 헬륨으로 바꾸는 단계에서 대부분의 시간을 보낸다. 이 단계는 주계열main sequence이라고도 한다. 색과 온도가 서로 관련되어 있다는 점을 바탕으로, 항성의 표면 온도나 색과 항성의 고유 밝기의 연관성을 보여주는 그래프에서 가장 밀집된 구역에 해당한다.

　항성 연구의 중요한 도구인 이 그래프를 헤르츠스프룽-러셀도Hertzsprung-Russell diagram 또는 H-R도H-R diagram라고 한다. 두 발명자인 덴마크 천문학자 아이나르 헤르츠스프룽Ejnar Hertzsprung과 미국 천문학자 헨리 러셀Henry Russell의 이름에서 따왔다. 주계열 단계에서 보내는 시간에 비해 항성의 나머지 일생은 상대적으로 짧다. 평균적으로 항성은 주계열 단계에서 일생의 약 80퍼센트를 보낸다. 항성이 주계열에서 보내는 시간은 항성이 갖고 있는 핵연료의 양과 그 연료를 소모하는 속도에 따라 달라진다. 다시 말해 항성의 질량과 광도에 따라 결정된다. 자연히 질량이 큰 항성은 연료를 더 빨리 소모하기 때문에 수명이 더 짧다. 참고로 H-R도를 볼 때는 일반적인 생각과 달리 빨간색 항성이 더 차갑고 파란색 항성이 더 뜨겁다는 사실을 명심하자.

이제 여러 진화의 단계를 검토하면서 항성이 어떻게 태어나고 살고 죽는지를 살펴보자. 천체물리학자들에 따르면 항성이 될 배아라고 할 수 있는 원시성protostar은 성간물질interstellar medium이 중력 때문에 수축하면서 형성된다. 천체의 중심 온도를 일반적인 성간물질의 온도인 수십 도에서 열핵반응을 유발하는 데 필요한 온도로 높일 때까지 계속 수축한다. 오리온자리에 있는 유명한 오리온성운Orion Nebula처럼 성간물질의 밀도가 높은 지역에서 말이다.

원시성은 보통 에너지가 낮아서 적외선파, 밀리미터파millimeter wave, 전파의 파장으로 대부분의 복사를 방출한다. 또한 이 별이 항상 무리나 성단에 속해 있다는 점에도 주목해야 한다. 원시성의 기원인 성운이 원시성 여러 개를 형성하는 데 필요한 물질을 충분히 포함하고 있기 때문이다. 그러니까 오리온성운 같은 성운은 별들

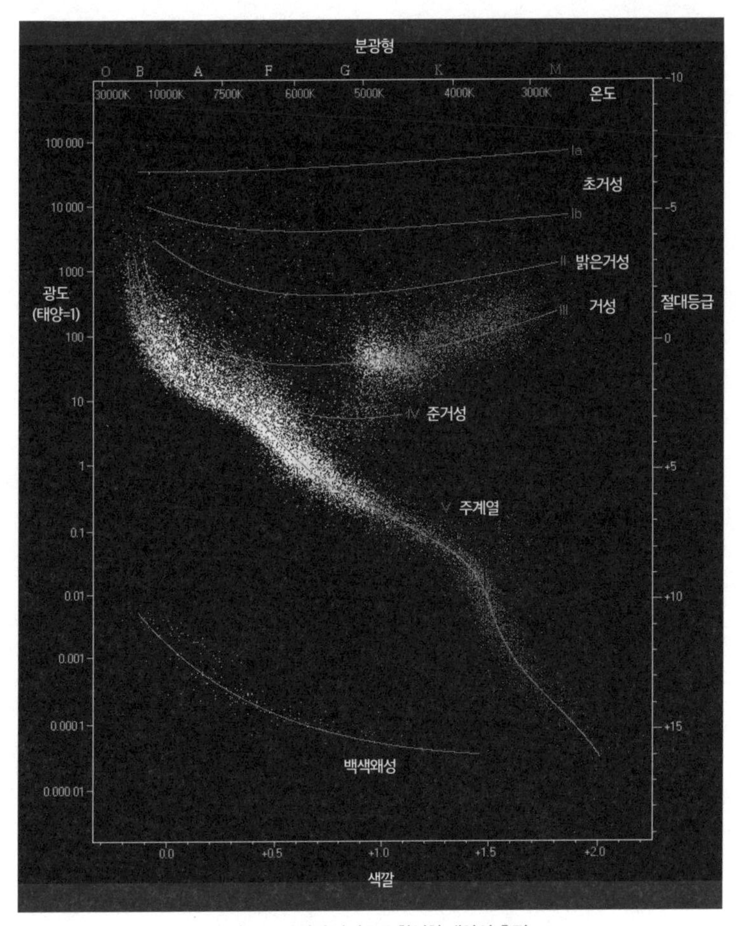

그림 10-3 여러 방식으로 촬영한 태양의 흑점

의 인큐베이터라고 할 수 있다.

이 단계를 지나면 항성은 주계열로 이동해 수소를 헬륨으로 융합하고 핵의 시간 척도에 따라 살아간다. 항성은 여기에서 항성의 내부로 당기는 중력, 외부로 밀어내는 뜨거운 가스와 압력이 평형을 이루면서 최대 안정 상태에 도달한다. 태양만큼의 질량을 갖는 항성은 주계열 단계에서 100억 년을 보내는데, 단테의 말을 빌리자면 태양은 "그의 인생길의 한중간"*에 있다. 적색왜성red dwarf처럼 태양보다 질량이 작은 항성은 수천억 또는 수조 년 동안 이 단계에 머물 수 있다. 우리 우주의 현재 나이인 약 138억 년보다 무한히 더 긴 시간이다. 반면 매우 크고 무겁고 그래서 매우 밝은 청색거성blue giant은 수명이 훨씬 짧다. 그 수명은 기껏해야 몇 억 년이다.

항성은 연료가 고갈되기 시작하면 에너지 생산이 감소해 핵이 다시 수축한다. 핵의 수소가 고갈되면 별은 다시 수축해서 더욱 열을 올리는 것밖에 할 수 없다. 이 시점에서 섭씨 1,000만 도에 이르는 항성의 핵을 둘러싼 바깥쪽 껍질은, 그보다 더 바깥쪽에 있는 껍질을 팽창시키고 다시 수소를 연소시킨다. 반면 수소를 완전히 고갈하고 헬륨으로 구성된 핵은 계속해서 축소된다. 이 불안정한 단계는 핵의 온도가 섭씨 1억 도에 도달해서 헬륨이 연소될 때 안정된다. 이때 에너지원은 두 가지다. 바로 헬륨을 태우는 핵과 여전히 수소를 태우는 가장 바깥쪽 껍질이다. 항성의 반지름은 극적으로 늘어나면서 밝아지지만 표면은 더 차가워진다. 이제 항성은 적색거성red giant에 이른 것이다. 이 단계는 항성 노년기의 시작이

* 단테의 《신곡La Divina Commedia》의 첫 구절로, '우리 인생길의 한중간'을 변형한 것.

다. 여기서 다른 핵 연소들을 거쳐 더 진화한다면 질량에 따라 적색초거성red supergiant에까지 이를 수 있다.

별의 노년기 진화는 짧고 어떤 식으로든 주계열에서 보낸 시간과는 비교가 안 된다. 후계열post-sequence 진화 과정에 있는 항성은 H-R도의 불안정띠Instability strip에서 발견된다. 이에 해당하는 별의 온도와 밝기는 표면이 불안정해서 맥동pulsation의 형태로 나타난다(맥동변광성pulsating star). 별 스스로 밝기가 변하는 본질적 변광성intrinsic variable star이 나타나는 것이다. 무거운 별이 일단 주계열을 벗어나면 청색거성이나 하늘에서 관찰되는 항성 중 가장 뜨겁고 밝게 빛나는 청색초거성blue supergiant으로 지내는 시간이 아주 짧은 것처럼, 불안정띠에서 지내는 시간도 상대적으로 짧다.

항성의 진화를 결정하는 매개변수는 질량과 화학 조성 단 2개다. 항성의 질량에 따라 앞에서 살펴본 이 모든 과정이 일어나지 않을 수도 있다. 질량이 너무 작으면 온도가 낮아서 수소 핵융합이 일어나지 않아 항성은 갈색왜성brown dwarf이 된다. 질량이 너무 크면 복사압radiation pressure이 너무 높아서 항성이 찢어진다.

예고된 죽음의 연대기

모든 항성은 언젠가 죽는 시기에 이른다. 더 이상 원자핵의 열핵반응으로 에너지를 만들어내지 못하는 시기 말이다. 그전에 일어나는 모든 반응은 항성이 죽음으로 향하는 과정일 뿐이다. 1982년 노벨 문학상을 수상한 콜롬비아 작가 가브리엘 마르케스Gabriel Márquez의 유명한 소설 제목을 이 단락의 제목으로 선택한 이유가 바로 여기 있다.

항성의 종말은 어떻게 다가올까? 조용한 방식일까 아니면 격렬한 방식일까? 대부분의 항성은 백색왜성의 형태, 그러니까 '달콤한 죽음'으로 그 존재를 마감한다. 백색왜성은 다양한 원소를 모두 연소시키고 나면 수축해서 열에너지를 우주로 방출한다.

전형적인 백색왜성은 반지름이 약 5,000킬로미터로 우리 행성과 거의 같지만, 평균 밀도는 1세제곱미터당 약 10억 킬로그램이다. 곧 1세제곱센티미터당 1톤으로, 태양보다 밀도가 100만 배 높다. 표면 온도는 섭씨 1만 도다. 이러한 고밀도에서 별의 물질은 축퇴가스degenerate gas 상태에 있다. 전자가 각각의 양자 수로 결정되는 가능한 모든 에너지 준위를 채웠다는 뜻이다. 백색왜성에서 중력이 균형을 이루고 핵이 붕괴되지 않는 것은 바로 전자의 축퇴압degeneracy pressure 덕분이다. 하지만 백색왜성의 질량은 특정 한계를 넘어설 수 없다. 그렇게 된다면 반대되는 힘으로 무한정 수축해서 중성자별(중성자의 축퇴압이 중력에 반대된다)이나 그것보다 훨씬 큰 블랙홀로 변한다.

백색왜성이 가질 수 있는 최대 질량은 태양질량의 약 1.4배이며, 이를 처음으로 명시한 인도의 이론천체물리학자 수브라마니안 찬드라세카르Subrahmanyan Chandrasekhar의 이름을 따서 찬드라세카르한계Chandrasekhar limit라고 한다. 이는 분명히 낮은 값이지만, 별들은 찬드라세카르한계 아래로 떨어질 정도로 많은 질량(에너지로 변환된 것 이상)을 잃는 시기를 맞는다. 예를 들어 적색거성은 복사압으로 인해 생기는 항성풍stellar wind 때문에 질량을 잃게 되면, 행성상성운planetary nebula을 형성할 가장 바깥쪽 층을 벗겨내고 훨씬 더 온도가 높은 가장 안쪽 층만 드러낸다. 이것은 우리 태양에게 닥칠 운명이다.

반면 질량이 태양보다 적어도 8배 큰 별들은 초신성처럼 폭발하는 격렬한 방식으로 죽는다. 여러 단계의 핵 연소 이후에 별이 철을 합성하면, 철의 핵융합반응nuclear fusion reaction은 흡열반응이기 때문에 핵이 불안정해지며 내부에서 파열되고 별의 바깥층은 폭발한다. 이 시점에서 에너지가 대규모로 방출되고 엄청난 속도와 매우 높은 온도로 외부 껍질이 터져 나와 초신성 잔해supernova remnant, SNR를 형성한다.

초신성은 새로운 별을 구성할 수 있는 물질을 우주로 퍼뜨린다. 폭발한 핵에서 멀어지며 팽창하는 물질들이 만든 구름은 초속 수천 킬로미터로 매우 빠르게 이동한다. 이 때문에 너무 크고 무거운 항성 주위를 도는 행성에서 사는 건 권장하지 않는다. 초신성이 폭발하면서 발생하는 충격파의 타격을 입는 것은 전혀 즐거운 경험이 아니기 때문이다. 방출되는 감마선의 양은 말할 것도 없다. 우리가 지구에서 상상할 수 있는 어떤 핵폭발도 넘어서는 규모라는 것을 명심하자. 초신성에서 비롯된 불규칙한 모양의 이 성운은 방출된 가스의 팽창 속도 때문에 연속적이고 빠르게 진화하며 초신성 잔해, 곧 SNR이라고 불린다. 이러한 성운이 밝은 이유는 여전히 중심에 있는 항성의 빛으로 '조명'을 받는 덕분이다. 또 구름에서 방출되는 복사의 일부가 구름 자체 내부에서 직접 일으키는 물리적 과정 때문이기도 하다.

분출된 가스가 빠른 속도로 멀어지는 동안 내부에서 파열된 핵은 중성자별이 된다. 중성자별의 평균 반지름은 10킬로미터이고 평균 밀도는 1세제곱미터당 약 1억 킬로그램으로 원자핵의 밀도와 비슷하다. 발레리나가 팔을 위로 곧게 쭉 뻗으면 각운동량 보존 원리 때문에 회전속도가 빨라지는 것처럼 수축한 별의 회전속도는 눈에 띄게 빨라진다. 특정 전파의 주파수에서 규칙적인 전파를 발사하는 펄서pulsar의 형태로 관찰될 수 있다.

중성자의 축퇴압조차 더 이상 중력 붕괴에 저항하지 못할 수 있다. 중성자별에도 역시 태양질량의 약 3배 정도의 질량 한계가 있다. 이보다 질량이 커진다면 블랙홀이 된다. 블랙홀은 중력이 너무나 강해서 빛조차 빠져나가지 못할 정도로 색깔이 검고 눈으로 볼 수도 없어 그 이름이 붙었다. 블랙홀은 초기 질량이 태양질량의 25배를 넘는 모든 별이 맞이하는 단계다.

별의 종족을 구분하는 방법

지구의 암석에서는 헬륨, 탄소, 산소처럼 가벼운 원소뿐 아니라 코발트, 금, 납, 우라늄처럼 무거운 원소도 발견된다. 천체물리학자들은 가벼운 원소들이 다양한 진화 단계를 거치면서 항성 내에서 합성된다는 사실을 확인했다. 금처럼 철보다 무거운 원소를 만들어내는 유일한 기제는 초신성 폭발이라는 것 역시 알아냈다. 폭발하면서 나오는 엄청난 에너지 때문에 우주에 방출된 가스구름에서는 핵분열 과정을 거쳐 모든 화학물질이 형성될 수 있다. 곧 핵들이 양성자를 잡거나 중성자를 좀 더 쉽게 잡아 SNR에 열을 가하고 연료를 공급하는 에너지를 다시 방출한다. 그러면서 다른 원소로 붕괴하는 방사성 원소를 생성하기도 한다.

원소들이 우주에서 순환하는 것도 초신성의 폭발 덕분이다. 태양과 우리 태양계, 지구에서 원소가 발견되는 이유는 수십억 년 전에 초신성이 폭발해 원시태양운protosolar nebula 형성에 필요한 물질을 제공했기 때문일 것이다. 그리고 이 원시태양운으로부터 태양과 행성들이 탄생했다. 이탈리아 가수 알란 소렌티Alan Sorrenti가 1977년에 〈별의 자식Figli delle stelle〉이라는 곡을 쓸 때 이런 개념을 생각했을지는 알 수 없다. 하지만 태양도 지구도 아직 없을 때, 우리 주변에서 폭발했을 거대한 별에서 나온 중원소들이 없었다면 지구에 생명체는 존재하지 못했을 것이다.

우리는 진정 별의 자식이다. 폭발한 다음 우주로 방출된 초신성 잔해나 별의 핵에서 일어난 핵융합 덕분에 우리 몸을 구성하는 모든 원자가 합성된 것이다.

그리고 우주에는 젊은 별, 태양 같은 중년의 별 그리고 늙은 별이 있다. 다시 말해 별들에는 세대가 있다. 우리 태양은 초신성처럼 폭발한 거대한 별 이후의 세대다. 우리는 우리 행성계를 만드는 데 필요한 모든 물질을 제공한 초신성에 분명 감사해야 한다.

천체물리학자들은 여러 세대의 별을 별의 종족stellar population으로 나눴다. 별의 종족은 별의 한 세대를 나타낸다. 물론 우주 역사에 비해 상대적으로 별의 수명이 길다는 점을 감안하면 별의 세대는 그리 많지 않다. 기껏해야 3대 정도로 추정된다. '종족I' '종족II'가 있고 마지막 '종족III'은 이론적으로 가정해두었지만 아직 그 존재에 대한 확실한 증거는 없다. 여기서 우리 태양은 종족I에 속하는데, 종족I의 별들이 가장 젊다. 그리고 종족III은 빅뱅 직후에 탄생해 지금은 멸종한 1세대 별들로, 가장 오래된 별들을 말한다. 몇몇 우주학자들이 어디에선가 존재하고 있을 1세대 별들을 추적하고 있다.

이 시점에서 여러분은 다음과 같이 질문할 것이다. 별의 세대는 어떻게 구별하는 걸까? 이론적인 관점에서 아주 간단한 방법이 하나 있다. 바로 별의 화학적 조성을 연구하는 것이다. 빅뱅 이후 몇 분이 지나고 원시핵합성primodial nucleosynthesis이 끝날 때, 우주는 대부분 수소가 채우고 있었고 그 밖의 원소로는 약간의 헬륨밖에 없었다. 다시 말해 중원소는 태초에 없었는데, 만약 어떤 별이 중원소를 포함하고 있다면 그 별은 중원소가 있는 세대에 만들어졌을 가능성이 높다. 그래서 태양은 지구와 마찬가지로 중원소를 포함하기 때문에 최근 세대의 별로 분류한다.

사실 천체물리학적으로 별의 종족은 모든 면에서 유사한 방대한 별의 집합이자 하나의 은하를 말한다. 나이, 공간 분포(우주에서의 위치), 운동학(별이 우주에서 어떻게 움직이는지), 금속성(천체물리학에서는 수소와 헬륨을 제외한 모든 원소를 금속으로 분류한다)을 기준으로 분류하면 종족I은 일반적으로 젊고 수소와 헬륨보다 무거운 원소인 금속 함량이 높으며, 전형적으로 나선은하spiral galaxy의 팔에서 관찰된다. 그래서 이 별들은 원반종족disk population이라고도 한다.

대개 산개성단open cluster의 별들이 종족I에 속한다. 수십 개에서 수백 개에 이르는 산개성단의 별은 대부분 젊으며 은하계 내부에서 가장 젊은 축에 속한다. 이전에 거대한 가스구름과 먼지구름이 발생했던 구역이자 이 별들이 탄생한 구역에 여전히 모여 있으면서 무리를 이룬다. 이러한 이유로 맨눈으로도 보이는 산개성단은 그 내부나 바로 근처에 있는 성단의 별과 비교되거나 다양한 물리적 관점에서 연구된다. 황소자리Taurus에 있는 플레이아데스성단Pleiades cluster은 유명한 산개성단이다. 이 성단에는 겨우 1억 살 정도로 추정되는 뜨겁고 젊은 파란색의 별이 약 1,000개 있으며, 이들을 만들어낸 잔해 물질이 엷은 성운을 이룬 채 이 성단 주위를 둘러싸고 있다.

산개성단은 주로 나선은하에서 관찰할 수 있다(불규칙은하 irregular galaxy에서도 관찰된다). 정확하게는 나선팔을 따라 은하면 galactic plane에 분포해 있다. 이 나선팔에서 별이 주로 만들어진다. 우리은하에 속하는 천체를 찾으려면 하늘을 두 부분으로 가로지르는 별들로 이루어진 우유색의 띠, 은하수 Milky Way가 지나는 영역에 망원경을 맞춰야 한다. 태양이 정확히 그 내부에 있기 때문이다. 지구에서 은하수는 우리은하 원반을 옆에서 본 모습으로 보인다.

종족II의 별들은 나이가 많고 금속성이 낮으며, '은하 팽대부 galactic bulge'라는 나선은하의 중심영역과 타원은하 elliptical galaxy 그리고 모든 은하헤일로 galactic halo에서 관찰된다. 그래서 종족II를 헤일로종족이라고도 한다. 구상성단 globular cluster의 별들이 종족II에 해당한다. 일반적으로 산개성단은 은하 내에서 관찰할 수 있는 가장 어린 천체에 속하는 반면, 구상성단은 관찰할 수 있는 가장 오래된 천체다. 별이 무작위로 분포하고 특별한 대칭점이 없는 산개성단과 달리, 구상성단은 구형이며 별의 밀집도는 주변에서 중심으로 갈수록 증가한다. 구상성단을 구성하는 별의 수도 전형적인 산개성단과는 매우 다르다. 구상성단의 별은 수십만 개에서 수백만 개에 이른다. 우리은하에서 가장 거대한 구상성단인 오메가센타우리 Omega Centauri에는 약 1,000만 개의 별이 있으며 그 나이는 120억 살

그림 10-4 라실라천문대에서 촬영한 오메가센타우리

가량인 것으로 추정된다! 구상성단의 공간 분포 역시 산개성단과 아주 다르다. 구상성단은 물질이 구형으로 모여 우리은하를 완전히 감싸는 은하헤일로에 분포되어 있는데, 여기에 관측 가능한 별 중 가장 나이가 많은 별들이 밀집해 있다. 거의 은하가 형성된 직후에 탄생한 별들인 것이다.

마지막으로 종족III의 별들은 종족II의 별들보다 이전 세대에 속하며 아직은 관측할 수 없다. 이 별 종족은 종족II의 별들에 있는 중원소의 존재를 설명하기 위해 설정했다. 다시 말해 초신성으로 폭발한 종족III의 별들은 성간물질을 중원소로 풍부하게 만들었고, 그런 성간물질에서 다음 세대의 별들이 탄생했다. 당연히 한 종족에 속한 별이 모두 동시에 탄생한 것은 아니기 때문에 여기서 설명한 분류는 더 자세하게 나뉠 수 있다. 예를 들면 가장 최근 세대의 아주 어린 별들은 극단 종족 I이며, 그보다 더 나이가 많은 별은 중간 종족 I이다. 종족 II도 이와 마찬가지로 나눌 수 있다.

이제 태양에는 더 이상 비밀이 없는 것 같다. 어쩌면 원래 없었을 수도 있다! 우리는 어떤 행성이 공전할 수 있는 항성의 수와 종류를 알고 있다. 다양한 구성과 그로 인해 진화적 '이상함'을 지닌 쌍성계binary star system 또는 다중성계multiple star system*처럼 공통질량중심 주위를 도는 별이 많은 체계는 말할 것도 없다. 이에 따라 우주 여행자들은 마침내 성간으로 이동해 우리은하에서 가장 쾌적하고 흥미로운 항성계를 방문하러 갈 수 있게 됐다! 길은 이미 나 있으니, 강한 모험 정신, 적절한 복장과 장비, 인내심만 있으면 된다. 이번에는 정말로 아주 긴 여행이 될 것이다. 하지만 그 인내심 끝에는 야생의 이국적인 장소가 여러분을 기다리고 있다.

---

* 2개의 항성으로 이루어진 항성계를 쌍성계, 3개 이상의 항성이 묶여 있는 경우를 다중성계라고 한다.

테라포밍
외계행성

지구 Earth

행성

태양으로부터 평균 거리: 1억 4,960만km(= 1AU)

질량: 5.9722×10^{24}kg

평균 반지름: 6,371km

최저/최고 온도: -88℃/58℃

하루의 길이: 23.93시간

1년의 길이: 365.26일

위성의 수: 1(자연위성)

행성의 고리계: 없음

태양 같은 평범한 별에 행성과 소행성, 혜성의 행렬이 있다면 밤하늘을 채우는 무수한 항성에도 그 주위를 공전하는 행성이 있을 것이다. 문제는 우리에게 가장 가까운 항성도 실제로는 상당히 멀리 떨어져 있기 때문에, 항성의 주위를 공전하며 오직 항성의 빛을 반사해서 빛나는 행성은 쉽게 찾을 수 없다. 하지만 천문학자들의 집요함과 기지 덕분에 우리는 다른 항성 주위를 도는 행성들을 발견해냈다. 다른 항성의 궤도를 돌기 때문에 이런 행성은 태양계외행성Extra-solar planet 또는 좀 더 간단하게 외계행성exoplanet이라고 한다.

우리 행성 외에 거주할 수 있는 다른 세계가 있다는 생각은 고대부터 존재했다. 데모크리토스Democritos와 에피쿠로스Epikuros는 무한한 세계가 있다고 믿었으며, 그런 세계 중 일부에는 식물, 동물 그리고 다른 생물들이 살고 있다고 가정했다. 이 생각은 여러 세기에 걸쳐 조르다노 브루노에게까지 전해졌다. 그는 1584년에 출판된 그의 저서 《무한, 우주와 세계에 대해De l'infinito, universo e mondi》에서 다음과 같이 명쾌하게 썼다.

"우주에는 셀 수 없이 많은 태양이 있고 우리 행성계에 있는 7개의 행성과 정확히 같은 방식으로 모두 그 태양 주변을 도는 셀 수 없이 많은 지구가 있다. 우리는 오직 태양들만을 볼 수 있는데 그들이 가장 크고 빛나는 천체이기 때문이다. 태양의 행성들은 좀 더 작고 빛을 내지 않기 때문에 우리에게는 보이지 않는다. 우주에 있는 셀 수 없이 많은 세계는 우리의 지구보다 더 나쁘지도 않고 인구가 적지도 않다."

여기서 말하는 7개의 행성은 수성, 금성, 지구, 지구 주위를 공전하는 달, 화성, 목성, 토성이다.

무한한 우주

철학자이자 도미니코수도회 사제였던 브루노는 코페르니쿠스가 주장한 태양중심설을 넘어 무한한 별들과 다른 세계들로 가득 찬 무한한 우주가 있다고 가정했다. 이런 생각 때문에 브루노는 종교재판에서 이단으로 심판을 받았고, 수십 년 동안 망명 생활을 하다가 결국 화형당했다. 자유로운 사상가로서 그가 남긴 유산과 우주론적 사상은 당시 과학 발전에 매우 중요한 역할을 했다. 그리고 오늘날 이론물리학자들처럼 인간의 정신은 무언가 실체를 보기 전에도 상상해낼 수 있다는 가능성을 보여준 훌륭한 본보기가 되었다.

태양계 외부 행성을 발견하며 브루노의 가설을 처음으로 확인한 건 1992년, 천체물리학자 알렉산데르 볼시찬Alexander Wolszczan이다. 이 폴란드 과학자는 그가 발견한 PSR B1257+12 펄서의 전파 방출을 분석하면서 그 형태가 규칙적이지 않다는 것을 깨달았다. 펄서 주위를 공전하는 천체의 중력 때문인 같았다. 볼시찬은 2개의 행성이 있다고 가정했고 곧 그 가설은 확인되었다. 이제는 처녀자리Virgo 방향으로 약 2,300광년 떨어진 이 펄서의 외행성이 3개로 확인되었다. 이 행성계의 가장 안쪽에는 질량이 달의 절반 정도밖에 되지 않는, 알려진 외계행성 중 질량이 가장 작은 것도 있다.

이 발견은 과학계에 큰 반향을 일으켰다. 이전에는 천문학자들이 초신성 폭발에서 나오는 중성자별인 펄서 주변에서 행성을 찾을 것이라고 기대하지 않았기 때문이다. 이 행성들의 기원에 대한 가설이 나오기까지는 오래 걸리지 않았다. 첫 번째 가설은 그 세계에 살지도 모르는 사람들과 여행자에게는 끔찍한 것이다. 이 행성들이 처음에는 거대 가스행성이었는데, 어미별이 폭발하면서 휩쓸려 날아갔다는 것이다. 두 번째 가설은 이 행성들이 초신성 폭발 후의 잔해와 잔류 물질의 집합체로 탄생했다는 것이다. 만약 여러분이 은하수 주변을 방황하다가 우연히 펄서가 있는 행성계를 지나게 된다면 이 문제를 해결하는 데 도움을 줄 수도 있다.

이 외계행성들이 발견된 이후로 평범한 항성 주위를 도는 외계행성을 발견할 수 있다는 기대는 점점 더 커졌다. 1995년 10월

6일 피렌체에서 개최된 유명한 회의에서 그 기대를 확인할 수 있는 해결책이 나왔다. 그날은 제네바천문대에서 일하던 스위스 천문학자인 미셸 마요르Michel Mayor와 디디에 쿠엘로Didier Queloz가 지구에서 약 50광년 떨어져 있는 태양형 항성 페가수스자리51 51 Pegasi 주위를 공전하는 행성 질량(목성 질량의 0.5배)의 물체를 발견했다고 발표한 날이었다. 천문학자들은 이때 처음으로 태양과 비슷하지만 태양계 밖에 있는 항성과 그 주위를 공전하는 행성이 존재한다는 증거를 얻었다.

현재 발견된 외계행성의 목록은 계속 늘어나 거의 4,500개에 이르렀다. 그중 일부는 당연히 우리 행성계와 마찬가지로 다중 행성계에 속한다. 2,600개가 넘는 행성은 단 하나의 도구로 발견했다. 바로 다른 항성 주위를 도는 지구와 비슷한 행성을 추적하기 위해 2009년 NASA에서 발사한 케플러우주망원경Kepler space telescope이다. 그리고 다른 많은 행성이 발견되기를 기다리고 있다. 지금까지 발견된 모든 행성 중 우리 행성과 막연하게나마 닮은 것은 소수에 불과하다. 중심 항성 주위를 하나 이상의 행성이 공전하는 다중 외계행성계는 700개 이상 있다고 하지만 그중 어느 것도 행성계에 있는 행성의 수와 다양성 면에서 우리 태양계와 유사하지는 않다.

현재로서는 트라피스트-1TRAPPIST-1이라는 행성계가 태양계와 가장 유사한 것으로 보인다. 트라피스트-1은 지구에서 물병자리

그림 11-1 트라피스트-1의 행성계(상상도)

Aquarius 방향으로 약 40광년 떨어져 있는 행성계로, 중심 항성은 적색왜성이며 7개의 행성이 그 주위를 공전한다. 이 중 가장 안쪽에 있는 6개는 우리 행성과 내부 태양계의 다른 행성들(수성, 금성, 화성) 같은 암석형일 확률이 높다. 또한 이 중 5개는 크기가 지구와 비슷하고 나머지 2개는 지구와 화성의 중간 크기다. 네 번째, 다섯 번째, 여섯 번째 행성은 '생명체거주가능영역habitable zone'에서 궤도를 도는 것으로 밝혀졌다. 그 대기가 지구의 대기와 비슷하며 행성 표면에 액체 상태의 물이 있을 수도 있다는 뜻이다. 생명체거주가능영역은 항성 주위에서 생명체의 탄생에 유리한 조건을 갖춘 영역으로, 태양계에서는 지구가 생명체거주가능영역의 중심에 있다. 수성과 금성처럼 태양에 가까워서 표면 온도가 너무 뜨겁지도 않고, 화성처럼 멀어 생명체가 표면에서 삶을 유지하기에 온도가 너무 낮지도 않아야 한다.

트라피스트-1의 7개 행성은 아주 가깝게 공전한다. 그들의 궤도는 지구와 화성의 궤도보다 수십 배 더 가깝다. 그래서 일부 연구자들은 이 행성 중 하나에서 생명체가 형성되었다면 판스페르미아panspermia 과정을 통해 생명의 근원이 다른 행성들로 전해졌을 것이라고 추측한다. 혜성이나 소행성에 붙어 한 행성체에서 다른 행성체로 생명체(일반적으로 단순한 유기체)가 운반되었다는 뜻이다. 이러한 판스페르미아는 지구-화성 체계, 나아가 태양계 전체에 비해 트라피스트-1에서 몇 배나 많이 발생했을 가능성이 높다고 추정한다.

생명체가 있을 외계행성을 찾아서

외계행성을 쉽고 분명하게 발견하는 방법은 직접 관측하는 것이다. 하지만 이 방법으로 발견할 수 있는 외계행성의 수는 적다. 예컨대 중심 항성에서 상당히 멀리 떨어져 있는 거대 가스행성은 주위를 공전하는 항성보다 훨씬 덜 밝기 때문에 관찰하기 어렵다. 항성이 관찰될 정도로 충분히 밝지 않은 것이다. 그렇다면 천문학자들은 어떻게 외계행성을 그렇게 많이 그리고 짧은 시간 동안 발견해냈을까? 대부분의 행성은 간접 관찰 기술로 발견되었다. 이 중 주요 방법은 세 가지인데, 바로 시선속도법radial-velocity method, 천체측량법astrometric method, 트랜싯법transit method이다.

시선속도법은 항성에서 방출되는 빛의 파장 변화를 찾는 것이다. 작동 원리를 이해하기 위해, 구급차가 우리에게 접근하는 동안과 멀어지는 동안 사이렌 소리가 어떻게 들리는지 생각해보자. 다가오는 사이렌은 같은 사이렌이 멀어질 때보다 더 날카롭게 들린다. 도플러효과Doppler effect라고 하는데, 1845년에 이 현상을 음파에 적용해서 처음으로 발견한 오스트리아 물리학자 크리스티안 도플러Christian Doppler의 이름을 딴 것이다. 프랑스 물리학자 아르망 이폴리트 피조는 1848년에 전자파에서 같은 현상을 독자적으로 발견했다. 실제로 파동의 근원(소리, 빛 등)과 관찰자가 서로 연관되어 움직일 때는 지각되는 파장이 변화한다. 이들이 서로 멀어질수록 방출되는 파장은 더 길어지는 것이다. 그래서 프랑스에서는 이를 '도플러-피조효과Doppler-Fizeau effect'라고 부르기도 한다.

일반적으로 소리의 근원이 가까워지면 우리는 더 날카로운 소리(더 짧은 파장)를 감지한다. 반대로 소리가 멀어지면 소리는 주파수가 바뀌고 우리는 그걸 점점 더 낮은 소리(더 긴 파장)로 감지한다. 마찬가지로 우리에게 매우 빠르게 접근하는 광원은 더 짧은 파장, 곧 파란색을 향해 이동하는 것처럼 보이지만(청색편이blue-shift), 멀어지는 광원은 빨간색을 향해 이동하는 것으로 보인다(적색편이red-shift).

이 도플러효과 때문에 항성 빛의 파장은 광원과 관찰자의 상대적 움직임에 따라 달라진다. 만약 무거운 천체가 항성 주위를 공전하고, 결과적으로 항성이 그 체계의 공통질량중심 주위를 공전하며 진동하면, 방출되는 항성의 빛은 스펙트럼이 주기적으로 바뀐다. 회전목마를 생각하면 쉽게 이해된다. 우리가 보는 회전하는 목마는 우리에게서 멀어지고 반대쪽 목마가 우리에게 가까워진다. 반 바퀴 돌고 나면 두 목마의 위치가 바뀌고 이는 회전목마가 멈출 때까지 계속된다. 바로 이 방법으로 마요르와 쿠엘로는 태양형 별인 페가수스자리51 주위를 공전하는 첫 번째 행성을 발견했다.

외계행성을 찾는 데 사용되는 두 번째 기술인 천체측량법은 별들의 위치를 측정하는 방식이다. 별들은 하늘에 고정되어 있지 않고 천천히 움직인다. 별 주위를 도는 행성과 중력, 인력의 영향을 받아 이동하면서 지그재그 모양의 파동을 흔적으로 남긴다. 그러한 영향이 없다면 직선으로 흔적이 남았을 것이다.

마지막으로 트랜싯법은 항성 앞으로 행성이 지나가면서 항성의 밝기가 주기적으로 약간 감소하는 것을 밝혀내려는 시도다. 예를 들면 달이 태양 앞을 지나가 부분적으로 또는 완전히 태양을 가리는 일식 도중 태양에 일어나는 현상 등을 밝히려는 것이다. 이처럼 밝기가 감소하는 정도를 통해 행성의 지름을 계산할 수 있다(항성의 지름을 정확하게 추정할 수 있다고 가정한다면 말이다). 트랜싯법을 적용하려면 지구에서 행성의 궤도 가장자리를 보는 것처럼 옆에서 관측해야 한다. 이렇게 하면 앞서 살펴본 도플러효과로 항성의 시선속도 변동도 명확히 볼 수 있으며, 이로부터 행성의 유효 질량에 관한 정보를 얻게 된다. 그렇게 행성의 질량과 밀도에 대한 정보가 있으면 평균 밀도를 계산할 수 있다. 평균 밀도를 계산한 결과, 주로 가스나 암석으로 이루어져 있다고 전제하면 행성의 주요 성분 역시 추론할 수 있다. 거대 행성을 통과하는 대기에서 분광학으로 가스를 식별한 경우도 있다.

이러한 방법들로 다른 행성계를 탐색한 지 30년째다. 지금까지 얻은 결과는 대단하다. 태양계 주변을 산책하면서 모든 종류의 행성을 다 보았다고 생각했다면, 여러분은 크게 착각한 것이다. 외계행성의 종류는 지금껏 발견된 것만 해도 매우 다양하며 분류하는 것도 쉬운 일이 아니다.

물론 많은 외계행성에는 목성 같은 가스행성이나 해왕성 같은 얼음행성 또는 두 행성의 중간 정도로 분류할 수 있는 크기와 특성이 있다. 이 행성들의 질량은 주위를 공전하는 항성의 운동을 상당히 방해한다. 이런 천체들은 일반적으로 항성에 너무 가깝게 공전하기 때문에 대기 온도가 섭씨 1,000도를 넘을 만큼 극도로 뜨겁다. 이 때문에 뜨거운 목성Hot Jupiter과 뜨거운 해왕성Hot Neptune으로도 알려져 있다. 어쨌거나 넓게 보자면 모두 우리 태양계의 거대 얼음행성과 거대 가스행성에 속한다. 해왕성보다 훨씬 작은 가스

행성은 미니해왕성mini-Neptune이라고 불린다.

반면 어떤 행성들은 차가운 항성인 갈색왜성 주위를 공전한다. 각각의 항성에서 멀리 떨어져 있어 극도로 춥고 표면이 얼음으로 영구히 덮여 있다. 일부는 태양과 비슷한 별 주위를 공전하며 바위로 된 단단한 표면과 생명체를 유지할 수 있는 대기가 있다. 이런 유형에 크기만 더 큰 외계행성은 슈퍼지구super-Earth로 분류한다. 사실 생명체가 절대 살 수 없는 지구형 행성이 지금까지 많이 발견되었다. 탄소 행성, 철 행성, 용암 행성 등 구성 성분이 상당히 이질적인 것들이다. 그러나 지구도 오랫동안 생명체가 살기 힘든 곳이었다. 지구는 생겨난 지 6억 년이 지난 약 40억 년 전에 '가혹한 폭격의 시대'에 들어섰다. 강렬한 유성우가 오랫동안 내린 것이다. 이것이 생명체의 기원이 되었을 화학적 씨앗을 가져왔거나 만들어냈을 것이라고 추측하는 사람도 있다.

먼지와 얼어붙은 파편으로 이루어진 고리들이 그 주위를 도는 항성도 많다. 천문학자들은 이 물체들이 행성의 기원이 되는 강착accretion 과정의 잔재라고 생각한다. 이 과정에서 항성에 가장 가깝고 밀도가 높은 물질은 다양한 크기의 행성으로 응축된다. 반면 잔류 물질은 행성계 외부로 투사되어, 중간 크기부터 작은 크기까지의 천체들로 이루어진 다소 엷은 띠를 형성한다. 이 천체들은 거대 행성의 중력 효과에 붙들려 항성 주위 궤도에 남는다. 우리 행성계에서도 정확히 이런 유형의 고리가 있다. 카이퍼대가 그 대표적인 예다.

지금까지 발견된 모든 행성 중에 지구의 쌍둥이로 간주할 수 있는 건 없다. 행성의 수와 다양성 면에서 우리 태양계와 가깝게 닮은 외계행성계도 없다. 다만 케플러-90계Kepler-90 system는 예외다. 용자리Draco 방향으로 2,800광년 이상 떨어져 있는 태양형의 별에 행성 8개의 행렬이 따르는 행성계다. 이 행성계에도 암석 행성이 중심 항성에 가깝고 가스행성은 멀리 떨어져 있다. 특히 6개의 내행성은 슈퍼지구에서 미니해왕성까지 크기가 다양한 반면, 2개의 외행성은 거대 가스행성이다. 마치 이 행성계가 우리 행성계의 가까운 친척처럼 보일 정도다. 다만 이 행성계에서는 항성에서 가장 먼 궤도를 도는 행성이 지구와 태양 사이의 거리보다 가깝게 있다. 만약 케플러-90계의 중심 항성을 태양 자리에 둔다면 이 행성계는 지구 궤도 내부에 완전히 포함될 것이다.

생명체거주가능행성이 있는 항성을 찾으려는 노력은 이제 막 시작되었다. 목표는 오래전부터 우리은하와 다른 은하에 있는 무수히 많은 외계행성에서 지구의 쌍둥이를 찾아내는 것이다. 지구처럼 생명이 태어나고 자랄 수 있는 환경이 우주 어딘가에 또 있는지를 알아보기 위해서다.

생명체가 거주 가능하려면 골디락스Goldilocks(금발머리) 행성이어야 한다. 생명체가 살기 좋은 행성을 골디락스 행성이라고 부르는 이유는 〈골디락스와 곰 세 마리Goldilocks and the Three Bears〉라는 영국의 고전 동화 때문이다. 이 동화의 주인공은 골디락스라는 어린 소녀다. 이 소녀는 어떤 선택 앞에서 항상 딱 적당한 중간 것을 고른다. 너무 크거나 작은 물건 사이에서는 딱 적당한 크기의 물건을, 너무 뜨겁거나 찬 음식 사이에서는 딱 적당한 온도의 음식을 고른다. 골디락스 행성 역시 생명체가 생겨나 진화할 수 있는 딱 적당한 조건을 갖춘 행성을 말한다. 골디락스 행성이 되기 위해서는 항성 주위 생명체거주가능영역에 있어야 한다. 그래야 생명체 발달에 필수적인 물이 있다고 생각할 수 있다.

천문학자들은 우리 행성과 유사한 행성을 몇 개 발견했다. 완전히 쌍둥이는 아니지만 지구와 비슷한 조건을 갖춘 외계행성이다. 다음과 같은 조건을 모두 갖추고 있어야만 이러한 행성으로 분류한다. 태양형 항성 주위를 공전할 것, 항성 주위 생명체거주가능영역에 있을 것, 질량과 크기 등 지구와 물리적 특성이 비슷할 것, 물리적, 화학적으로 적절한 대기가 있을 것 등이다.

이 모든 매개변수를 종합해 지구 유사성 지수Earth Similarity Index, ESI라는 지표를 계산할 수 있다. 우리 행성과의 유사성 정도를 0부터 1까지 정의하는 것이다. 현재 알려진 외계행성 중에는 지구 유사성 지수가 1인 행성은 없지만, 0.8이 넘는 행성은 있다. 지구 유사성 지수가 0.93인 행성도 있다. 티가든의 별Teegarden's star이라는 적색왜성 주위를 공전하는 행성 티가든bTeegarden b다. 티가든의 별이라는 이름은 2003년에 이를 발견한 미국 천체물리학자 보나드

티가든Bonnard Teegarden에서 따왔다.

티가든의 별은 중심핵 내부에서 수소 핵융합을 촉발하는 데 필요한 질량을 가까스로 갖고 있다. 질량이 조금만 더 적었다면 갈색왜성으로 남았을 것이다. 또한 양자리Aries 방향으로 12광년 떨어져 있으며 지구형 행성이 2개 있다. 이 지구형 행성 2개는 모두 생명체거주가능영역 안에 있고 대기의 밀도도 높은 것으로 보인다. 무엇보다 둘 중 적어도 하나에는 표면에 액체 상태의 물이 있을 것이라고 한다. 정리하자면 이 행성계에서 지구의 생명체와 유사한 생명체를 발견할 수도 있다는 뜻이다. 어쩌면 우리 문명보다 더 진보한 문명도 발견할 수 있을지 모른다. 더 이상 우리가 지구에 살 수 없게 된다면 피난처로 적절할 수 있다. 사실 우리에게는 시간이 얼마 남지 않았다.

지구의 미래를 보여주는 외계행성

새로운 세계의 대부분은 지구와 완전히 다른 특성을 지닌다. 이제부터는 지금까지 발견된 이상한 행성계로 안내하고자 한다. 안타깝게도 이 목적지들로 가는 상품을 계획하는 여행사는 아직 없다. 어디로 가든 비용이 많이 들고 아주 위험하기 때문이다. 하지만 모험을 꿈꾸는 사람들이 이 책을 뒤적여볼 수도 있기 때문에 안내를 계속하려 한다.

가장 가까이 있는 외계행성을 찾으려고 너무 애쓰지 않아도 된다. 우리에게 가장 가까운 항성인 프록시마켄타우리에는 생명체거주가능영역에서 궤도를 도는 지구형 행성 프록시마켄타우리b가 있다. 하지만 이 행성에 실제로 생명체가 살 수 있는지를 판단하기는 쉽지 않다. 프록시마켄타우리b는 플레어별flare star이라는 변광성의 일종인 적색왜성 주위를 공전하는데, 플레어별은 가스 대기와 자기장의 상호작용으로 발생한 에너지를 방출하면서 갑자기 밝아지는 때가 있다. 그 결과 지구의 자기권을 강타하는 태양풍보다 수천 배는 더 강한 항성풍이 프록시마켄타우리b를 강타한다. 프록시마켄타우리에는 프록시마켄타우리c라는 또 다른 행성도 있다. 프록시마켄타우리c의 특성은 아직 거의 알려지지 않았다. 어쩌면 슈퍼지구일 수도 있고 어쩌면 미니해왕성일 수도 있겠지만 크게 기대하지는 마라.

프록시마켄타우리b의 하늘은 어쨌거나 흥미진진하다. 프록시마켄타우리b의 하늘에서는 프록시마켄타우리가 속한 다중성계*의 다른 두 별을 나란히 볼 수 있다. 항성 2개가 일몰하는 장면은 SF소설에만 존재하는 것이 아니다. 프록시마켄타우리는 알파켄타

* 알파켄타우리계는 알파켄타우리A와 알파켄타우리B로 이루어진 쌍성계라고 보는 의견도 있지만, 여기에 프록시마켄타우리까지 묶어서 다중성계라고 보는 의견도 있다.

우리계Alpha Centauri를 구성하는 세 별 중 하나다. 프록시마켄타우리는 그중 가장 작고 빛이 약하다. 다른 두 별은 알파켄타우리A와 알파켄타우리B로, 태양형 항성이며 프록시마켄타우리보다 훨씬 더 뜨겁고 밝게 빛난다. 프록시마켄타우리에 한번 가보고 싶지 않은가? 〈스타워즈Star Wars〉 시리즈의 팬으로서 아나킨Anakin과 그의 아들 루크Luke의 고향인 쌍성계 주위를 공전하는 행성 타투인Tatooine을 경험해보고 싶다면 프로시마켄타우리b가 적합할 것이다!

사람이 살고 있을 가능성은 거의 없지만, 있다면 그 거주자들은 행성이 항성 주위에서 움직이고 있다는 것도 알아차리지 못할 만한 행성이 있다. 바로 거대 가스행성 2MASS J2126-8140이다. 이 행성은 질량이 우리 목성의 약 13배이며, 적색왜성 TYC 9486-927-1로부터 거의 7,000억 킬로미터 떨어진 거리에서 궤도를 돌고 있다. 이 거리는 지구와 태양 사이 거리의 4,500배 정도로 행성과 항성의 거리가 너무 멀다. 그런 거리라면 중심 항성을 하늘에 있는 다른 별 중 하나로 착각할 수도 있다. 2MASS J2126-8140의 궤도는 지금까지 발견된 궤도 중 가장 넓고, 중심 항성 주위를 한 바퀴 도는 데 지구 시간으로 약 90만 년이 걸린다. 이 행성계를 방문하려면 천구의 남극이 위치한 팔분의자리Octans 방향으로 90광년이 조금 안 되는 거리를 가야 한다.

지구에도 생명체가 살 수 없는 때가 온다. 태양은 약 55억 년 안에 핵의 수소가 고갈되어 그 원소의 열핵반응이 종료되면 적색거성이 된다. 이 단계에서 태양의 바깥쪽 층은 지구의 궤도를 포함할 정도로 팽창해 지구에는 더 이상 생명체가 살 수 없을 것이다. 이 현상은 팽창하는 적색거성 케플러-432A 주위를 공전하는 케플러-432b를 보아도 알 수 있다. 백조자리Cygnus 방향으로 약 9,000광년 떨어져 있는 쌍성계의 일부인 케플러-432A 항성은 적색거성으로 바뀌기 시작했다. 천문학자들은 약 2억 년 안에 케플러-432b 행성의 공전속도가 점점 느려지면서 끝내 항성의 대기에 흡수되고 결국 증발할 것이라고 추측한다. 우리의 후손이 제때 행성에서 탈출할 방법을 찾을 수 있기를!

케플러-432b보다 훨씬 더 불운한 행성들도 있다. 바로 붕괴 중인 별들이다. 이런 행성은 대기 가스가 없어지고 표면 암석까지 떨어질 정도로 항성에 너무 가까워, 수백만 년 이내에 아무것도 남지 않을 것이다. 이 중 가장 눈에 띄는 것은 우리로부터 730광년 이상 떨어진 사자자리에 있는 K2-22b 행성으로, 공전주기는 9시간이 조금 넘는다. 이 행성은 항성과 아주 가까운 거리에서 매우 빠르게 공전한다. 태양과 수성의 거리보다 45배 더 가깝다. 천문학자들이 이 행성을 거의 혜성과 비슷하다고 보는 이유는 바로 먼지로 된 긴 꼬리가 앞뒤에 있기 때문이다. 이 먼지는 항성이 이 행성을 완전히 분해될 때까지 벗겨내면서 나오는 물질이다.

이토록 이상하고 아름다운 태양계 너머

우리는 행성을 생각하면 항성 주위 궤도를 도는 천체를 떠올린다. 하지만 모든 행성이 그러지는 않는다. 일부 행성은 어떤 항성에서도 매이지 않고 우주 공간에서 방랑하고 있다. 바로 떠돌이행성rogue planet이다. 떠돌이행성은 항성 주위의 정해진 궤도에서 벗어나 자유롭게 돌아다닌다. 이들을 찾는 것은 어렵지만 불가능하지는 않다. 실제로 목성 질량의 6배에 달하는 PSO J318.5-22를 발견했다. 홀로 떨어져 있지만 직접 관측할 수 있을 만큼 온도가 높다. 이 행성은 우리로부터 약 80광년 떨어져 있고 남쪽 하늘의 화가자리Pictor에 있다. 성간행성interstellar planet이라고도 하는 이런 천체는 점점 더 성능이 좋아지는 망원경 덕분에 앞으로 좀 더 쉽게 발견할 수 있을 것이다. 행성 형성에 관한 몇 가지 이론에 따르면 대부분의 행성 또는 원시행성이 항성 궤도에서 방출될 것이다. 사실 태양 같은 항성 주위로 안정적인 궤도를 도는 행성에 살고 있다는 건 행운이다.

대부분의 행성은 우리와는 전혀 다른 태양계에 있다. 그러니 우리 태양계와의 유사성을 생각하며 만든 가설을 다른 행성들에 적용한 결과는 충격적일 때가 많다. 쌍성계 케플러-16 주위를 공전하며 토성과 질량이 비슷한 행성 케플러-16(AB)b의 경우도 그렇다. 우리로부터 백조자리 방향으로 약 250광년 떨어진 이 행성은 최초로 관측을 통해 쌍성주위행성circumbinary planet이라고 확인되었다. 바로 2개의 항성 주위 궤도를 동시에 도는 것이다. 공전주기는 229일이며 이 행성의 방문자는 숨 막히도록 아름다운 일출과 일몰을 볼 수 있다!

운이 좋은 사람들은 행운의 별 아래에서 태어났다는 말이 있다. 행운의 별은 모르겠지만 불운한 별, 다시 말해 한 번도 빛을 켠 적이 없는 별 아래에서 태어난 행성은 분명히 있다. 바로 거대 가스행성 2M1207b이다. 질량은 목성의 약 5배이며, 갈색왜성 2M1207A 주위를 공전하고, 지구에서 켄타우루스자리 방향으로 약 170광년 떨어져 있다. 갈색왜성은 만들어지다 만 항성이다. 이들은 내부에서 열핵반응을 촉발시키기에는 질량이 충분하지 않다. 따라서 갈색왜성은 자체 핵연료를 태울 수는 없지만 중력수축으로 한동안 열을 낼 수는 있다. 행성 2M1207b는 명왕성과 태양 사이와 비슷한 거리에서 갈색왜성 주위를 돌고 있으며, 별에서 빛을 많이 받지는 못하지만 표면 온도는 섭씨 1,300도 이상으로 추정된다. 확실히 생명체가 살기에 적합한 행성은 아니지만 중요한 기록이 있다. 이 행성이 주위를 공전하는 별보다는 100배 덜 밝지만, 2004년 유럽남방천문대의 초거대망원경Very Large Telescope으로 직접 촬영한 사진에서 발견된 최초의 외계행성이다.

슈퍼지구로 분류된 최초의 외계행성은 게자리55e55 Cancri e다. 지구에서 40광년 떨어진 게자리에는 태양과 비슷한 별인 게자리 55A가 있으며, 그 주위를 5개의 행성이 공전하고 있다. 동반성companion star인 게자리55B도 있다. 5개 행성 중 하나인 게자리55e는 대기를 분석할 수 있었던 최초의 슈퍼지구로, 지름이 우리 행성의 2배이고 질량은 거의 9배에 달한다. 하지만 지구와의 유사성은 별로 없다. 수소와 헬륨은 풍부하지만 수증기는 없다. 그리고 이 행성은 본질적으로 탄소로 이루어져 있다. 탄소의 대부분은 행성 내부에서 발견되는 온도와 압력 조건에서 가장 귀한 다이아몬드의 형태로 존재할 것이다. 이 행성을 보는 것은 거대하고 값비싼 보석을 마주하는 것이나 마찬가지다. 다만 다이아몬드를 캐와야겠다는 생각은 하지 마라. 최근의 한 연구에서 이 행성의 대기가 지구의 대기와 비슷하다는 주장이 나왔다. 하지만 지구의 대기보다 훨씬 더 두껍고 뜨거운 것으로 보아 이 행성의 표면은 작열하는 용암으로 뒤덮여 있을 수도 있다. 그러니 만약 다이아몬드가 있다면 그 용암은 확실히 다이아몬드를 지키는 금고라고 할 수 있겠다.

행성은 그 자체로 빛을 내는 것이 아니라 항성의 빛을 반사해서 빛난다. 하지만 모든 행성이 같은 방식으로 항성의 빛을 반사하지는 않는다. 구름 덕분에 더 밝게 빛나는 지구처럼 더 밝은 것도 있고, 훨씬 덜 밝은 것도 있다. 덜 밝은 행성은 어둡기 때문에 정보를 모으기 어렵다. 실제로 행성 TrES-2b는 확인된 모든 외계행성 중 가장 어둡다. 이 행성의 반사 능력, 곧 알베도는 1퍼센트 미만이다. 자신이 주위를 돌고 있는 항성의 빛을 1퍼센트 미만으로 반사하는 것이다. 천문학자들은 이 행성의 알베도가 이렇게 낮은 이유를 밝히지 못했다. 이 행성은 마치 불투명한 검정 아크릴 페인트로 완전히 뒤덮어 놓은 것 같다. 목성과 비슷한 이 행성은 700광년 떨어진 용자리에 있는 항성 주위를 공전하고 있으며 케플러우주망원경으로 관측된 최초의 천체라는 영예를 안고 있다. 이 때문에 행성을 케플러-1b라고도 부른다.

외계행성 연구에서, 외계행성이 어떻게 만들어졌는지, 행성이 고체, 액체, 기체인지, 행성의 구성 요소가 무엇인지, 대기가 있는지, 위성이 있는지, 생명체가 살 수 있는지 등을 알아보려는 시도는 아주 흥미롭다. 물은 가장 많이 탐색하는 분자다. 물이 없다면 지구에 생명체가 탄생하지 못했기 때문이기도 하다. 그런데 뱀주인자리Ophiuchus 방향으로 42광년 떨어진 적색왜성 주위를 도는 행성인 글리제 1214bGliese 1214 b에는 우리 행성에 있는 것보다 물이 훨씬 더 많아 보인다. 일부 행성 모형에 따르면 슈퍼지구로 분류되는 글리제 1214b는 두꺼운 대기로 덮인 액체 물의 바다로 완전히 둘러싸여 있을 수도 있다. 또는 수만 킬로미터 깊이에 매우 높은 압력으로 형성된 특이한 형태의 얼음이나 플라스마 같은 독특한 물질 상태가 있을 수도 있다.

지구로부터 날개 달린 말 페가수스자리Pegasus 방향으로 약 150광년 거리에 우리 태양과 매우 유사한 항성이 하나 있다. 바로 HD209458이다. 그런데 3.5일마다 한 번씩 어떤 물체가 이 항성 앞을 지나가며 부분적으로 엄폐해 일시적으로 이 항성의 밝기를 줄인다(단 2퍼센트). 1999년에 서로 다른 두 연구 집단이, 그 물체가 행성이고 질량은 지구의 약 200배이며(목성 질량은 지구의 318배), 중심 항성과 겨우 650만 킬로미터 떨어진 거리에서 공전하고 있다는 것을 발견했다. 생명체가 살기에는 항성과 너무 가까운 것이다. 그러니까 행성 HD209458b는 항성 앞을 지나가다가 발견된 최초의 행성으로 기록되었다. 거의 유일하게 수소로만 이루어져 있는 이 행성의 대기는 행성 자체의 중력에서 서서히 벗어나 혜성과 유사한 꼬리를 만들어낸다. 아주 거대한 혜성이라고 해야 할 것이다!

태양계에서 메탄 비, 암모니아 우박 그리고 여러 이상한 기상 현상을 접해본 여행자도 바위 비는 아직 경험하지 못했을 것이다. 바위 비는 지구보다 약간 큰 암석 세계인 외계행성 K2-141b의 독특한 특성이다. 이 행성은 태양보다 조금 작고 온도가 낮은 적색왜성인 중심 항성에 정말 가깝게 공전한다. 지구와 함께 있는 달처럼 항성의 중력에 붙잡힌 K2-141b는 항상 같은 면을 항성의 불타는 표면 쪽으로 향하고 있기 때문에 섭씨 3,000도 이상까지 가열된다. 이런 온도에서 바위는 녹고 몇몇 물질은 증발한다. 행성 표면에 시속 최대 5,000킬로미터에 이르는 초음속으로 격렬한 바람도 분다. 이런 바람은 '바위 증기'를 항상 어둡고 섭씨 영하 200도에 육박해 훨씬 더 추운 반구로 밀어낸다. 이 온도에서 미네랄 증기는 다시 바위로 응결된 후 아래쪽 용암 바다로 떨어져 행성 전체를 덮는다. 용암이 흘러 바위를 뜨거운 반구로 되돌려 놓으면서 바위는 다시 순환한다. 지구상의 물과 유사한 방식으로 순환하면서 이 행성의 대기와 표면을 파괴하기도 한다.

이글거리는 바위 비에 맞설 수 있다고 생각한다면 쇳물 비는 어떤가? 여기서도 가설이지만, 물고기자리Pisces 방향으로 약 640광년 떨어진 태양형 항성을 도는 뜨거운 목성인 WASP-76b에는 쇳물 비가 내린다! 이 외계행성도 달과 마찬가지로 동주기자전을 하며, 항상 같은 반구가 항성을 향하고 있다. 항상 빛을 받는 뜨거운 반구는 온도가 섭씨 2,400도까지 이르는 반면 밤인 반구는 온도가 섭씨 1,500도로 떨어진다. 이런 조건에서는 물이 아니라 철 같은 금속이 증발, 응결, 강수의 과정을 순환할 것이다. 낮인 반구와 밤인 반구 사이의 큰 온도차 때문에 강한 바람이 생성되고 이 바람이 철 증기를 더 차가운 쪽으로 운반하며 남은 역할을 한다. 그러고 나서 이 철 증기는 특히 두 반구 사이의 경계에 근접한 곳에서 응결된 뒤 녹아서 쇳물방울 형태의 비로 내린다. 이곳은 지옥과 크게 다르지 않다.

어디엔가 전설의 밤이 있을 수도

미국으로 귀화한 러시아 출신의 유명한 SF소설 작가 아이작 아시모프Isaac Asimov는 1941년에 《전설의 밤Nightfall》라는 소설을 썼다. 여기에서 그는 6성계, 곧 항성 6개로 이루어진 행성계에 속한 어떤 행성의 존재를 가정했다. 라가시Lagash라는 이 행성에서 어둠은 생소하다(라가시는 지금은 유적만 남아 있는 수메르와 바빌로니아의 고대 도시국가의 이름이기도 하다). 6개의 항성 중 적어도 하나는 항상 수평선 위에 남아 있기 때문이다. 항성 5개는 지고 하나의 항성만이 행성을 비추는 매우 드문 상황에서만 달이 항성을 가리고 행성 라가시를 어둠 속으로 몰아넣는다.

스포일러 시작. 만약 이 이야기를 모른다면, 다음 줄을 읽지 마라. 이런 일식은 반나절 동안 짧게 지속되는데, 라가시에 사는 사람들을 충분히 미치게 했다. 그들의 문명을 파괴로 이끌 만큼이나 말이다. 스포일러 끝. 지금 달려가서 이 소설을 읽어보라!

천문학자들은 그런 행성계에서 궤도를 도는 외계행성을 아직 하나도 발견하지 못했다. 아마 행성의 궤도는 극도로 불안정해서 찾기는 어렵겠지만, 라가시 같은 외계행성이 언젠가 발견되는 건 불가능한 일이 아니다. 실제로 6중성을 포함해 다중성계는 여러 개 발견됐다. 맨눈으로도 보여서 고대에 이미 발견된 항성 카스토르Castor, 곧 쌍둥이자리알파Alfa Geminorum는 쌍둥이자리의 주요 별 2개 중 하나다. 다른 하나는 폴룩스Pollux, 쌍둥이자리베타Beta Geminorum다. 이 두 별은 그리스신화에 함께 나오는 디오스쿠로이Dioskuroi, 바로 제우스와 스파르타 왕비 레다의 쌍둥이 아들을 상징

한다. 여기 카스토르는 별 3개의 체계이고, 각각의 별은 다시 2개의 별로 이루어진 쌍성계다.

아시모프가 그의 소설에서 상상했던 광경을 떠올려보는 건 어렵지 않다. 소설 속 행성계에 속하는 가상의 행성에서는 절대로 깜깜해지는 법이 없다. 6개의 별 중 적어도 하나는 항성 지평선 위에 떠 있기 때문이다. 그런 행성에 살고 있다고 상상해보라. 절대 밤이 오지 않고 지평선 위에 떠 있는 별의 종류에 따라 낮이 다른 색으로 물드는 행성 말이다. 그 현상을 보려면 50광년 이상을 여행해야 한다. 파커태양탐사선Parker Solar Probe을 타고 시속 약 70만 킬로미터의 기록적인 속도로 간다고 해도 항성 카스토르 근처 궤도에 도착하기까지는 거의 8만 년이 걸린다.

현실을 직시하자. 〈스타트렉〉에 나오는 성간 함대의 우주선에 장착되어 초광속 속도로 우주의 한 부분에서 다른 부분으로 이동시켜주는 워프 추진력이 없으면 우주탐사는 정말로 어렵다!

우주의 우리 집,
은하수 횡단하기

은하수 Milky Way

은하
은하 중심으로부터의 거리: 2만 7,000광년
지름: 10만 ~12만 광년
두께: 1,000광년
질량: 약 $1.5 \times 10^{12} M_{\odot}$(태양질량)
별의 개수: 3,000억±1,000억
나이: 132억 년
은하의 종류: 막대나선형
주요 위성: 대마젤란운과 소마젤란운

외계행성들을 돌아다니면서 먼 거리를 움직이기는 했지만, 아직은 우주에 있는 우리 집 안에 있는 것과 다를 바 없다. 은하수로 더 잘 알려진 우리은하 내부에 있다는 말이다.

우리는 지구에서 구름 한 점 없이 어둡고 투명한 하늘 아래에 있는 게 어떤 건지 떠올릴 수 있다. 별이 뜬 하늘은 언제나 멋진 광경이다. 새카만 바탕에 여러 기하학적 형상으로 배열되어 몇 세기 동안 철학자, 시인, 선원, 천문학자들의 상상력에 영감을 준 수천 개의 반짝이는 점들 덕분이다. 그런데 빛나는 별이 떠 있는 그 배경은 오직 겉보기에만 새카맣다. 어두운 밤에 달도 없다면 까만 하늘 한쪽 끝에서 다른 쪽 끝까지 뻗어 있는 울퉁불퉁한 밝은 띠를 볼 수 있다. 바로 은하수다.

그리스신화에 따르면 헤라클레스에게 젖을 먹이던 제우스의 아내 헤라Hera의 젖가슴에서 나와 흩어진 젖방울이 은하수를 만들었다. 항상 어린 아가씨들을 쫓아다니던 제우스는 아름다운 알크메네Alcmene를 선택해 매우 강한 아들 헤라클레스를 낳는다. 하지만 알크메네는 헤라의 분노를 두려워해 아들을 버렸다. 제우스의 부추김을 받은 아테나Athena는 헤라를 설득해 갓 태어난 아기에게 젖을 먹이도록 했다. 어쨌거나 제우스는 자신이 원하던 바를 얻어냈다. 바로 헤라의 젖을 마신 헤라클레스의 불멸이었다. 사실 이 이야기는 조금씩 다르게 전해지는데, 헤라가 헤라클레스에게 물리던 젖을 흘리는 장면은 모두 같다.

바로 이 이야기가 은하수라는 이름의 기원을 설명한다. 은하수를 뜻하는 라틴어 '비아락테아Via Lactea'는 그리스어 '갈락시아스Galaxias'에서 나왔고, 이 단어의 어원은 우유 또는 젖을 의미하는 '갈라gala'다. 밀키웨이Milky Way라고 하든 갤럭시Galaxy라고 하든 은하수를 뜻하는 단어는 모두 그리스신화의 밤하늘에 젖이 튄 덕분에 멋진 은하수가 생기게 되었다는 이야기에서 기원한다.

은하수의 빛은 멀리 있는 무수한 별과 다른 물질에서 만들어진다. 우리 눈으로는 뚜렷이 볼 수가 없지만, 작은 일반 망원경만 있어도 은하수에 있는 화려한 별들의 웅장한 모습을 그대로 볼 수 있다. 이제 우리는 준비가 되었다. 밤하늘에서 빛나는 '빛의 띠'를 횡단해보자.

나선형의 우리 집

은하수는 우리의 우주 집이다. 바로 태양과 그 행성계가 속하는 곳이 이 은하다. 자, 헷갈리지 말자. 여기서 '집'은 작은 아파트나 원룸이 아니라 방이 많은 아름답고 큰 별장을 말한다. 우리가 몇몇 외계행성을 방문하며 알아본 것처럼 은하수에는 방이 아주 많다.

하나뿐인 우리은하의 정식 이름은 첫 글자를 대문자 G로 표기하는 Galaxy다. 중력으로 결합된 은하계로, 별, 가스, 먼지, 암흑물질 등 모든 물질이 이 은하계 중심을 공전한다. 그리고 우리은하를 채우는 셀 수 없이 많은 별 중 하나인 태양도 이 간단한 법칙을 어기지 않는다. 태양은 우리의 은하계를 채우는 2,000억 개 이상의 별 중 하나일 뿐이다. 이 숫자도 단지 추정치이며 실제로는 이 수치보다 2배 더 많을 수 있다. 이처럼 엄청나게 많은 별 외에도 우리은하는 성단, 성운, 성간 가스, 성간먼지 등으로 가득 차 있다.

우리은하는 다른 많은 은하와 마찬가지로 나선형이다. 납작한 원반 위에 나선팔이 발달해 있다. 엄밀히 말하면 막대나선은하barred spiral galaxy다. 나선팔이 중심부에서 바로 시작되는 게 아니라, 중심부를 가로지르는 부분, 곧 천문학자들이 '막대'라고 부르는 것에서 나오기 때문이다. 안타깝게도 우리가 이 형태를 직접 보는 것은 불가능하다. 중성수소 구름의 위치와 속도를 간접적으로 측정하는 전파천문 관측을 통해서만 명확히 확인할 수 있다. 태양은 원반의 내부에 있으며 중앙에서는 꽤 벗어나 있다. 그러니까 우리가 보는 우리은하는 하늘 전체에 균일하게 분포되어 있는 우리 주변의 별들이다. 이 때문에 은하수가 먼지와 별들로 이루어져 하늘을 가로지르며 흐릿하게 빛나는 띠로 보인다. 우리는 단지 우리의 시점에서 관찰한 우리은하의 원반을 보는 것이며, 이는 우리은하가 납작하기 때문에 생기는 단순한 원근감 효과다.

우리은하에 나선 구조가 있다는 증거는 최근에 전파천문 측정을 통해 나왔다. 바로 지난 세기 후반의 일이었다. 1785년에 윌리엄 허셜이 우리은하의 지도를 그리려고 했지만, 1920년대쯤에야 태양은 우주의 중심이 아니며 은하의 중심에 있지도 않다는 걸 알게 되었다.

다른 나선은하와 마찬가지로, 우리은하는 두께가 얇은 원반과 팽대부라는 불룩한 중앙으로 이루어진 기본적으로 납작한 체계다. 일반적인 나선은하의 경우, 이 중심핵에서(우리은하처럼 막대나선은하의 경우는 막대에서) 나선팔이 나와 은하의 원반 주위에 펼쳐져 있다. 밀도는 훨씬 낮으며 원반 전체를 둘러싼 구형체는 헤일로다. 헤일로에는 고립된 늙은 별과 구상성단이 있어서 우리은하의 나이를 알 수 있다. 우리은하의 지름은 약 10만 광년이며, 원반의 가장 두꺼운 부분인 팽대부의 지름은 약 3,000광년으로 우리은하 지름의 30분의 1에 불과하다. 원반 나머지 부분의 두께는 약 1,000광년이다.

우리은하의 중심부는 궁수자리Sagittarius 방향에 있다. 안타깝게도 이 중심부는 은하의 다른 지역과 마찬가지로 우리가 볼 수 없다. 짙은 성간물질 구름 때문에 그 뒤에 있는 별에서 방출되는 빛이 가려진다. 석탄자루coalsack라고 부르는 넓고 검은 먼지 줄무늬들은 은하수 별들의 밝은 배경과 대비되어 맨눈으로 쉽게 볼 수 있

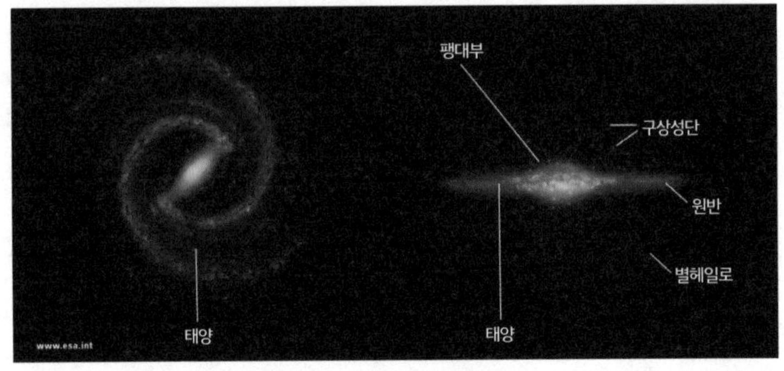

그림 12-1 우리은하의 구조

다. 덕분에 망원경으로 보면 은하수의 아름다운 모습이 더욱더 극적으로 드러난다. 맨눈으로 볼 때 끊임없이 이어지는 빛나는 띠가 사실은 아주 조밀하게 채워진 무수한 별들임을 알게 된다!

우리은하는 차등자전differential rotation한다. 거리에 따라 다른 속도로 자전한다는 뜻이다. 중심부로부터 약 2만 7,000광년 떨어진 태양계는 초속 220킬로미터로 움직이며 공전하는 데 약 2억 2,500만 년이 걸린다. 바로 이 값을 우주년cosmic year이라고 한다. 은하의 회전속도곡선 연구, 곧 은하 중심으로부터 떨어진 거리와 별의 공전속도의 관계를 보여주는 그래프에 대한 연구 결과에 따르면, 겉으로 보이는 것보다 훨씬 더 많은 물질이 우리은하 내부에 있다. 특히 은하 질량의 90퍼센트는 중력 효과를 통해서만 나타나는 암흑물질로 구성되어 있다.

하늘에서 맨눈으로 볼 수 있는 천체는 대부분 태양계를 포함해 우리은하에 속하는 별들이다. 외부은하external galaxy의 일부도 볼 수는 있다. 다만 엄청나게 멀리 떨어져 있기 때문에 우리은하처럼 수천 억 개의 별들로 이루어져 있는데도 하나의 별로 보인다.

은하수를 여행할 때는 구멍을 조심하라

은하수를 따라 여행하다 보면 몇 가지 문제에 맞닥뜨린다. 당연히 교통체증은 아니고 도저히 깊이를 가늠할 수 없는 '구멍' 때문이다. 일반적으로 주변에 있는 별들이 길을 잘 밝혀주는데도 구멍이 보이지 않는 경우가 있다. 자, 여기서 말하는 구멍들은 우리 도시의 거리에 있는 구멍과는 아주 다르며, 우주에서 가장 불가사의한 천체다. 바로 블랙홀이다. 블랙홀은 주변에 그 존재를 알려주는 별이 없다면 우리의 시야에서 숨을 수 있어 우주의 어둠 속에서 발견하기가 매우 어렵다.

다행히도 일부 블랙홀은 쌍성계의 일부이기 때문에 다른 별들과 함께 있다. 이 경우 블랙홀은 같이 있는 별의 질량 일부를 탐욕스럽게 삼킨다. 블랙홀을 둘러싼 강착원반accretion disk의 낙하물질에서 방출되는 X선 덕분에 별의 질량이 블랙홀 속으로 떨어지는 과정을 관찰하고 항성블랙홀stellar black hole을 발견할 수 있었다. 블랙홀 중 일부는 우리은하에서도 발견되었지만, 다행히 지구나 태양계의 생존을 위협할 정도로 가까이에 있는 것은 없다.

1964년, 최초로 X선 천체가 발견되었다. 백조자리에서 가장 밝은 X선 광원인 백조자리 X-1이다. 매우 뜨겁고 큰 청색 별과 쌍성을 이루며 질량이 태양질량 몇 배로 추정되지만 극도로 조밀해서 눈에 보이지 않는다(가장 최근 추정치는 태양질량의 약 20배다). 청색 별과의 궤도 주기는 약 5.5일에 해당한다. 백조자리 X-1은 지구에서 약 6,000광년이 넘는 거리에 있으며, 쌍성을 이루는 별이 일반적인 별이라면 일정 범위 내에서 쉽게 볼 수 있을 것이다. 눈에 보이지 않고 강한 X선을 방출하며 추정된 질량으로 미루어보아, 대다수의 천문학자는 백조자리 X-1이 최초로 확인된 항성블랙홀이라고 생각한다.

하지만 정말 블랙홀이 맞는지 가까이에 가서 볼 생각은 하지 마라! 경관이 얼마나 장관일지는 몰라도 아주 아주 끔찍한 일이 일어날 수 있다. 블랙홀 주변의 중력장은 너무 강해서 가까이에 있는 모든 것을 말 그대로 잡아당기고 길게 늘릴 것이다. 빠르게 죽는다고 해도 아름다운 죽음일 수가 없다. 천체물리학자들은 이 과정을 '스파게티화spaghettification'라고 했다. 그 결과를 아주 잘 표현하는 단어다. 이때 우주선이 여러분을 지켜준다고 생각하지 마라. 이러한 힘을 견딜 수 있는 물질은 없다!

없는 게 없는 우리은하는 항성블랙홀 외에도 초거대질량블랙홀supermassive black hole을 보유하고 있다. 바로 궁수자리A*로, 은하 중

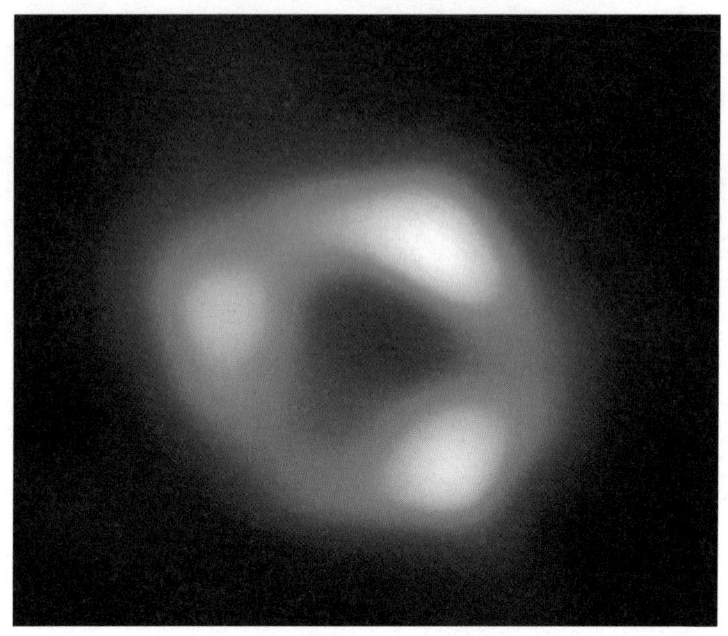

그림 12-2 이벤트호라이즌호가 촬영한 궁수자리A*

심부에 있는 별들의 운동, 팽대부의 가장 안쪽 영역에서 나오는 강한 X선과 감마선, 전파 방출에 관한 연구 덕분에 발견되었다. 초거대질량블랙홀은 제한된 부피에 매우 거대한 질량이 결집된 천체다. 지구에서 우리은하의 중심부가 있는 궁수자리 방향으로 약 2만 7,000광년 떨어져 있는 궁수자리A*의 질량은 태양질량의 약 400만 배로 추정된다. 자, 우리는 이런 방대한 블랙홀 가까이에서 벌어지는 놀라운 광경을 안전한 거리 내에서 상상만 해보자. 실제로도 우리은하 중심으로 가는 여행상품은 어떠한 여행사에서도 판매할 계획이 없다. 그 방향으로 모험을 떠난 소수의 탐험가는 여행이 어땠는지 이야기해주러 다시 돌아오지 못했기 때문이다. 상상도 하지 않는 것이 좋겠다.

편도여행만 가능한 천체

블랙홀이라는 이름은 1967년 미국의 이론천체물리학자 존 휠러 John Wheeler가, 중력이 너무 강해서 빛조차 빠져나가지 못하는 천체를 가리키는 말로 만들어냈다. 그래서 이름에 '검은색'이 들어갔다. 빛을 방출하지 않기 때문이다. 블랙홀이 불가사의한 이유가 바로 그 때문이다. 블랙홀은 빛나지 않기 때문에 절대 직접 볼 수 없으며, 주변 환경에 남긴 간접적인 단서를 통해서만 그 존재를 탐색하고 연구할 수밖에 없다. 블랙홀이 별을 잡아먹는다면, 우리는 블랙홀을 '볼 수는' 없지만 백조자리 X-1이나 궁수자리A*처럼 강한 중력장의 파괴적인 영향을 어쨌든 관측할 수는 있다.

이러한 특성 때문에 우주에서 외떨어져 있는 블랙홀을 알아볼 가능성은 전혀 없다. 이 천체의 존재 가능성에 대한 단서는 별과 별을 둘러싸는 물질에 발생한 현상뿐이다. 이 개념을 설명하기 위해 휠러는 흥미로운 비유를 하나 들었다. 여자는 모두 흰색 드레스를 입고 남자는 모두 검은 양복을 입고 어두컴컴한 연회장에 있다고 가정해보자. 여자들은 잘 보이지만 남자들은 눈에 띄지 않을 것이다. 하지만 남녀가 춤을 춘다면 남자는 눈에 보이지 않아도 여자들의 동작을 통해 그 존재를 인식할 수 있다. 블랙홀을 인식하는 것도 이와 마찬가지다.

중력장으로 인해 빛이 굴절하기 때문에 블랙홀에서 빛이 빠져나갈 수 없다는 걸 설명한 사람은 아인슈타인이었다. 실제로 블랙홀 부근에서는 시공간이 너무 휘어서 광선의 궤적마저도 도망가지 못하고 접혀버린다. 실감이 안 된다면 태양을 블랙홀로 치환해보자. 지름이 69만 킬로미터가 넘는 태양의 질량 전부를 반지름이 약 3킬로미터인 구체에 집어넣어야 블랙홀이 된다. 반지름이 7킬로미터가 넘는 지구는 그 질량 전부를 반지름이 불과 9밀리미터인 작은 구체에 집어넣어야 블랙홀이 된다.

이 모든 경고를 듣고도 여전히 블랙홀로 여행을 가고 싶다면 오직 편도로만 떠날 수 있다는 걸 명심하자. 블랙홀 주변에는 '사건의 지평선event horizon'이라는 시공간 영역이 있는데, 그걸 넘으면 더 이상 되돌아올 수 없다. 이 경계를 넘으면 경계를 넘고 있다는 사실조차 깨닫지 못한 채 스파게티화될 것이다. 죽음의 다이빙 광경을 보기 위해 밖에 남아 있을 여행 동반자들은 여러분이 지평선에 무한정 가까워지다가 그곳에 멈춰 서 있다고 생각할 것이다. 그리고 여러분의 죽음에는 누구도 함께하지 못할 것이다. 일반상대성이론의 장난이다.

이런 장난에는 중력파gravitational wave도 포함된다. 중력파의 존재는 최근에 와서야 확인되었다. 중력파를 찾아내기 위해 특별히 설계된 간섭계interferometer 중력파 검출기를 사용한 관측 덕분이었다. 상대성이론에 따르면 중성자별과 블랙홀처럼 고밀도 별들로 구성된 쌍성계는 체계 자체의 총 에너지를 사용해 중력파를 방출한다. 중력파는 시공간 구조에서 일시적인 '잔물결'로 표현될 수 있으며, 지나가면서 곡률이 변한다. 따라서 간섭계는 중력파가 통과하는 시공간 곡률의 국부적 변화를 측정한다. 이제 이 기계를 이용해 전자기 방출이 보이지 않아도 블랙홀을 발견할 수 있다. 물론 쌍성계에 있으며 병합하고 있는 블랙홀이어야 한다.

이제는 섬우주를 방문할 시간

우리은하는 우주에서 고립되어 떠돌지 않는다. 우리는 국부은하군local group of galaxies이라는 작은 은하 집단에 속해 있다. 국부은하군의 은하 약 80개 중 우리은하 외에 가장 중요한 것은 안드로메다 은하Andromeda galaxy(M31)와 삼각형자리은하Triangulum galaxy(M33)다. 두 은하는 우리은하와 같은 나선형이며, 250만 광년 이상 떨어져 있다. 우리은하에서 약 20만 광년 떨어져 있는 훨씬 더 가까운 곳에는 우리은하의 작은 불규칙 위성 은하인 소마젤란운Small Magellanic

Cloud과 대마젤란운Large Magellanic Cloud이 있다. 이제부터 우리의 '집'을 떠나 우주공간에 있는 이 '섬우주island universe'*들을 방문하러 가보자. 더 이상 행성이나 성간이 아니라 은하로 여행을 떠나는 순간이 온 것이다.

주행해야 할 거리는 훨씬 더 늘어날 것이다. 배낭에 시간을 때울 거리를 충분히 넣어가시기를!

---

* 독일 철학자 임마누엘 칸트Immanuel Kant의 표현.

무엇을 상상하든
그 이상, 여행의 끝

은하단galaxy cluster

은하들

우리은하가 속하는 은하단: 국부은하군

국부은하군에 있는 은하군과 은하단의 개수: 약 80개

국부은하군의 주요 은하: 우리은하, 안드로메다은하, 삼각형자리은하

국부은하군의 소속: 처녀자리초은하단

처녀자리초은하단에 있는 은하군과 은하단의 개수: 약 100개

처녀자리은하단의 질량: $1.5\times10^{15}\ M_\odot$

만약 멀리서 우리은하를 관찰할 때 어떤 모습으로 보일지 알고 싶다면, 천문학자들이 가장 많이 연구하는 천체 중 하나를 하늘에서 찾아서 보면 된다. 바로 거대한 안드로메다은하다. 이 나선형의 은하는 하늘이 완전히 어둡고 눈이 어둠에 완벽하게 적응한 조건에서라면 맨눈에 희미한 빛 덩어리로 보인다. 안드로메다은하는 거의 은하수의 쌍둥이라고 할 정도로 우리은하와 매우 유사하다. 천문학자들이 항상 이 은하를 주의 깊게 연구하는 이유가 바로 이 때문이다. 그렇다면 우리은하의 원반에서 벗어나 당연히 안드로메다은하로 가봐야 하지 않겠는가! 우리가 태어나고 계속 살아온 거대한 나선은하를 등지고 그곳으로 떠나보자.

우리의 맞은편 이웃

우리로부터 250만 광년 이상인 25조 킬로미터 정도 떨어져 있다는 점을 감안하면, 안드로메다은하는 어떤 도구를 사용하지 않고 맨눈으로 알아볼 수 있는 가장 먼 천체라고 할 수 있다. 이 사실은 지금 우리에게 닿는 빛이 250만 년도 넘는 시간 전에 그곳에서 출발한 것이라고 생각하면 훨씬 더 흥미롭다. 바로 우리 종족이 미처 지구에 나타나기도 전인 것이다!

우리은하와 안드로메다은하는 국부은하군이라는 약 80개의 은하로 구성된 작은 은하단의 주요 구성 은하다(대부분은 왜소은하dwarf galaxy다). 사실 안드로메다은하는 우리에게서 가장 가까운 은하는 아니다. 우리로부터 20만 광년이 안 되는 거리에 대마젤란은하와 소마젤란은하가 있다. 안드로메다은하에 비해 10배 이상 더 가까운 거리다. 이보다 훨씬 더 가까운 왜소은하들도 있다. 하지만 천문학적으로 안드로메다은하는 분명 우리 주변에서 가장 중요한 은하계다. 우리은하는 내부와 주변에서만 연구할 수 있기 때문에, 안드로메다은하를 연구하면 우리은하에 있는 별들의 구조와 분포를 더 잘 이해할 수 있다.

안드로메다은하와 우리은하가 떨어져 있는 거리를 측정하는 것은 우주 거리를 측정하기 위한 기본 단계다. 우주가 얼마나 큰지 안다면 안드로메다은하의 덕도 어느 정도 있다는 뜻이다. 안드로메다은하는 외부은하의 특성이 발견된 최초의 천체다. 1920년대 이전에는 안드로메다은하 같은 천체를 우리은하에 속하는 나선성운으로 생각했다. 이제 안드로메다은하는 우리은하에서 아주 멀리 있지만 빠른 속도로 다가오고 있다는 사실도 확인됐다. 그렇다고 지금부터 두려워할 필요는 없다. 이 두 은하가 서로 교차하는 건 약 50억 년 후의 일이며, 반드시 만날 것이라고 확신할 수도 없다!

우리은하를 벗어나면 은하의 나선형 구조와 수많은 다른 별에 둘러싸인 태양의 모습 등 외부에서 보는 우리은하의 모습을 간접적으로 경험할 수 있다. 또한 다른 은하들을 관측할 수 있다. 일부는 가까이 있고 더 밝으며 겉으로 보이는 크기도 더 크다. 더 멀리 있는 은하는 별처럼 점 모양이 아니라 작은 '빛 덩어리'로 보인다. 그중 일부는 우리은하와 유사하지만 일부는 모양과 크기가 다르다. 국부은하군의 은하는 상대적으로 작은 공간(지름이 약 500만 광년인 구체)에 모두 모여 있는데도, 다수는 왜소은하이고 일부는 타원은하이거나 불규칙은하다.

우리은하와 안드로메다은하에 이어 세 번째 주요 은하는 삼각형자리은하다. 이 은하 역시 나선은하지만 우리은하와 다르다. 이 은하의 핵은 매우 작게 응축되어 있고 나선팔은 엷으며 열려 있다. 이 범주의 은하에서 전형적으로 관찰되는 것처럼 삼각형자리은하에서는 나선팔을 따라 놀라운 속도로 별이 형성된다. 일반적으로 나선팔에는 은하의 성간물질 대부분이 분포되어 있고, 젊고 매우 뜨거운 별들이 밀집되어 있다.

2개의 마젤란은하는 안타깝게도 북반구에서 관찰할 수 없다. 대마젤란은하는 황새치자리Dorado에 있고 소마젤란은하는 큰부리새자리Tucana에 있다. 둘 다 남반구의 별자리다. 두 불규칙은하의 이름 때문에 포르투갈 항해자 페르디난드 마젤란Ferdinand Magellan이 발견했다고 생각할 수 있겠지만, 고대부터 남반구의 주민들은 두 은하를 알고 있었다. 남반구에서는 맨눈으로도 잘 보이기 때문이다. 이들이 처음으로 언급된 것은 964년, 페르시아의 천문학자 압드 알라흐만 알수피Abd al-Rahman al-Sufi의 저서 《붙박이별의 서Book of Fixed Stars》다. 1519년, 지구 일주 항해를 하다가 이 은하들을 관찰한 마젤란은 이들을 묘사한 최초의 유럽인이기는 하다. 그런데 1502년 아메리고 베스푸치Amerigo Vespucci가 로렌초 디 피에르프란체스코 데 메디치Lorenzo di Pierfrancesco de' Medici에게 쓴 편지에 실린 남반구 하늘을 묘사한 내용을 보자. 일부 학자들은 여기에서 피렌체 출신 항해자 베스푸치가 쓴 "빛나는 …… 캐노피"라는 표현이 두 마젤란은하를 가리키는 것이라고 생각한다.

메시에와 M87은하

이동거리를 훨씬 늘려 수백만 광년 크기의 국부은하군을 넘어서자. 국부은하군에서 벗어나 만나는 첫 번째 은하단은 처녀자리은하단Virgo Cluster으로, 지구로부터 수천만 광년 떨어진 처녀자리에 있다. 여기에는 대략 2,000개의 상당히 많은 은하가 있고 지구로부터 평균 거리는 약 6,000만 광년이다. 거리가 이처럼 상대적으로 가깝기 때문에 여기 있는 은하 대부분과 특히 주요 은하는 일반 망원경으로 쉽게 관측할 수 있다.

처녀자리은하단이 처음 발견된 은하단인 것은 우연이 아니다. 1774년에 혜성을 탐색할 때 혼동을 피하기 위해 작성한 성운 물체 목록인 〈메시에 목록Messier Catalogue〉을 발표하며 유명해진 프랑스의 천문학자 샤를 메시에Charles Messier는 1781년, 나선은하 M91을 "처녀자리와 특히 그 북쪽 지역은 성운이 가장 많이 모여 있는 곳 중 하나"라고 기록했다. 그렇다, 숫자 앞에 쓰인 M은 메시에의 이니셜이다! 메시에는 이후에도 처녀자리와 머리털자리Coma Berenices 사이의 지역에서 총 16개의 성운을 발견했다. 메시에는, 은하의 실체와 자신이 관측한 것이 중력으로 상호 연결된 진정한 은하단이라는 사실을 이해하기 최소 1세기 반 전에 은하단을 관측하고 기록한 사람이었다.

메시에 목록에 있는 은하단 중 확실히 눈에 띄는 것은 처녀자리은하단에서 압도적으로 거대한 타원은하인 외부은하 M87이다. M87은 알려진 은하 중 가장 크고 활동은하active galaxy에 속하며 X선과 전파 또한 강하게 방출한다. 처녀자리에서 가장 강력한 전파 방출원이기도 해서, 처녀자리A은하라고도 한다. M87의 중심부에서는 적어도 5,000광년까지 제트jet가 퍼져나간다. 제트는 블랙홀 주위에서 일어나는 고에너지 입자의 분출을 말한다.

M87은 우리와 상대적으로 가깝기도 하지만, 초거대질량블랙홀이 있기 때문에 천문학자들의 표적이 되었다. 우리 태양질량의

그림 13-1 허블우주망원경이 촬영한 처녀자리A은하에서 뻗어나오는 제트의 모습

약 650억 배로 추정되는 초거대질량블랙홀이 그 은하에 있다. 그렇다, 제대로 읽었다. 650억 배는 과장된 수치가 아니다. 이 블랙홀은 알려진 가장 거대한 블랙홀 중 하나다. 이것에 비하면 우리은하의 초거대질량블랙홀은 정말 작다. M87의 중심에 있는 초거대질량블랙홀은 은하 중심핵에서 발생하는 현상들의 강력한 원동력이

기도 하다. 이 블랙홀은 지금까지 유일하게 촬영된 블랙홀이다. 블랙홀 사진은 상당히 찍기 어렵다. 실제로는 2017년에 촬영했지만, 굉장히 길고 복잡한 처리 과정을 거쳐 2019년에야 촬영 결과물이 공개되었다. 블랙홀의 모습을 영원히 남기는 데 성공한 것이다. 정확히 말해 찍힌 건 블랙홀의 그림자다. 거대한 강착원반 및 그 부근에서 일어나는 시공간 변형과 관련된 현상 한가운데에 찍힌 그림자다.

M87 외에도 많은 은하가 전파부터 X선까지 파장을 강하게 방출한다. 이런 파장은 팽대부의 중앙인 핵에서 나오며 광범위하게 퍼진다. 가장 공인된 이론적 모형에 따르면 활동은하핵Active Galactic Nuclei, AGN 안에는 초거대질량블랙홀이 존재한다. 이 블랙홀은 궤도를 돌며 강착원반을 따라 내부로 떨어지는 모든 물질을 끌어당기고 떨어져나가지 않게 포획한다.

AGN은 일반 은하의 핵보다 놀라울 정도로 밝다. 퀘이사Quasi-stellar radio source, quasar(준성전파원이라는 뜻)가 수십억 광년 떨어져 있는데도 눈에 보일 정도로 밝은 이유는 AGN을 갖고 있기 때문이다. 빛이 훨씬 더 희미한 퀘이사의 나머지 부분은 거리가 멀어서 볼 수 없다. 퀘이사는 일반적으로 매우 멀리 떨어져 있는 천체이지만, 일반상대성이론에서 예측한 것처럼 빛의 굴절로 인해 발생하는 진정한 우주 신기루의 주인공이다.

일반상대성이론이 예측한 중력장으로 인한 광선의 굴절은 이론이 발표된 지 몇 년 후에 실험적으로 입증되었다. 처음으로 광선의 굴절을 측정한 것은 1919년, 영국의 천체물리학자 아서 에딩턴Arthur Eddington이다. 그는 개기일식 때 달에 가려진 태양 원반 근처 배경에 있는 일부 항성의 겉보기 위치를 관찰했다. 6개월 후 동일한 별들이 지구에 대해 태양 반대편에 있고 밤에 관찰할 수 있을 때 이들의 위치를 비교했다.

매우 멀리 있는 광원에서 나온 빛이 지구까지 도달하는 가시광선line of sight에 은하나 은하단이 있을 때, 그 빛은 은하나 은하단의 질량(중력장) 때문에 굴절한다. 그 결과 멀리 떨어진 광원(퀘이사, 은하 등)이 변형되어 보이고 때로는 여러 개로 관측된다. 이러한 중력렌즈gravitational lens 현상 때문에, 질량의 분포에 따라 빛의 굴절 방식이 달라지며 원거리 광원 1개가 여러 개로 보일 수도 있다. '아인슈타인 십자가Einstein Cross'가 바로 그 예다. 이것을 촬영한 사진을 보면 어떤 은하 거의 바로 뒤에 놓인 먼 퀘이사가 여러 개로 변형되어 보인다. 그 퀘이사는 실제로 약 80억 광년 떨어져 있고 겨우 4억 광년 거리에 있는 은하에 가려 있다. 그런데 그 사진에 보이는 물체 중 어느 것도 진짜 퀘이사가 아니라는 걸 생각하면 참 당혹스럽다.

중력의 지배

은하들은 우주에서 홀로 방황하는 것을 좋아하지 않는다. 중력으로 작용하는 상호 인력 덕분에 무리를 이루는 경향이 있다. 때로는 수십 개의 은하로 구성된 작은 집단을 형성하고, 때로는 대규모 은하단cluster of galaxies이나 초은하단supercluster of galaxies을 형성한다. 수천 개의 은하가 우주의 비교적 한정된 공간에 결집되어 있는 것이다.

처녀자리초은하단Virgo Supercluster은 우리은하를 포함하는 초은하단이다. 지름이 약 1억 광년이고 약 100개의 은하군과 은하단을 포함한다. 처녀자리은하단이 중심부 근처에 있어서 처녀자리초은하단이라는 이름이 붙었다. 국부은하군은 이 초은하단의 외곽에 있으며, 처녀자리은하단의 거대한 질량에 이끌려 중심을 향해 천천히 움직인다. 처녀자리은하단의 중력이 엄청나게 강력해서 주변에 있는 은하들의 운동 속도를 늦추고 이들을 끌어당긴다. 초은하단 내에 있는 은하들의 운동을 살펴보면 초은하단의 전체 질량을 태양질량의 약 1.5×10^{15}배로 추정할 수 있다. 하지만 초은하단에 속한 은하들의 전체적인 밝기는 이 수치와 맞지 않게 너무 낮다. 이 때문에 그 질량의 대부분이 암흑물질로 이루어져 있다고 추정한다.

몇 년 전까지만 해도 처녀자리초은하단은 국부은하군의 이름과 유사하게 국부초은하단Local Supercluster of galaxies이라고도 했다. 최근 진행된 연구에서는 처녀자리초은하단 자체가 훨씬 더 큰 초은하단의 일부에 불과하다는 것이 밝혀졌다. 이 초은하단은 '측정이 힘들 정도로 넓은 하늘'을 뜻하는 하와이어 라니아케아Laniakea라고 불린다. 그리고 우주의 별들이나 우리에게 좀 더 가까운 은하들 사이의 거리도 무서울 정도로 어마어마하게 멀기는 하지만, 여기에서는 상상하기도 어려운 거대한 면적을 다뤄야 한다. 라니아케아초은하단은 우리은하를 포함해 10만 개 이상의 은하를 수용하고, 이들은 5억 2,000만 광년이 넘는 규모의 공간에 분포되어 있다. 초속 30만 킬로미터로 이동하는 빛도 이를 횡단하는 데 5억 년 이상이 걸린다.

라니아케아초은하단의 극단에 있는 은하계에서 탄생한 어떤 외계 문명이 지금 우리에게 메시지를 보내기로 결정했다면, 아마도 우리 문명이 거의 멸종된 다음에야 도달할 것이다. 만약 우리가 멸종하지 않은 채 메시지를 받아 응답한다면, 그 왕복 여정은 10억 년 이상이 걸릴 것이다. 약 138억 년으로 추정되는 지금까지의 우주 역사 전체에서도 긴 시간이다.

어떤 상상도 넘어서는 숫자

우주는 은하들로 가득하다. 천문학자들이 추정하는 은하의 수는

1,000억 개 이상이지만 그보다 훨씬 더 많다고 주장하는 사람들도 있다. 우리은하는 이렇게 많은 은하 중 하나로, 우리가 산다는 사실을 제외하면 특별하다고 할 만한 특징은 없다. 그런데 이런 은하들은 우주에서 어떻게 분포하고 있을까? 모두 같은 방식으로 우주를 채우고 있을까 아니면 좀 더 복잡하고 분절된 방식으로 배치되어 있을까?

은하가 어떻게 분포되었는지를 알아내려면 가능한 한 많은 은하의 목록을 작성해야 했다. 목록에 등록할 성운과 은하(당시에는 이 둘의 차이가 알려져 있지 않았다)를 찾기 위해 하늘을 체계적으로 조사하는 활동을 처음 시작한 것은 우리가 이미 앞서 살펴본 두 명의 천문학자, 윌리엄 허셜과 그의 아들 존이었다. 존은 1864년 발간된 《성운과 성단의 일반 목록General Catalogue of Nebulae and Clusters, GC》의 저자로, 이 책에는 5,000개가 넘는 성운 천체들이 기록되어 있다. 그중 4,600개는 존과 그의 아버지 윌리엄이 발견했다. 덴마크 천문학자 존 루이스 에밀 드레이어John Louis Emil Dreyer가 1888년에 《GC》를 보완해 펴낸 《엔지시목록New General Catalogue, NGC》이 오늘날까지 사용되는 것을 생각하면, 허셜의 작업이 얼마나 대단한 것이었는지를 알 수 있다.

메시에가 기록했던 것처럼 존 허셜은 목록을 편집하는 단계에서 많은 성운이 처녀자리 방향에 있는 하늘의 한정된 지역에 집중되어 있음을 발견했다. 그 하늘의 8분의 1에 성운의 3분의 1이 포함되어 있었다. 그는 여기서 멈추지 않고 처녀자리초은하단을 묘사해냈다. 이는 그로부터 한 세기가 지난 후에야 처녀자리초은하단으로 알려진다. 허셜이 기록한 바에 따르면, 처녀자리초은하단은 원형에 가까운 모양에 처녀자리의 은하들이 중심부에 결집되어 있다. 우리은하는 주위에 있는 은하들과 연결되어 있기는 하지만(오늘날의 국부은하군) 주변부에 떨어져 있다. 목록에 기록한 천체 대부분이 외부 은하라는 실상을 존 허셜이 알지 못했다는 것이 안타깝다. 그와 그 동시대 사람들은 이들을 끝까지 성운으로 알았다는 것도 말이다.

우리은하가 속한 국부은하군에서 멀어지면서 우리가 마주하게 되는 첫 번째 대규모 은하는 처녀자리은하단이다. 처녀자리은하단은 처녀자리초은하단으로 알려진 초은하단의 중심 근처에 있으며, 이 초은하단은 그보다 더 큰 초은하단인 라니아케아초은하단(국부초은하단)의 주변부에 있다. 흥미롭게도 우주에서 고립된 은하는 존재하지 않는다. 가장 유력한 추정치에 따르면, 아마 은하들 중 우주에서 홀로 있는 은하는 1퍼센트 미만일 것이다. 은하의 99퍼센트는 다소 밀집된 구조로 모여 있으며, 특히 은하단은 매우 밀집되어 있고 다른 일부는 훨씬 더 넓은 범위에 퍼져 있다. 후자는 1차원으로 뻗어 있는지 2차원으로 뻗어 있는지에 따라 은하필라멘트galaxy filament 또는 은하벽galaxy wall이라고 한다.

구성은하가 많으며 크고 무거운 은하단은 우리은하와 떨어져 있는 거리 순으로 처녀자리은하단 외에도 켄타우루스자리은하단Centaurus Cluster, 은하 먼지에 심하게 가려져 있는 직각자자리은하단Norma Cluster, 이중성단Double Cluster, 머리털자리은하단Coma Cluster이 있다. 모두 지름이 약 5억 광년인 면적 안에 포함되어 있다. 직각자자리은하단은 거대인력체great attractor의 중앙에 있다. 거대인력체는 1억 5,000만 광년 이내에 있는 모든 물질이 바로 직각자자리은하단을 향해 움직이게 할 정도로 질량이 커서 중력이 매우 강하고 거대한 은하단이다. 사실 거대인력체가 모든 은하를 끌어당긴다. 우리는 그걸 깨닫지 못하고 있을 뿐이다!

거대인력체 안에는 은하벽이 여러 개 있다. 그중에 머리털자리벽Coma Wall과 조각실자리벽Sculptor Wall이 있다. 은하벽은 모두 일반적으로 넓게 펼쳐진 은하들의 띠로 이루어져 있으며 길이가 수억 광년으로 보인다. 은하단과 초은하단으로 대표되는 극도로 조밀한 지역들 사이를 연결하는 다리처럼 긴 구조다. 중국의 만리장성에서 영감을 받아 장성Great Wall이라고도 불리는 헤라클레스자리-북쪽왕관자리장성Hercules-Corona Borealis Great Wall은 우주 내에서 관측할 수 있는 가장 큰 구조물로 알려져 있으며 거의 100억 광년에 걸쳐 있다! 하지만 그 존재 자체를 의심하는 천체물리학자도 있다.

여러 원정에서 관측하고 측정한 자료를 토대로 얻은 은하들의 거리를 표시한 지도를 보면 은하단, 벽, 필라멘트 사이의 우주공간은 엄청난 크기의 빈 공간이다. 놀랍게도 은하가 상대적으로 적은 구역인 것이다. 이런 빈 공간, 곧 보이드void는 크기가 약 3,000만 광년에서 약 5억 광년까지 다양하지만 모양은 거의 구형이다. 이 관측 결과는 대규모 구조의 형성을 연구하는 우주 모델들이 반드시 염두에 두어야 한다.

가장 유명한 보이드 중 하나는 거대 공동Great void이라고도 하는 목동자리 공동Boötes void으로, 1981년에 목동자리Boötes 방향에서 발견되었다. 이 공동에서는 몇 년 동안 수십 개의 은하만이 발견되었다. 이곳의 밀도는 3개의 거대한 초은하단인 헤라클레스자리초은하단Hercules Supercluster, 북쪽왕관자리초은하단Corona Borealis Supercluster, 목동자리초은하단Boötes Supercluster이 위치한 주변 지역에 비해 현저히 낮다. 이 공동은 지름이 약 3억 광년으로, 알려진 공동 중에서 광대한 축에 속한다. 일부 천체물리학자는 이를 '초거시공동supervoid'이라고 정의한다. 미국 천문학자 그레그 알더링Greg Aldering에 따르면, 이 공동은 너무 거대해서 은하수가 만약 목동자리 공동의 중앙에 있었다면 우리는 1960년대까지 다른 은하가 있다는 걸 알지 못했을 것이다.

자, 여러분의 여행을 끝내기 위해 우주버스를 어떤 은하와도 멀리 떨어진 이 공동의 중심으로 데려가자. 블랙홀 중심을 향하는 여행처럼 치명적이지는 않지만 위험한 것은 마찬가지다. 이 우주의 암자에서는 SOS를 한 번 보내면 가장 가까운 은하에 도착하기까지 1,000만 년이 걸릴 수 있다. 지구에 도달하기까지는 7억 년 이상이 걸린다는 건 말할 필요도 없다. 목동자리 공동의 중앙에서 여러분은 진정 혼자다. 이제 집으로 돌아갈 때가 된 것 같다.

우주여행은 끝났다. 우리는 태양계의 행성과 위성, 왜소행성, 소행성과 혜성, 태양 그리고 모든 종류의 별, 외계행성의 표본, 항성블랙홀과 초거대질량블랙홀, 은하와 은하단, 심지어 거대한 은하 사이에 있는 공동까지 방문해보았다. 믿기 어려울 정도로 다양한 천체들에 착륙하고 이상한 현상도 많이 목격하며 계속 감탄했다.

우리는 우주를 여행하는 여행자로서 상상할 수도 없는 거리를 지나왔다. 우주의 천체 중 지구를 제외하고 인류가 발을 디딘 유일한 천체인 달부터 수십억 광년 떨어진 다른 은하들과 퀘이사까지 다녀왔다. 공간뿐 아니라 시간 여행도 했다. 지금 이 순간 우리가 보는 먼 퀘이사의 빛은 태양도, 지구를 포함한 태양 행성계도 아직 존재하지 않았던 수십억 년 전에 출발한 것이다.

그런데 앞에서 묘사한 여행들을 우리가 정말로 할 수 있을까? 독자들을 실망시키려니 유감이지만, 대답은 안타깝게도 '아니요'다. '지금만 안 되는 것은 아닐까? 그런 여행을 해내기에는 아직 인류의 기술이 부족한 것은 아닐까?'라고 생각한다면 틀렸다. 그 대답은 언제나 '아니요'일 것이다. 초월할 수 없는 물리적 한계, 곧 빛의 속도 때문이다. 우주선 같은 거대한 물체는 절대로 이 속도에 도달하지 못한다. 빛의 속도 같은 빠르기는 광자(광양자)같이 질량이 없는 입자들만 도달할 수 있는 특성이다.

어쩌면 미래에는 지금보다 더 효과적인 방법에 대한 가설을 세우고 지금은 공상과학처럼 보이는 엔진을 설계할 수 있겠다. 기술적으로는, 공간의 한 지점에서 다른 지점으로 직접 이동하는 대신 곡률을 변경해 공간을 '접는' 걸 시도해볼 수도 있다. 서로 멀리 떨어진 두 지점을 가깝게 하는 것이다(일반상대성이론에서는 가능하다). 이렇게 하면 엄청난 거리를 매우 짧은 시간에 이상적으로 횡단할 수 있다. 다시 말해 우리 우주선은 이동하기 쉽도록 특별히 접힌 공간에서 물리학 법칙이 허용하는 속도로 계속 움직이겠지만, 겉으로는 초광속으로 움직이는 것처럼 보일 것이다. 실제로 많은 SF소설과 영화, 특히 〈스타트렉〉 시리즈에 나오는 워프 드라이브warp drive를 이론화하려고 시도하고 계산까지 한 사람이 있다. 안타깝게도 이 계산 결과는, 그걸 작동시키는 데 필요한 양의 에너지를 생산해낼 수도 저장할 수도 필요할 때 사용할 수도 없을 것이라는 사실을 역으로 증명했다.

만약 우리가 여기에서 오직 상상력만으로 경험한 여행을 실현할 방법을 누군가가 찾아낸다면, 다른 문제들이 생길 것이다. 예를 들면 지니고 다닐 장비나 복장이 항성, 펄서, X선과 감마선의 원천, 크고 작은 블랙홀과 화산, 얼음, 산성, 자성, 지속적인 폭풍우 등 다양한 세계를 탐험하기에 적합해야 한다. 게다가 우주선이 블랙홀 근처에서 사건의 지평선을 향하지 않을 수 있을 정도로 속도가 충분해야만 블랙홀 주위의 궤도에 안전하게 진입해 전망을 즐길 수 있다. 물론 우주선의 선장은 언제 바뀔지 모르는 궤도에 대처할 수 있는 숙련된 사람이어야 한다.

음식과 물은 어떻게 할까? 10년 동안 먹을 정도의 식량을 가져올 수도 없지만 몇몇 여행지로 가는 기간을 생각하면 그것도 별 의미가 없을 것이다. 어쩌면 우주에서 물은 구할 수 있을지도 모른다. 하지만 음식은 해결할 수 없는 문제다. 우리가 몇 가지 식물을 우주로 가져가지 않는 이상은 말이다. 산소는 어떻게 구해야 할까? 산소는 우주에서 바로 만들어내야 한다. 화성 등에서 이미 몇 가지 실험을 계획한 적이 있다. 다만 우주 곳곳에 산소충전소가 설치되어 있어야 비행하다가 가까운 충전소에 멈춰 충전할 수 있을 것이다.

마지막으로 이런 여행을 상상할 때 놓치기 쉬운 문제가 있다. 바로 브레이크다. 비교적 가기 쉬운 달이나 화성 근처에만 간다고 해도 브레이크는 있어야 한다. 표면에 부드럽게 착륙하는 것부터 아니, 아무 위험 없이 궤도에 들어갈 때부터 브레이크는 필요하다. 일부 SF영화에서 묘사하는 것과는 달리 다른 천체 주위의 궤도에 진입하기 위한 기동이나 단순히 우주선의 궤도를 변경하기 위한 기동만 해도 전혀 간단하지 않다. 영화에서는 화려한 특수 효과를 많이 사용하고, 고전 물리학에 대한 너무 큰 오류를 담고 있다. 어쩌면 아인슈타인은 이러한 영화들을 보고 뉴턴보다는 기뻐할지도 모르겠다. 감독과 시나리오 작가들이 만유인력의 법칙을 구현하는 것보다 배우들의 대화와 표현에 더 심혈을 기울이기는 했지만 아인슈타인의 블랙홀들은 잘 묘사했기 때문이다. 그렇다, 바로 영화 〈인터스텔라Interstellar〉 이야기다.

이런 문제가 모두 해결되었다고 상상해보자. 지구의 쌍둥이 외계행성에 도착해 우리처럼 지능이 있는 생명체를 찾을 수 있을까? 언젠가 움베르토 에코는 우리가 최초로 발견할 생명체가 어떤 것일지 풍자했다. 이런 질문을 하게 된 그 나름의 이유가 있을 것이다! 우린 어떻게 해야 할까? 어떻게 행동해야 할까? 어떻게 소통할까? 이 모든 질문은 다양한 분야의 연구자들이 이미 연구하고 있는 주제다. 어떻게 될지 모르기 때문이다. 우리가 할 최초의 여행이 1,000년 뒤에 가능하다고 하더라도 준비된 상태로 가는 것이 좋다. 그리고 여러분이 이 책을 읽음으로써 적어도 계속해서 우주에 대해 공부하고 깊이 연구하고 싶다는 호기심이 생겼기를 바란다.

곧 시작될 우주여행의 우주선 한 자리에 여러분이 앉아 있을지는 아무도 모르는 일이다.

행운을 빈다!

A

AGN '활동은하핵Active Galactic Nucleus'의 약자. 특별히 밝게 빛나는 몇몇 은하의 중심 영역을 일컫는다. 이 핵에서 방출되는 강력한 전자기 복사는 항성에서 만들어진 것이 아니라 초거대질량블랙홀 주위에 물질이 강착되는 과정에서 생긴다. 다량의 복사선을 방출하는 AGN이 있는 은하를 활동은하라고 한다.

ㄱ

강착원반accretion disk 어떤 별이나 블랙홀 등 다른 천체를 둘러싼 원반 모양의 가스 분포를 말한다. 강착원반에서 중심 천체를 향해 나선운동을 하면서 물질이 떨어진다. 떨어지는 물질에서 방출되는 중력 에너지는 매우 강력한 전자기 복사선(X선까지)을 유발한다.

광년light year 빛이 지구의 1년 동안 이동하는 거리. 1광년은 약 9조 5,000억 킬로미터에 달한다.

광자photon 전자기장의 매개 입자(양자). 질량이 없고 빛의 속도로 움직인다. 전자기장의 미립자를 뜻하기도 한다.

거대질량블랙홀massive black hole 태양보다 질량이 100만~100억 배 더 큰 블랙홀로, 활동은하핵의 이론 모형을 설명하는 데 이용된다. 그 설명에 따르면 거대질량블랙홀이나 초거대질략블랙홀의 중력으로 인해 빨려들어간 물질(가스와 별)들끼리 마찰과 충돌이 일어나고, 그 결과 블랙홀 내부는 엄청난 고온 상태에 이르며 엄청난 양의 에너지를 생성한다.

고유 밝기intrinsic brightness 광원에서 실제로 방출되는 빛의 양으로, 우리가 지구에서 관찰하는 겉보기 밝기apparent brightness와는 다르다. 고유 밝기가 높은 별이라도 우리와 떨어져 있는 거리 때문에 겉보기 밝기는 낮을 수 있다.

국부은하군local group of galaxies 중력으로 묶인 은하들의 집합으로, 우리은하도 여기에 속한다. 우리은하는 안드로메다은하와 함께 국부은하군의 주요 구성 은하다. 국부은하군은 처녀자리초은하단의 외곽에 있다.

ㄷ

다중성계multiple system 공통질량중심 주위를 공전하는 별이 3개 이상인 항성계. 이 별들의 움직임은 서로 작용하는 중력에 의해 좌우된다.

도플러편이Doppler shift 천문학에서 관측자와 광원 사이의 상대적인 움직임으로 인한 광원 스펙트럼의 파장 변화. 별이나 성간물질 스펙트럼선의 도플러편이를 관찰하면 별의 시선속도, 곧 별이 가시광선을 따라 움직이는 범위를 계산할 수 있다. 정지 상태인 광원에서 발생한 실험실의 스펙트럼과 광원의 스펙트럼을 비교해 편이를 측정하는 식이다. 멀리 있는 은하의 스펙트럼선에 나타나는 적색편이는 도플러효과 때문이 아니라 순전히 우주적 효과 때문이다.

도플러효과Doppler Effect 파원과 관측자의 상대적인 움직임에 따라 파동의 주파수 또는 파장이 달라지는 것. 파원이 관측자로부터 멀어지면 주파수는 낮아지고(파장은 길어지고), 그 반대의 경우에는 주파수가 높아진다. 오스트리아의 물리학자 크리스티안 도플러의 이름에서 따왔다.

ㄹ

로슈한계Roche limit 자체 중력이 있는, 다시 말해 대형 위성처럼 자체 중력의 영향을 받는 천체가 행성의 조석력으로 파괴되지 않고 그 주위 궤도를 공전할 수 있는 행성 중심으로부터의 최소 거리. 위성과 위성이 공전하는 행성의 크기, 밀도 등 물리적 특성에 따라 달라진다. 토성의 고리를 구성하는 물질은 행성의 로슈한계 내부에서 공전하기 때문에 서로 뭉쳐 큰 위성을 만들어낼 수 없다. 로슈한계는 프랑스 수학자 에두아르 로슈의 이름에서 따왔다.

ㅁ

미니블랙홀mini black hole 우주 생애의 초기에 형성되었을 원자보다 질량이 작은 블랙홀.

ㅂ

반물질antimatter 어떤 주어진 입자에 대하여 질량과 스핀이 같고 전하 등의 특성이 반대인 입자(반입자)로 구성된 물질. 반물질은 원자 또는 입자 물리학 실험에서 생성될 수 있고, 자연과 우주방사선 그리고 그 밖의 고에너지 현상에서도 발견된다.

백색왜성white dwarf 핵연료가 바닥난 별의 마지막 단계에 이른 항성체로, 질량이 적고 밀도가 높다. 전자의 축퇴압이 중력 붕괴를 막는다.

변광성variable star 시간에 따라 주기적인 방식이든 아니든 밝기가 변하는 모든 별. 별은 여러 가지 이유로 밝기가 변하는데, 그 방식에 따라 분류된다. 쌍성계에 속해서 하나의 별이 다른 별을 주기적으로 가리거나(식변광성 또는 식쌍성) 별 자체의 고유한 이유 때문에 밝기가 변하는 별도 있다.

별의 형성star formation 별이 탄생하는 과정. 차갑고 밀도가 높은 성간물질 구름의 중력수축 때문에 가스가 가열되고 그 내부에서 열핵반응이 일어난다.

블랙홀black hole 중력으로 인해 붕괴된 천체로, 빛보다 탈출속도escape velocity가 빨라서 빛조차도 그 강한 중력장에서 빠져나오지 못한다. 블랙홀은 관측할 수 있는 극한인 사건의 지평선으로 둘러싸여 있으며 밀도가 무한인 우주의 특이점이다. 사건의 지평선 너머에서는 물질이나 방사선에 어떤 일이 일어나는지 알 수 없다.

빅뱅Big Bang 표준우주모형standard cosmological model에 따르면, 우리 우주의 기원인 이 폭발은 약 138억 년 전에 일어났고 그 초기 추진력으로 우주는 계속 팽창하고 있다.

빛의 속도speed of light 진공에서 전자기파의 속도. 초당 2억 9,979만 2,458미터로 본다.

질량이 없는 광자 등의 입자는 빛의 속도로 움직인다.

ㅅ

성간가스interstellar gas 성간에 퍼져 있는 차가운 가스이며, 주로 수소로 구성되어 있다.

성단star cluster 하나의 성운에서 태어나 비슷한 성질을 갖고 있는 별들의 집단. 산개성단은 수십에서 수천 개의 젊은 별을 포함하며, 나선은하의 팔을 따라 위치해 있다. 구상성단은 수만에서 수백만 개에 이르는 아주 나이 많은 별들의 집단이고 우리은하의 헤일로, 팽대부 그리고 원반에 분포되어 있다.

성간먼지interstellar dust 성간물질에서 발견되는 작은 알갱이 또는 다양한 크기의 고체 물질 입자. 성간먼지는 파장이 긴 빨간색보다는 파장이 짧은 파란색 또는 자외선의 빛을 더 잘 산란하고 흡수한다. 이렇게 성간먼지에 의해 별빛이 붉게 변하는 현상을 성간적색화interstellar reddening이라고 부른다.

성간물질interstellar matter 별과 별 사이의 빈 공간에 흩어져 있는 물질. 99퍼센트의 가스와 1퍼센트의 성간먼지로 이루어져 있다. 평균 온도와 밀도가 매우 낮다. 성간물질에는 우주 방사선이 포함되어 있다. 성간매질interstellar medium이라고도 한다.

성운nebula 성간가스와 먼지 등이 불규칙한 모양을 이룬 구름 모양의 대규모 성간물질. 성운은 주로 발광방법에 따라 구분된다. 주위의 별에서 복사되는 자외선으로 밝혀지는 경우 방출성운emission nebula, 주위의 별로부터 받은 빛을 반사하는 경우 반사성운reflection nebula이라고 한다. 암흑성운dark nebula은 특별하다. 이 성운은 뒤편에 있는 별이나 가스를 차단하여 검은 실루엣처럼 관찰되는 영역이다. 역사적으로 나선은하는 우리은하 외부 천체로서 정확한 특성을 인식하기 전에 '나선성운'이라고 불렸다.

소행성asteroid 항성 주위를 돌고 크기와 질량이 작은 암석체. 태양계에서는 대부분의 소행성이 화성과 목성 사이에 있는 궤도를 돌고 있다. 지금으로서는 수천 개가 목록에 올라 있지만, 수만 개가 있는 것으로 생각된다. 미행성planetoid 또는 소혹성minor planet이라고도 한다. 일부 소행성은 이중행성이거나 위성을 갖고 있다.

슈바르츠실트 반지름 Schwarzschild radius 블랙홀의 사건의 지평선, 곧 강력한 중력 때문에 빛조차 그 내부에 영원히 갇히게 되는 곳의 임계 반지름critical radius. 슈바르츠실트 반지름은 블랙홀의 질량에 정비례한다. 독일 천문학자 카를 슈바르츠실트Karl Schwarzschild의 이름에서 따왔다.

식eclipse 어떤 천체와 관찰자 사이에 위치한 다른 천체가 앞의 천체를 가리는 것. 일식solar eclipse은 달이 지구를 뒤로 하고 태양 앞을 지나갈 때 발생하고, 월식lunar eclipse은 태양과 달 사이에 지구가 위치하면서 발생한다. 월식은 달이 지구의 그림자에 완전히 잠기는 개기월식total lunar eclipse일 수도, 달이 지구의 그림자에 일부만 가려지는 부분월식partial lunar eclipse일 수도, 달이 지구의 반그림자에 들어가는 반영월식penumbral lunar eclipse일 수도 있다. 일식은 달이 태양을 완전히 가리는 개기일식total solar eclipse, 달이 태양을 일부분만 가리는 부분일식partial solar eclipse 그리고 금환일식annular solar eclipse일 수 있다. 금환일식에서 태양 원반은 반지 모양인 원형 코로나로 보이는 상태가 된다. 금환일식은 달의 겉보기 지름이 태양의 겉보기 지름보다 작을 때 일어난다.

신성nova 밝기가 갑자기 폭발적으로 증가하는 일종의 격변 변광성. 신성은 쌍성계를 이루고 있으며, 일반적으로 반성secondary star인 주계열성과 주성primary star인 백색왜성으로 구성되어 있다. 반성에서 백색왜성 표면의 강착원반으로 물질(일반적으로 수소 가스)이 이동한다. 백색왜성 표면의 영향권은 수소가 헬륨으로 융합되는 열핵반응을 촉발하는 데 충분한 압력을 갖고 있으며, 그 결과 에너지가 방출되면 체계의 밝기를 일시적으로(때로는 반복적으로) 증가시킨다. 이 폭발을 거치면서 백색왜성은 표면층의 일부를 잃는다.

쌍성계binary system 공통질량중심 주위를 공전하는 2개의 별로 이루어진 항성계. 망원경으로 구성 요소를 알아내고 궤도 운동을 관찰할 수 있는 계는 안시쌍성visual binary이라고 한다. 측성쌍성astrometric binary은 망원경으로는 두 별 중 한 별만이 관측되며, 이 별의 운동을 추적해 추론한다. 분광쌍성spectroscopic binary은 스펙트럼선 위치가 주기적으로 변하는 것으로부터 쌍성계로 추론하는 별이다. 태양 근처에 있는 별들의 적어도 절반은 쌍성계 또는 다중성계에 속한다. 쌍성계는 이중성double star이라고도 한다.

쌍소멸pair annihilation 한 입자와 이에 대응하는 반입자가 충돌하여 소멸되는 것. 이 과정에서 $E=mc^2$ 공식에 따라 에너지가 생성된다.

암흑물질dark matter 비발광물질로, 발광물질에 작용하는 중력의 영향을 통해 간접적으로만 존재를 드러낸다. 갈색왜성이나 행성, 성간먼지처럼 우주의 매우 작은 부분만이 일반물질로 이루어져 있다고 추측된다. 대부분 암흑물질과 암흑에너지로 구성되어 있다.

엄폐occultation 어떤 천체가 다른 천체 앞을 지나가 관측자의 시야에서 후자가 일시적으로 숨겨져 안 보이게 되는 것. 일식이 그 예다.

오르트구름Oort cloud 태양계의 극단에 위치한(태양으로부터 약 10만 AU) 거의 구형인 영역으로, 혜성 대부분이 이곳에서 만들어진다고 추측된다. 네덜란드 천문학자 얀 오르트의 이름에서 따왔다.

우리은하Milky Way 최소 2,000억 개의 별을 포함하는 은하이며 태양이 그 별 중 하나다. 지름이 약 10만 광년 길이의 막대나선은하다. 은하수 전체 질량은 태양질량의 3조 배로 추정된다.

우주 방사선cosmic ray 우주에서 매우 빠르게 움직이며 지구의 대기를 관통하는 고에너지 아원자 입자(주로 양성자).

원반disky 나선은하와 관련해서 원반은 주요 면을 차지하는 영역이다. 원반을 둘러싸고 구형체로 채우고 있는 헤일로, 원반 중심에 불룩한 부분으로 중심에 은하의 핵이 있는 팽대부와 구별된다. 은하 원반에서 나선팔이 뻗어 나오며 나선은하의 경우 별과 가스의 대부분이 은하 원반에 집중되어 있다.

웜홀wormhole 다른 우주를 향해 블랙홀이 만들어낸 다리. 일반상대성이론에서 예측한 해답을 바탕으로 한 가설이며, 튜브 형태의 우주 지형(그래서 벌레 구멍을 뜻하는 재미있는 이름이 나온 것)으로 완전히 분리된 2개의 우주나 하나의 우주 안에서 공간적으로 멀리 떨어진 2개의 지역을 연결할 수 있다. 시공간 터널space-time tunnel이라고도 한다.

위성satellite 행성 주위를 공전하는 모든 천체. 인공위성과 자연위성을 구별하기 위해 일부 천문학자들은 자연위성을 달moon이라고 부른다. 달이 지구의 유일한 자연위성이라는 점 때문이다.

유효 온도effective temperature 항성이나 행성 같은 천체의 유효 온도는 동일한 총량의 전자기 복사를 방출하는 흑체black body의 온도다. 흑체란 모든 파장대의 복사에너지를 흡수하는 동시에 최대의 복사에너지를 방출하는 이상적인 물체다. 유효 온도는 천체 표면 온도의 추정치로 사용되기도 한다.

융합fusion 핵물리학에서 가벼운 원소의 핵이 2개 이상 결합해서 더 무거운 원소의 핵을 생성하는 것. 철보다 가벼운 원소들이 융합하면 강렬한 에너지가 방출되며 융합 과정이 일어나려면 에너지가 공급되어야 한다.

은하galaxy(일반적) 상호중력으로 함께 뭉친 천체들의 광범위한 집합체. 한 은하는 수백만에서 수조 개의 별과 질량이 가지각색인 성간가스 및 먼지로 구성된다. 은하는 크게 세 가지, 곧 타원은하, 나선은하, 불규칙은하로 나뉜다. 렌즈형은하lenticular galaxy는 타원은하와 나선은하의 중간 형태다. 은하들은 형태가 아닌 다른 기준으로 분류할 수도 있다. 예를 들면 은하가 방출하는 주 복사선이 기준이 될 수도 있다. 전파은하radio galaxy는 전파장에서 강한 전파를 방출한다. 은하들은 훨씬 더 큰 체계인 은하단과 초은하단으로 모이는 경향이 있다.

은하단galaxy cluster 은하들의 크고 작은 집합체. 우리은하는 국부은하군이라는 작은 은하단의 구성원이다. 국부은하군에는 안드로메다은하도 포함되어 있다. 가장 가까운 은하단은 처녀자리은하단으로, 수백 개의 은하를 포함한다.

은하 간 물질intergalatic medium 우주에서 은하와 은하 사이 영역에 분포해 있는 물질. X선 관측으로 그 존재가 추정된다.

은하수Via Lattea 우리은하의 원반에 분포한 수많은 별과 성운의 빛으로 생성되어 밤하늘을 가로지르는 띠.

이심률eccentricity 궤도가 타원형으로 찌그러진 정도. 이심률이 0이면 완벽하게 원형인 궤도이고, 0에서 1사이면 타원형 궤도다(이심률이 1에 가까워질수록 궤도는 더 길쭉하다). 이심률이 1이면 포물선(개방형) 궤도이고, 1보다 크면 쌍곡선(개방형) 궤도다. 행성의 궤도는 이심률이 낮다. 이심률은 궤도 요소, 곧 궤도의 형태와 우주에서의 위치를 정의하는 매개변수 중 하나다.

ㅈ

중력렌즈gravitational lens 매우 멀리 있는 광원에서 나온 빛이 지구까지 도달하기 전에 은하나 은하단의 질량(중력장)에 의해 굴절되는 현상. 굴절의 범위는 일반상대성이론에서 추론하는 것처럼 굴절을 일으키는 질량에 따라 달라진다. 일반상대성이론에 따르면 광자조차도 질량은 없지만 시공을 구부리는 질량의 존재로 인해 경로에서 편향된다.

중력 붕괴gravitational collapse 복사압과 뜨거운 가스압의 외부로 밀어내는 힘과 중력 때문에 생성된 내부를 향한 압력이 균형을 유지하기에 충분하지 않을 때, 별이 급격하게 수축하는 것.

중력파gravitational wave 질량의 공간적 분포 변화로 인한 시공간 구조의 일시적인 교란으로, 중력 복사가 전파되는 방식이다. 1915년, 일반상대성이론에서 예측한 중력파는 한 세기 후인 2015년에야 직접 검출되었다.

중성자별neutron star 작지만 초고밀도의 항성체. 초신성 폭발에서 일어나는 결과 중 하나다. 중성자별은 대부분 중성자로 이루어져 있으며(양성자와 전자가 융합해서 전자 중성미자를 방출하며 생성된다), 중력 붕괴는 중성자의 축퇴압 덕분에 방지된다.

조석tide 지구에서 태양과 달의 상호중력으로 유체의 상승 또는 하강 운동이 일어나면서 해수면 높이가 변동하는 것. 주로 달의 움직임 때문에 일어난다. 달이 태양보다 질량은 작지만 훨씬 가까이 있기 때문이다. 일반적으로 조석은 어떤 큰 천체가 다른 천체의 중력장 내에서 움직이는 경우 항상 발생한다. 천체의 중력장에서 큰 천체에 가장 가까이 있는 부분은 가장 멀리 있는 부분보다 중력의 영향을 더 크게 받는다. 그러니까 천체에서 서로 반대쪽에 있는 두 극단 간에는 큰 천체 방향을 따라 중력이 차등적으로 작용해서 천체를 이 같은 방향으로 '늘어나게' 만든다. 이 천체의 응집력이 조석력보다 낮으면 천체는 산산이 부서진다. 이것은 천체가 주위를 공전하는 천체의 로슈한계를 넘을 때 일어나는 일이다. 조석력은 조석을 일으키는 천체의 질량과 두 천체의 상호 거리에 따라 달라진다. 물론 두 천체가 각각 서로의 조석력에 작용한다는 점에서 조석은 상호적이다.

ㅊ

찬드라세카르 한계 Chandrasekhar limit 전자의 축퇴압 덕분에 중력 붕괴에 저항할 수 있는 물체 질량의 상한계로 태양질량의 약 1.4배에 달한다. 백색왜성이 가질 수 있는 가장 높은 질량이며, 파키스탄 출신의 인도 천체물리학자 수브라마니안 찬드라세카르의 이름에서 따왔다.

천문단위astronomical unit 지구와 태양 사이의 평균 거리(기호는 AU)로 IAU는 1억 4,959만 8,500킬로미터다. 태양계 내 거리를 측정하는 데 사용된다. 가장 내부에 있는 행성인 수성은 태양에서 평균 0.4AU 떨어져 있고, 가장 멀리에서 공전하는 해왕성은 태양에서 평균 30AU 떨어져 있다.

초신성supernova 갑자기 격렬하게 폭발해서 수십 배 밝아지는 별. 이 별을 구성하는 대부분의 물질은 고속 폭발 때문에 날아가 초신성 잔해라는 이름의 성운을 형성한다. 굉장히 밀도가 높은 항성 핵이 중성자별의 형태로 중심에 남아 있는 경우도 있다. 별의 밝기는 폭발 순간 정점에 도달한 후 시간이 지남에 따라 특유한 방식으로 희미해진다.

초신성 잔해supernova remnant 폭발한 초신성의 잔해와 초신성 폭발파에 휩쓸린 주변 물질들을 말하며 대부분 확산가스성운으로 관찰된다. SNR이라는 약어로도 알려진 초신성 잔해는 대개 강력한 전파원으로, 중심 중성자별의 회전 에너지를 고에너지 입자 흐름으로 변환해 에너지를 끌어낸다. 고에너지의 입자들은 계속 가속되어 성운 내로 방출된다.

축퇴degeneration 입자들이 물리적으로 최대로 압축되어 원자핵에 필적하는 매우 높은 밀도에 도달할 때 확인되는 물질의 상태. 이 상태에서 물질의 움직임은 일반 물질과 매우 다르다.

축퇴가스degenerate gas 압력이 밀도에만 의존하고 온도와는 무관한 가스. 백색왜성의 전자와 중성자별의 중성자가 축퇴가스 상태다. 이렇게 축퇴된 가스로 이루어진 천체를 축퇴성degenerated star이라고 한다.

ㅋ

카이퍼대Kuiper Belt 해왕성 궤도 바깥에서 다양한 크기의 미행성체 파편과 소행성, 혜성의 핵이 무수히 모여 있는 영역으로 주소행성대의 소행성 규모와도 필적한다. 해왕성 궤도를 넘어서 오르트구름 내부에까지 납작하게 확장되어 있다. 카이퍼대는 주기혜성 대부분의 근원지다. 카이퍼대의 천체들은 해왕성 바깥천체의 범주에 포함되며, 여기에는 해왕성과 궤도 공명을 이루는 천체도 모두 속한다. 특히 해왕성이 태양 주위를 세 번 공전하는 동안 태양 주위를 두 번 공전하는(3:2 궤도 공명) 해왕성 바깥천체들은 명왕성족Plutino이라고 불린다. 카이퍼대는 네덜란드 천문학자 제러드 카이퍼의 이름에서 따왔다.

퀘이사quasar AGN을 갖는 매우 멀고 밝은 은하. 대부분의 퀘이사는 스펙트럼에 적색편이가 강하게 나타나는데, 퀘이사가 아주 먼 우주론적 거리에 있기 때문이다. 퀘이사라는 용어는 준성전파원을 뜻하는 영어 표현 quasi-stellar radio source의 축약형에서 파생되었다. 지금은 전파를 방출하지 않는 것들도 있기 때문에 준항성상 천체라고 한다.

크레이터crater 다양한 크기의 원형 함몰지로 지구형 행성, 달, 대부분의 대행성giant planet의 위성 그리고 지구처럼 지각이 단단한 천체들에서 관측할 수 있다. 화산활동 등 천체 자체의 내인적 작용으로 만들어진 크레이터도 있다. 그 외 대부분의 크레이터는 충돌로 만들어졌다. 이를테면 행성 간 우주에서 온 소행성이나 혜성 같은 다른 천체들이 떨어진 결과인 것이다.

ㅌ

탈출속도escape velocity 어떤 천체가 다른 천체의 중력장으로부터 확실히 탈출하기 위해 필요한 최소 속도. 천체들의 질량과 거리에 따라 달라진다. 지구 표면에서의 탈출 속도는 초속 11.2킬로미터, 달에서는 초속 2.4킬로미터, 태양에서는 초속 617.7 킬로미터다.

태양 주기solar cycle 태양활동 극대기와 극소기 사이 11년 간 지속되는 기간. 사실 11년마다 태양 자기장의 극성이 바뀌므로, 태양 주기의 전체 기간은 22년이다.

태양풍solar wind 태양 코로나에서 고속으로 나오는 하전입자의 흐름. 지구 대기의 북극오로라는 태양풍으로 인해 일어나는 현상 중 하나다.

태양 흑점sunspot 태양 광구의 비교적 어두운 구역(온도가 약간 낮기 때문)으로 강한 정전기와 자기장 활동의 중심이다. 흑점은 항상 쌍으로 결합되어 있다. 하나는 양의 자기 극성을, 다른 하나는 음의 극성을 띤다. 흑점은 11년 주기(태양 주기)로 발생하며, 이 기간 동안 태양의 고위도에서 적도 쪽으로 이동한다. 전형적인 흑점은 며칠 동안 유지된다.

트랜싯transit 겉보기지름이 작은 어떤 천체가 겉보기지름이 큰 다른 천체(일반적으로 태양계의 천체) 앞을 지나가는 것. 수성과 금성은 태양 원반 위를 통과할 수 있으며, 목성의 위성들은 주기적으로 목성 원반 위를 통과한다.

특이점singularity 곡률과 다른 물리량이 무한대가 되는 시공간의 변칙적 지점. 특이점에서는 물리 법칙이 더 이상 적용되지 않는다. 시공간 특이점의 예로는 블랙홀의 중심과 빅뱅의 순간(무한 밀도, 압력, 온도)이 있다.

ㅍ

팽대부bulge 나선은하의 원반 중심부에서 핵을 포함하며 볼록하게 부풀어 오른 부분. 나선은하의 팽대부에는 아주 나이가 많은 별들이 빽빽하게 모여 있다. 은하헤일로를 이루는 별들과 종류, 나이가 같다(종족II).

펄서pulsar '맥동전파원pulsating radio source'을 줄인 말로, 전파를 방출하면서 빠르게 회전하는 천체 부류를 가리킨다. 펄서는 중성자별이며, 초신성처럼 폭발한 별의 중력 붕괴로 인해 만들어진다.

ㅎ

항성star 핵융합 과정을 통해 내부에서 에너지를 생성하는 천체. 질량이 태양질량의 8퍼센트(목성 질량의 약 80배)보다 큰 천체는 모두 항성이 된다. 질량이 이 임계값 이하인 천체는 중력 수축 과정을 통해 일정 시간 동안 가열되어 복사를 방출할 수 있지만, 핵반응을 일으키지는 못해 갈색왜성이라고 한다. 이보다 더 질량이 작은 것들은 행성이라고 한다.

항성 종족stellar population 나이, 공간 분포, 운동, 금속성 측면에서 유사한 특성이 있으며 하나의 은하에 속해 있는 모든 항성의 방대한 집합. 천체물리학자들은 항성들을 종족I과 종족II로 분류한다. 천문학자들은 그보다 더 나이가 많은 세 번째 종족인 종족III도 있다고 가정한다.

항성풍stellar wind 항성의 표면에서 나오는 물질의 흐름. 태양이 방출하는 항성풍은 태양풍이라고 한다. 항성풍은 별의 초기 단계와 거성 단계, 초거성 단계 모두에서 매우 중요하다. 항성이 진화 과정에서 질량의 일부를 잃을 수 있는 이유 중 하나다.

핵분열fission 무거운 원소의 원자핵이 2개 이상의 가벼운 원소로 분리되는 것. 이 과정에서 감마선이나 그보다 가벼운 입자 형태로 에너지가 방출된다.

행성planet 항성 주위를 공전하는 천체로, 항성과는 다르게 핵융합을 통해 에너지를 생산하지 않는다. 행성으로 정의되려면, 천체가 회전타원체 형태를 갖기에 질량이 충분해야 하고, 궤도대에 비슷하거나 더 큰 크기의 다른 천체가 없어야 한다. 이 두 번째 조건이 빠지면 천체는 회전타원체일지라도 왜소행성으로 정의된다.

행성상성운planetary nebula 백색왜성 또는 백색왜성 주변에 형성된 고리 형태의 성운으로, 행성상성운은 적색거성 단계에 있는 별의 가장 바깥쪽 층이 떨어져 나가면서 생겨난다. 이 유형의 성운은 망원경으로 관찰하면 작은 행성처럼 보일 수 있기 때문에 행성상성운이라고 하지만, 행성과는 아무 관련이 없다.

헤일로halo 아주 나이가 많은 고립된 별들, 구상성단, 가스구름과 암흑물질이 구형으로 분포되어 있는 것으로, 빛나는 물질로 이루어져 은하 중심 쪽으로 모여 있는 별헤일로stellar halo와 은하의 가시적 한계를 훨씬 넘어서까지 뻗은 암흑헤일로dark halo로 구분한다.

혜성comet 태양계의 소천체로 불안정하고 밀도가 높지 않으며, 주로 물 얼음과 고체 입자, 분자 가스로 구성되어 있다. 대부분의 혜성은 고타원궤도highly elliptical orbit, HEO 또는 쌍곡선궤도hyperbolic orbit로 움직인다. 알려진 모든 혜성 중 닫힌(타원형) 궤도를 도는 혜성은 소수다. 근일점에 접근할 때마다 혜성은 마모되어 질량의 일부를 잃는다. 혜성의 수명은 근일점에 약 100번 접근하는 정도라고 추정된다.

홍염prominence 태양 채층에서 뻗어 나오는 고온의 수소 덩어리. 홍염은 갑자기 폭발적으로 발생할 수 있다. 에너지는 작지만 지속 시간은 더 긴 정지 상태로 나타날 수도 있다.